システム制御工学シリーズ　**10**

適 応 制 御

工学博士　宮里　義彦 著

コロナ社

システム制御工学シリーズ編集委員会

編集委員長	池田　雅夫	（大阪大学・工学博士）
編 集 委 員	足立　修一	（慶應義塾大学・工学博士）
（五十音順）	梶原　宏之	（九州大学・工学博士）
	杉江　俊治	（京都大学・工学博士）
	藤田　政之	（東京工業大学・工学博士）

（2007 年 1 月現在）

□□□□□□□□□ 刊行のことば □□□□□□□□□

　わが国において，制御工学が学問として形を現してから，50 年近くが経過した。その間，産業界でその有用性が証明されるとともに，学界においてはつねに新たな理論の開発がなされてきた。その意味で，すでに成熟期に入っているとともに，まだ発展期でもある。

　これまで，制御工学は，すべての製造業において，製品の精度の改善や高性能化，製造プロセスにおける生産性の向上などのために大きな貢献をしてきた。また，航空機，自動車，列車，船舶などの高速化と安全性の向上および省エネルギーのためにも不可欠であった。最近は，高層ビルや巨大橋梁の建設にも大きな役割を果たしている。将来は，地球温暖化の防止や有害物質の排出規制などの環境問題の解決にも，制御工学はなくてはならないものになるであろう。今後，制御工学は工学のより多くの分野に，いっそう浸透していくと予想される。

　このような時代背景から，制御工学はその専門の技術者だけでなく，専門を問わず多くの技術者が習得すべき学問・技術へと広がりつつある。制御工学，特にその中心をなすシステム制御理論は難解であるという声をよく耳にするが，制御工学が広まるためには，非専門のひとにとっても理解しやすく書かれた教科書が必要である。この考えに基づき企画されたのが，本「システム制御工学シリーズ」である。

　本シリーズは，レベル 0 (第 1 巻)，レベル 1 (第 2 ～ 7 巻)，レベル 2 (第 8 巻以降) の三つのレベルで構成されている。読者対象としては，大学の場合，レベル 0 は 1，2 年生程度，レベル 1 は 2，3 年生程度，レベル 2 は制御工学を専門の一つとする学科では 3 年生から大学院生，制御工学を主要な専門としない学科では 4 年生から大学院生を想定している。レベル 0 は，特別な予備知識なしに，制御工学とはなにかが理解できることを意図している。レベル 1 は，少

ii　　刊行のことば

し数学的予備知識を必要とし，システム制御理論の基礎の習熟を意図している。レベル 2 は少し高度な制御理論や各種の制御対象に応じた制御法を述べるもので，専門書的色彩も含んでいるが，平易な説明に努めている。

　1990 年代におけるコンピュータ環境の大きな変化，すなわちハードウェアの高速化とソフトウェアの使いやすさは，制御工学の世界にも大きな影響を与えた。だれもが容易に高度な理論を実際に用いることができるようになった。そして，数学の解析的な側面が強かったシステム制御理論が，最近は数値計算を強く意識するようになり，性格を変えつつある。本シリーズは，そのような傾向も反映するように，現在，第一線で活躍されており，今後も発展が期待される方々に執筆を依頼した。その方々の新しい感性で書かれた教科書が制御工学へのニーズに応え，制御工学のよりいっそうの社会的貢献に寄与できれば，幸いである。

　1998 年 12 月

編集委員長　池　田　雅　夫

□□□□□□□□ま　え　が　き□□□□□□□□

　適応制御とは，生物が環境に対して適応する機能を制御器の設計に応用する技術のことである。具体的には，制御対象の未知パラメータや環境の変化に伴う変動パラメータについて，制御系全体の性能がつねに良好な状態に保たれるように，制御装置の特性を運転中に自動的に調整するのが，適応制御の考え方である。これに対して，ロバスト制御では，不確定性の範囲を特定して，原則として時不変の制御装置で一定の制御仕様を満足させようとする。適応制御はロバスト制御とは大きく異なる方針をとり，時変制御器を用いて積極的に制御対象の不確定性に対処する制御手法であり，さまざまな変遷を経ながら現在に至るまで研究が続けられている。

　本書は，この不確定性に対する能動的制御法としての適応制御について，基礎事項を中心にまとめたものである。特に，これまで多く研究されてきたモデル規範形適応制御系に関して，理想的な条件下での安定論の確立から，現実的な不確定性のもとでのロバスト適応制御，離散時間形式の適応制御，非線形制御とも関連の深いバックステッピング法，逆最適性に基づく適応制御系の設計と解析に至るまでの一連の話題について，わかりやすく説明することに留意して執筆した。

　本書の構成は以下のとおりである。まず1章では，適応制御の概要を述べるとともに，MIT方式に基づいてモデル規範形適応制御を簡単な制御対象に適用する方法を説明する。ついで2章では，安定解析に必要な最低限の基礎事項に触れた後に，簡単な制御対象について，安定論に基づいてモデル規範形適応制御系を構成する方法を紹介し，モデル規範形適応制御の基礎を概観する。これに続く3章では，一般的な線形の制御対象に対してモデル規範形適応制御系を構成する方法について説明を行い，直接法と間接法により安定性の解析を行う。

4 章では，3 章で述べた理想的な条件に，未知の外乱やモデル化できない不確定要素が加わったときの，ロバスト適応制御の基礎事項について説明する。特にパラメータの発散を抑える適応則の修正方法を紹介し，不確定要素が存在しても有界性が保証される適応制御系の構成法について述べる。続く 5 章では，それまでの議論を離散時間形式に拡張して，確定的な問題設定としてのモデル規範形適応制御と，確率的な問題設定としてのセルフチューニングコントロールの統一的な説明を与える。6 章と 7 章は，5 章までの基礎的な事項に対して先端的な成果を紹介する。まず 6 章では，相対次数の大小にかかわらず，つねに出力誤差に基づいて適応制御系を構成するバックステッピング法について述べ，線形系の適応制御問題だけでなく，一部の非線形系の制御にもバックステッピング法を適用できることを示す。7 章では，逆最適化の概念を用いることで，安定性の確保だけでなく，意味のある評価関数に対して最適性が保証される適応制御系の構成法について説明する。最後に，8 章では，本書のより深い理解に繋がる数学的な補遺として，適応制御の有界性の証明（厳密な解析）に関わる事項を与える。

　なお，本書を執筆するにあたって，もう一つ，さまざまな読者の要求に対して多種多様な読み方ができるように配慮した。まず，適応制御とその数理について必要最小限のことを知りたい場合は，最初のステップとして 1.3 節と（2.1 節を準備として）2.2 節を対比させて読むことを勧める。さらに，もう少し一般化した内容を追加したいのなら，最初のステップに加えて 3.1～3.5 節に目を通すことを出発点とすればよいだろう。その上で，連続時間形式のモデル規範形適応制御全般の基礎を知りたいのであれば，3.6 節を読めばよい。また，適応制御の研究に深入りしたい場合は，8 章の安定性の証明（厳密な解析）と 3 章を 3.7 節まで目を通すことで，研究の基礎としての重要な知見が得られるだろう。4 章のロバスト制御についても，最小限の知識を速習するときは 4.1～4.4 節にまず目を通し，そのあとは必要に応じて 4.5 節と 4.6 節に移っていけばよい。離散時間適応制御は確定系と確率系について書かれており，まず確定系について最小限の知見を得る場合は 5.1 節と 5.2 節に目を通し，その後，必要に応じ

て 5.3 節の確率系の説明へ移っていけばよい。5 章までの基礎事項から若干外れる 6 章と 7 章では，それぞれの事項について必要最小限の感触をつかむのであれば，6.1 節と 6.2.1 項，および 7.1〜7.3 節を読めばよい。さらに進んだ成果に興味がある場合は，必要に応じておのおのの章のその後の節を読んでいけば，重要な知見が得られる。

また，本書を通じて，それぞれの適応制御手法について，定理を示すだけでなく，表としてまとめる形式をとった。これらの表は，各方式に基づく適応制御系の構成にあたって役立ち，また表だけ目で追っていっても適応制御全般のおおよその感覚を体得できるだろう。

本書を手にした制御工学の学修者の方々や，産業界で現実の問題に直面する制御技術者の方々に，適応制御に関心を持っていただき，理論と応用の両面から適応制御に関連する分野で多くの成果が生まれる契機となれば，著者にとって望外の喜びである。

最後に，著者が学生時代からご指導いただいている北森俊行先生（東京大学名誉教授），池田雅夫先生（大阪大学名誉教授）をはじめとする本シリーズ編集委員の皆様，およびコロナ社の皆様に，心より御礼を申し上げます。

2018 年 1 月

宮里義彦

□□□□□□□□□ 目　　　次 □□□□□□□□□

1.　適応制御とは

1.1　未知の制御対象の制御 ……………………………………………	*1*
1.2　適応制御の概要 …………………………………………………	*2*
1.2.1　適応システムと適応制御 ……………………………………	*2*
1.2.2　モデル規範形適応制御 ………………………………………	*4*
1.2.3　セルフチューニングコントロール …………………………	*5*
1.3　MIT 方式に基づくモデル規範形適応制御系の構成 ……………	*6*
1.3.1　定常ゲインの調整（1 次系の場合）………………………	*6*
1.3.2　定常ゲインと時定数の調整（1 次系の場合）……………	*8*
1.3.3　定常ゲインと動特性の調整（2 次系の場合）……………	*11*
演　習　問　題 ………………………………………………………………	*14*

2.　モデル規範形適応制御の基礎

2.1　安定解析の基礎 …………………………………………………	*15*
2.1.1　関　数　空　間 ………………………………………………	*15*
2.1.2　正実関数と Kalman-Yakubovich の補題 …………………	*16*
2.1.3　適応システムの安定解析 ……………………………………	*20*
2.2　安定論（リアプノフ法）に基づくモデル規範形適応制御系の構成 ‥	*22*
2.2.1　定常ゲインの調整（1 次系の場合）………………………	*22*
2.2.2　定常ゲインと時定数の調整（1 次系の場合）……………	*25*
2.2.3　定常ゲインと動特性の調整（2 次系の場合）……………	*27*
演　習　問　題 ………………………………………………………………	*34*

3.　一般的なモデル規範形適応制御

3.1　理想条件下の適応制御 ………………………………………………… 35

3.2　モデル追従制御の基本構造 …………………………………………… 36

3.3　モデル追従制御の別の導出 …………………………………………… 41

3.4　モデル規範形適応制御の問題設定 …………………………………… 45

3.5　モデル規範形適応制御系の構成法：状態変数または出力の微分が
　　　既知の場合 …………………………………………………………… 46
　　3.5.1　状態変数と出力の微分が既知の場合 ………………………… 46
　　3.5.2　状態変数が未知で出力の微分が既知の場合 ………………… 49

3.6　モデル規範形適応制御系の構成法：入出力信号のみを用いた構成 ‥ 53
　　3.6.1　相対次数が1次の場合 ………………………………………… 53
　　3.6.2　相対次数が2次以上の場合 …………………………………… 56

3.7　間接法に基づくモデル規範形適応制御 ……………………………… 63
　　3.7.1　相対次数が1次の場合 ………………………………………… 64
　　3.7.2　相対次数が2次以上の場合 …………………………………… 68
　　3.7.3　考　　察 ………………………………………………………… 73

演　習　問　題 …………………………………………………………………… 74

4.　ロバスト適応制御

4.1　適応制御のロバスト化 ………………………………………………… 75

4.2　問　題　の　発　端 ………………………………………………………… 76

4.3　ロバスト化の方針 ……………………………………………………… 79

4.4　有界外乱に対するロバスト適応制御 ………………………………… 79
　　4.4.1　σ-修　正　法 …………………………………………………… 79
　　4.4.2　射　影　法 ……………………………………………………… 85
　　4.4.3　不　感　帯　法 ………………………………………………… 87

目　　次　　ix

4.5	有界外乱に対するロバスト適応制御（一般形式）	…………………	*90*
4.5.1	システムの表現と誤差方程式の導出	…………………………	*90*
4.5.2	σ-修 正 法	………………………………………………	*92*
4.5.3	射　影　法	……………………………………………………	*96*
4.5.4	不 感 帯 法	…………………………………………………	*100*
4.6	有界外乱と寄生要素に対するロバスト適応制御	…………………	*103*
4.7	ロバスト適応制御の考察	…………………………………………	*108*
演 習 問 題	…………………………………………………………………		*109*

5.　　離散時間適応制御

5.1	離散時間形式の適応制御	…………………………………………	*110*
5.2	モデル規範形適応制御系	…………………………………………	*111*
5.2.1	問 題 設 定	……………………………………………………	*111*
5.2.2	d ステップ予測器	……………………………………………	*112*
5.2.3	モデル追従制御の別の導出法	……………………………………	*115*
5.2.4	モデル規範形適応制御系	………………………………………	*118*
5.3	セルフチューニングコントロール	………………………………	*131*
5.3.1	基 本 概 念	……………………………………………………	*131*
5.3.2	問 題 設 定	……………………………………………………	*131*
5.3.3	d ステップ予測器	……………………………………………	*133*
5.3.4	最小分散制御	…………………………………………………	*136*
5.3.5	セルフチューニングコントロールの構成	………………………	*138*
演 習 問 題	…………………………………………………………………		*140*

6.　　バックステッピング法

6.1	出力誤差に基づく適応制御系の構成	……………………………	*141*
6.2	バックステッピング法による適応制御	…………………………	*143*
6.2.1	相対次数が 3 次の場合	………………………………………	*143*
6.2.2	一 般 形 式	……………………………………………………	*154*

x　目　　　　　次

| 6.3 | バックステッピング法と正実化 | 167 |

6.3　バックステッピング法と正実化 ······················· *167*

6.4　非適応化システムのロバスト性と κ-補償 ················· *171*

6.5　バックステッピング法による非線形系の安定化 ·········· *174*

6.6　バックステッピング法の考察 ···························· *180*

演　習　問　題 ··· *182*

7.　　逆最適適応制御

7.1　適応制御と最適性 ····································· *183*

7.2　2次形式評価関数に対して最適な適応制御系 ············· *184*

7.3　外乱を含む評価関数に対して最適な適応制御系 ··········· *187*

7.4　最適な適応制御系の考察 ······························· *191*

7.5　一般の場合の最適な適応制御系 ························· *192*

　7.5.1　問題設定と対象の入出力表現 ····················· *192*

　7.5.2　入力項を評価に加えない場合 ····················· *193*

　7.5.3　2次形式評価関数に対する最適制御の場合 ·········· *194*

　7.5.4　適応 H_∞ 制御の場合 ······························ *197*

演　習　問　題 ··· *201*

8.　　数　学　的　補　遺

8.1　安定解析の基礎 ······································· *203*

8.2　定理 3.4 の厳密な有界性の証明 ························ *206*

　8.2.1　入出力安定性 ································· *206*

　8.2.2　Bellman-Gronwall の補題と swapping の補題 ········ *210*

　8.2.3　有界性の証明（厳密な解析）（定理 3.4 の証明） ······ *215*

引用・参考文献 ··· *219*

演習問題の解答 ··· *223*

索　　　　引 ··· *233*

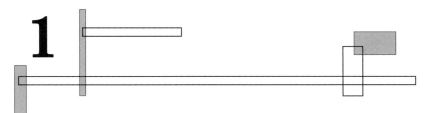

適応制御とは

　本章では，まず適応制御のあらましについて述べ，ついで適応制御の代表的な二つの形態であるモデル規範形適応制御とセルフチューニングコントロールについて簡単に説明する．その後に，適応制御として最初に定式化された MIT 方式に基づくモデル規範形適応制御の手法を，簡単な制御対象に対して適用する．

1.1　未知の制御対象の制御

　状態空間法に基づくいわゆる現代制御理論においては，制御対象の特性は事前に既知であることが要求される．しかし，システム同定が不完全な場合や，環境条件，動作条件の変動により制御対象の特性が大きく変化する場合には，制御対象を表現するモデルの中に，未知パラメータや変動パラメータが含まれる．このような制御対象に対して，システムパラメータが固定されていて既知であることを前提とする現代制御理論（状態空間法）は，そのままでは適用できない．

　これに対し，未知パラメータ，変動パラメータが存在する領域を特定できて，さらにその領域が比較的小さい場合に，起こりうる変動のすべてを考慮して，固定された制御装置で一定の仕様を満足する制御系を構成しようとする考え方がある．これが，ポスト現代制御理論とされる**ロバスト制御**の方針である．一方，

2   1. 適 応 制 御 と は

より積極的な対応として，対象の未知パラメータや変動パラメータに応じて制御
装置の特性を自動調整し，制御系の性能をつねに良好な状態に保とうとする考
え方も古くからある。そのような方針のもとで生まれたのが，**適応制御**[1]~[10]†
である。

別の見方をすると，制御対象に一般に不確定な成分が含まれる場合に，その
不確定な部分を，パラメトリックモデルで表現される構造的不確定性と，パラ
メトリックモデルでは表現されない（ノンパラメトリックな）非構造的不確定
性（未知の外乱，非線形要素，寄生要素など）とに区分して捉え，非構造的不
確定性と一部の構造的不確定性に対して，その不確定性の範囲を（比較的小さ
く）特定して，原則として固定された制御装置で一定の制御仕様を達成するの
が，ロバスト制御の考え方である。これに対し，同じく不確定性を構造的・非
構造的に区分したとき，適切な自由度を有する可調整制御装置と，安定論から
導出されるパラメータ適応則を用いて，主として構造的不確定性に能動的に対
処して所望の性能を発揮するのが，適応制御の考え方である。

本書では，この不確定性に対する能動的制御法としての適応制御の基礎事項
を中心にして述べる。特にこれまで多く研究されてきたモデル規範形適応制御
系に関して，理想的な条件下での安定論の確立と現実的な不確定性のもとでの
ロバスト適応制御や離散時間形式の適応制御，非線形制御とも関連の深いバッ
クステッピング法，逆最適性に基づく適応制御系の設計と解析に至るまでの一
連の話題について，わかりやすく説明する。

1.2 適応制御の概要

1.2.1 適応システムと適応制御

通常のフィードバック制御自身も，あるいはフィードバックゲインを時間的
に変化させながら対応させるゲインスケジューリング制御も，外界の変動にあ
る程度まで対応（適応）するという意味で，擬似的な適応システム（または適

---

† 肩付き番号は巻末の引用・参考文献を示す。

応制御）と見なすことができる。

それでは，そのような擬似的な適応システム（フィードバック制御）と厳密な意味での適応システム（適応制御）は，根本的にどこが異なるのだろうか。

工学における**適応システム**は，適応という視点から構築された物理システムであるが，その一種である適応制御は，実用的な視点からは，異なる時間スケールで動作する2種類の状態変数の（特殊な）非線形フィードバック系と見なすことができる。二つの時間スケールの中で，一方のフィードバックは通常の状態フィードバック（または出力フィードバック）に対応し，もう一方のフィードバックは制御パラメータの更新に対応する。いずれのフィードバックにおいても，閉ループ系の現在の制御性能と理想状態の差異をもとにフィードバック系が構成される。このような観点から適応システムと適応制御を定義すると，通常の定数フィードバック（ロバスト制御もこの形式）が適応システムでないのは，一方だけの状態フィードバックになっているためであり，他方，ゲインスケジューリング制御が適応制御とは異なるのは，スケジューリングパラメータの更新にあたって現在の制御性能の理想状態からの差異をフィードバックしていない（フィードフォーワード的なパラメータの更新）ためである。

適応制御が必要になるのは，環境条件や動作条件の変化に応じてプラントの特性が変動するために，事前に特性変動の値を正確に把握するのが困難な状況においてであり，特に，航空機の動特性が高度や速度などの飛行条件で変動することや，電動機の動特性が負荷条件で変化することなどが，適応制御の研究の発端となっている。その際，特性変動が比較的小さいときは，普通のフィードバック制御系の外乱抑制効果（ロバスト制御の一形式）で対処可能であるのに対し，特性変動が大きい場合，制御性能の低下だけでなく不安定化といった現象が見られ，通常のフィードバック制御では対処できない。そのような問題を解決するために，プロセスの特性変動に応じて制御系の特性を自動調整する，あるいはプラントの変動をもたらした環境条件・動作条件の変化に制御装置を適応させることにより，制御系の性能をつねに良好に保つ適応制御の手法が必要になるのである。

4   1. 適応制御とは

　適応制御の研究は，1959年初頭において，高度と速度による飛行特性の変化に対応する航空機のオートパイロットを開発する目的で始まった．当初考えられたのは，動作条件に応じて複数のプロセスモデルを準備し，モデルの変更に伴って制御器のパラメータを切り換える方式であった．その後，制御性能のフィードバックを含まないゲインスケジューリング的な発想に基づく制御を経て，フィードバックループと可調整パラメータを持つ制御器を含む適応制御へと発展していった．制御性能のフィードバックに基づく実時間のパラメータ推定と，推定値に基づく制御器の実時間調整に，適応制御の大きな特徴がある．

1.2.2　モデル規範形適応制御

　モデル規範形適応制御（model reference adaptive control; **MRAC**）（あるいは**モデル規範形適応制御系**（model reference adaptive control system; **MRACS**））は，制御対象の望ましい特性を規範モデルの形で与えて，規範モデルの応答（理想の応答）に現実の応答が追従するように制御器のパラメータを調整する適応制御の一種である（図 **1.1**）．

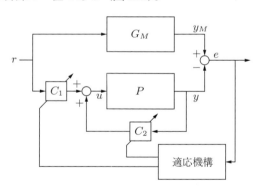

図 **1.1**　モデル規範形適応制御系

　図 **1.1** では，規範モデル G_M の参照入力 r に対する出力 y_M の応答と，制御対象 P の出力 y の応答が一致するように（$e = y_M - y$ が 0 に収束するように），制御装置（C_1 と C_2）を適応的に調整して（適応機構）目的を達成するモ

デル規範形適応制御系の構成が示されている。

このような適応制御系の研究は，航空機のオートパイロットへの適用を目的とした **MIT 方式**（MIT rule)[11] が発端となって始められ，その後，安定論を基礎とした適応制御系の構成に関する研究が多く行われた。モデル規範形適応制御はプロセスの入出力特性を規範モデルのそれ（望ましい入出力特性）に一致させることを制御目的とする点で，モデル追従制御を適応的に達成する手法と見なすことができ，状態フィードバックによる極の移動と極零相殺による零点の移動が，制御の主要部分（二つのうちの一方のフィードバック）を占める。また，この特性から，モデル規範形適応制御は最小位相系に限定された制御手法である（詳細は 3.2 節を参照）。さらにモデル規範形適応制御は，制御器のパラメータを直接に更新する手法（直接法）と，制御対象のシステムパラメータを同定してそれに基づいて制御器のパラメータを調整する手法（間接法）の 2 種類に分類することができる。

本書では，まず，簡単な制御対象について，MIT 方式に基づくモデル規範形適応制御と安定論に基づくモデル規範形適応制御を，1 章と 2 章で対峙させて紹介し，3 章以降で一般的な形式やロバスト化，離散時間形式などについて説明する。

1.2.3　セルフチューニングコントロール

セルフチューニングコントロール[12] は，おもに確率システムを対象として研究が進められてきた適応制御の一手法である。プロセス変数の推定と推定値を用いた制御器の設計計算を行う部分から構成され，これまで述べてきた適応制御と同様に，二つのフィードバックループを含む。内側のループは通常のフィードバック制御であり，外側のループは逐次的なパラメータの推定機構と制御パラメータの算出部分である。セルフチューニングコントロールでは，さまざまなパラメータ推定機構と制御機構の組合せが可能であり，目的に応じて多種多様な制御系の構成が実現される。これに対して，モデル規範形適応制御では，確定的なモデル追従制御問題を取り扱うことが多い。しかし，制御構造は同じ

6   1. 適 応 制 御 と は

く二つのフィードバックループからなり，内側は通常のフィードバック制御器，外側は制御器の調整機構となる。調整機構は，制御パラメータの直接的な更新と間接的な更新（パラメータ推定と制御器の設計計算）の2種類があるが，実現される機能の点から見て，モデル規範形適応制御とセルフチューニングコントロールとに本質的な相違はない。セルフチューニングコントロールは，モデル規範形適応制御の研究とは独立に，特に欧州を中心として応用面の研究が多く行われた点にその特徴がある。

　本書では5章において離散時間形式のモデル規範形適応制御の一種として，セルフチューニングコントロールについて説明する。

1.3　MIT方式に基づくモデル規範形適応制御系の構成

　本節では，モデル規範形適応制御の研究の発端となった，MIT方式について概観する。簡単な制御対象にMIT方式を適用した結果を示し，次章で同じ制御対象に対して正定関数（数学的にはリアプノフ関数の一種）を用いた安定論に基づく構成法を説明し，両者の形式を比較する。3章以降では安定論に基づく構成法を一般のシステムに拡張する。

1.3.1　定常ゲインの調整（1次系の場合）

　まず，最も簡単な場合として，1次系 $\dfrac{K_v}{Ts+1}$ の定常ゲイン K_v の影響を適応的に調整する図1.2のような制御系を考える。

　ここで，制御対象を微分方程式で表すと，以下のようになる。

$$T\dot{y}(t) + y(t) = K_v u(t) \qquad (T, K_v > 0) \tag{1.1}$$

これに対して，時定数 T は同じ値だが定常ゲイン K_r が異なる1次系の規範モデル $\dfrac{K_r}{Ts+1}$ を規範モデルとする。ただし，$r(t)$ は一様有界な参照信号であり規範モデルの入力とする。規範モデルを微分方程式で表すと，つぎのように

1.3 MIT方式に基づくモデル規範形適応制御系の構成

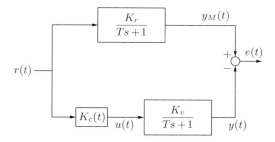

図 **1.2** 定常ゲインの調整（1次系の場合）

なる。

$$T\dot{y}_M(t) + y_M(t) = K_r r(t) \tag{1.2}$$

制御の目的は，制御対象の定常ゲイン K_v の影響を補正して，規範モデルと制御対象の応答誤差 $e(t)$ が

$$e(t) = y_M(t) - y(t) \to 0 \tag{1.3}$$

となるようにすることであり，このためには制御入力を

$$u(t) = K_c(t) r(t) \tag{1.4}$$

のように生成して，$K_c(t)$ を適応的に調整する制御系を構成すればよい。図 **1.2** はこの入力のゲインを調整する適応制御系の構成を表している。MIT方式では，可調整パラメータ $K_c(t)$ の調整を**感度関数**に基づく**最大傾斜法**に従って決める。

$$\dot{K}_c(t) = -\frac{1}{2} g \frac{\partial e^2}{\partial K_c} = -g e(t) \frac{\partial e}{\partial K_c} \quad (g > 0) \tag{1.5}$$

ここで，感度関数 $\dfrac{\partial e}{\partial K_c}$ は

$$T\dot{e}(t) + e(t) = \{K_r - K_v K_c(t)\} r(t)$$
$$\Rightarrow T \frac{d}{dt}\left(\frac{\partial e}{\partial K_c}\right) + \left(\frac{\partial e}{\partial K_c}\right) = -K_v r(t)$$

8   1. 適 応 制 御 と は

$$\Rightarrow \frac{\partial e}{\partial K_c} = -\frac{K_v}{Ts+1}r(t) \tag{1.6}$$

という関係をたどって，式 (1.6) のように求められ，これから適応則はつぎの
ようになる。

$$\dot{K}_c(t) = ge(t)\frac{K_r}{K_v}y_M(t) \equiv \alpha e(t)y_M(t) \qquad (\alpha > 0) \tag{1.7}$$

なお，一般に K_v は未知であるが，$g\dfrac{K_r}{K_v}$ をまとめて正定数 α として定めるこ
とで対処できる。

ここまでに記した MIT 方式に基づく適応制御系の構成（1 次系の制御対象；
定常ゲインの調整）を**表 1.1** にまとめる。ただし，この方法では適応システム
全体の安定性が理論的に保証されず，特に規範モデルの入力信号 $r(t)$ に高調波
が含まれる場合に不安定な挙動を示すことが知られている。

表 1.1　MIT 方式に基づく適応制御系の構成
（1 次系の制御対象; 定常ゲインの調整）

制御対象
$T\dot{y}(t) + y(t) = K_v u(t)$　$(T, K_v > 0)$
規範モデル
$T\dot{y}_M(t) + y_M(t) = K_r r(t)$
制御入力
$u(t) = K_c(t)r(t)$
適応則
$\dot{K}_c(t) = \alpha e(t)y_M(t)$　$(\alpha > 0)$

1.3.2　定常ゲインと時定数の調整（1 次系の場合）

つぎに，定常ゲインだけでなく時定数の影響も適応的に調整する**図 1.3** に示
す構成を考える。

一般形式に拡張することも考慮して，1 次系の制御対象を $\dfrac{b}{s+a}$，あるいは

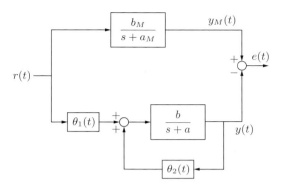

図 **1.3** 定常ゲインと時定数の調整
(1 次系の場合)

微分方程式を用いてつぎのように表す。

$$\dot{y}(t) + ay(t) = bu(t) \qquad (b > 0) \tag{1.8}$$

同じく 1 次系の規範モデルを $\dfrac{b_M}{s+a_M}$，または微分方程式を使って以下のように表す。ただし，$r(t)$ は同様に一様有界な参照信号とする。

$$\dot{y}_M(t) + a_M y_M(t) = b_M r(t) \qquad (a_M > 0) \tag{1.9}$$

制御の目的は，制御対象の時定数と定常ゲインの影響を補正して，規範モデルの応答と一致するような制御系を構成することである。

$$e(t) = y_M(t) - y(t) \to 0 \tag{1.10}$$

このためには，制御入力の形式を

$$u(t) = \theta_1(t)r(t) + \theta_2(t)y(t) \tag{1.11}$$

と定めて，$\theta_1(t)$ と $\theta_2(t)$ を，出力誤差 $e(t)$ が 0 に収束するように適応的に調整すればよい。図 **1.3** は定常ゲインと時定数を調整する，直列補償とフィードバック補償からなる制御の構成を表している。入力形式に注意して誤差の方程式を立てると，以下のようになる。

$$10 \qquad 1. \text{ 適 応 制 御 と は}$$

$$\dot{e}(t) + a_M e(t) = b_M r(t) + (a - a_M) y(t) - bu(t)$$

$$\equiv b\{\tilde{\theta}_1(t) r(t) + \tilde{\theta}_2(t) y(t)\} \tag{1.12}$$

$$\tilde{\theta}_1(t) \equiv \frac{b_M}{b} - \theta_1,$$

$$\tilde{\theta}_2(t) \equiv \frac{a - a_M}{b} - \theta_2 \tag{1.13}$$

パラメータの誤差 $\tilde{\theta}_1$ と $\tilde{\theta}_2$ が 0 になるように θ_1 と θ_2 を変化させるために，ここでも感度関数に基づく最大傾斜法でパラメータを調整する。

$$\dot{\theta}_1(t) = -\frac{1}{2} g_1 \frac{\partial e^2}{\partial \theta_1} = -g_1 e(t) \frac{\partial e}{\partial \theta_1} \qquad (g_1 > 0),$$

$$\dot{\theta}_2(t) = -\frac{1}{2} g_2 \frac{\partial e^2}{\partial \theta_2} = -g_2 e(t) \frac{\partial e}{\partial \theta_2} \qquad (g_2 > 0) \tag{1.14}$$

ここに，感度関数は

$$\frac{d}{dt}\left(\frac{\partial e}{\partial \theta_1}\right) + a_M \left(\frac{\partial e}{\partial \theta_1}\right) = -br(t) + b\tilde{\theta}_2(t)\left(\frac{\partial y}{\partial \theta_1}\right)$$

$$\frac{d}{dt}\left(\frac{\partial e}{\partial \theta_2}\right) + a_M \left(\frac{\partial e}{\partial \theta_2}\right) = -by(t) + b\tilde{\theta}_2(t)\left(\frac{\partial y}{\partial \theta_2}\right)$$

より $\tilde{\theta}_1(t) \simeq \tilde{\theta}_2(t) \simeq 0$ の仮定のもとで

$$\frac{\partial e}{\partial \theta_1} \simeq -\frac{b}{s + a_M} r(t),$$

$$\frac{\partial e}{\partial \theta_2} \simeq -\frac{b}{s + a_M} y(t) \tag{1.15}$$

のように近似的に導出されるので，これからパラメータの調整則が求められる。

$$\dot{\theta}_1(t) = \alpha_1 \left(\frac{1}{s + a_M} r(t)\right) e(t) \qquad (\alpha_1 > 0),$$

$$\dot{\theta}_2(t) = \alpha_2 \left(\frac{1}{s + a_M} y(t)\right) e(t) \qquad (\alpha_2 > 0) \tag{1.16}$$

ここまでに記した MIT 方式に基づく適応制御系の構成（1 次系の制御対象；定常ゲインと時定数の調整）を**表 1.2** にまとめる。この方式も，**表 1.1** と同様に，理論的に適応システム全体の安定性が保証されないという問題点がある。

表 1.2 MIT 方式に基づく適応制御系の構成
(1 次系の制御対象; 定常ゲインと時定数の調整)

制御対象

$\dot{y}(t) + ay(t) = bu(t) \quad (b > 0)$

規範モデル

$\dot{y}_M(t) + a_M y_M(t) = b_M r(t) \quad (a_M > 0)$

制御入力

$u(t) = \theta_1(t)r(t) + \theta_2(t)y(t)$

適応則

$\dot{\theta}_1(t) = \alpha_1 \left(\dfrac{1}{s + a_M} r(t) \right) e(t) \quad (\alpha_1 > 0)$

$\dot{\theta}_2(t) = \alpha_2 \left(\dfrac{1}{s + a_M} y(t) \right) e(t) \quad (\alpha_2 > 0)$

1.3.3 定常ゲインと動特性の調整（2 次系の場合）

最後に，MIT 方式に基づく手法を用いて，2 次系を制御対象として，定常ゲインと動特性を補正する図 1.4 のような適応制御系を構成する。

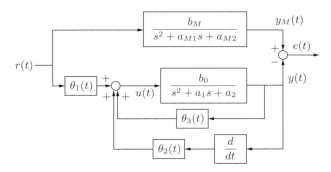

図 1.4 定常ゲインと動特性の調整（2 次系の場合）

これは，3 章以降で一般の次数のシステムの適応制御を取り扱う際の基礎となる。2 次系 $\dfrac{b_0}{s^2 + a_1 s + a_2}$，あるいは微分方程式で表すと

$$\ddot{y}(t) + a_1 \dot{y}(t) + a_2 y(t) = b_0 u(t) \quad (b_0 > 0) \tag{1.17}$$

12   1. 適応制御とは

のようになるシステムを制御対象とし，これとはパラメータが異なる別の2次系 $\dfrac{b_M}{s^2 + a_{M1}s + a_{M2}}$，あるいは微分方程式でつぎのように表されるシステムを規範モデルとする。

$$\ddot{y}_M(t) + a_{M1}\dot{y}_M(t) + a_{M2}y_M(t) = b_M r(t) \tag{1.18}$$

ただし，規範モデルは安定（$s^2 + a_{M1}s + a_{M2}$ は安定多項式）とし，$r(t)$ は一様有界な参照信号とする。

制御目的は，制御対象の定常ゲインと動特性を補正して，対象の応答と規範モデルの応答が一致するような制御系を構成することである。

$$e(t) = y_M(t) - y(t) \to 0 \tag{1.19}$$

このためには，入力の形式を

$$u(t) = \theta_1(t)r(t) + \theta_2(t)\dot{y}(t) + \theta_3(t)y(t) \tag{1.20}$$

のようにして，$\theta_1(t)$, $\theta_2(t)$, $\theta_3(t)$ を適応的に調整すればよいことがわかる。**図1.4** では，先の直列補償とフィードバック補償の場合（**図1.3**）に加えて，対象が2次であることに対応して，出力の微分のフィードバック項も追加していることに注意する。入力形式に注目して出力誤差を立てると，以下のようになる。

$$\ddot{e}(t) + a_{M1}\dot{e}(t) + a_{M2}e(t)$$
$$= b_0\{\tilde{\theta}_1(t)r(t) + \tilde{\theta}_2(t)\dot{y}(t) + \tilde{\theta}_3(t)y(t)\} \tag{1.21}$$
$$\tilde{\theta}_1(t) \equiv \frac{b_M}{b_0} - \theta_1,$$
$$\tilde{\theta}_2(t) \equiv \frac{a_1 - a_{M1}}{b_0} - \theta_2,$$
$$\tilde{\theta}_3(t) \equiv \frac{a_2 - a_{M2}}{b_0} - \theta_3 \tag{1.22}$$

$\tilde{\theta}_1$, $\tilde{\theta}_2$, $\tilde{\theta}_3$ が0になるように，それぞれ θ_1, θ_2, θ_3 を変化させるために，いままでと同じく感度関数に基づく最大傾斜法で各パラメータを調整する。感度関数をこれまでと同様の手順と仮定で導出すると，パラメータの調整則はつぎのよ

1.3 MIT 方式に基づくモデル規範形適応制御系の構成　　13

うに求められる。

$$\dot{\theta}_1(t) = -\frac{1}{2}g_1\frac{\partial e}{\partial \theta_1} \simeq \alpha_1\left(\frac{1}{s^2 + a_{M1}s + a_{M2}}r(t)\right)e(t) \qquad (g_1,\,\alpha_1 > 0),$$

$$\dot{\theta}_2(t) = -\frac{1}{2}g_2\frac{\partial e}{\partial \theta_2} \simeq \alpha_2\left(\frac{1}{s^2 + a_{M1}s + a_{M2}}\dot{y}(t)\right)e(t) \qquad (g_2,\,\alpha_2 > 0),$$

$$\dot{\theta}_3(t) = -\frac{1}{2}g_3\frac{\partial e}{\partial \theta_3} \simeq \alpha_3\left(\frac{1}{s^2 + a_{M1}s + a_{M2}}y(t)\right)e(t) \qquad (g_3,\,\alpha_3 > 0)$$

$$(1.23)$$

　　ここまでに記した MIT 方式に基づく適応制御系の構成（2 次系の制御対象; 定常ゲインと動特性の調整）を**表 1.3** にまとめる。いままでと同様に，この方式では理論的に適応システム全体の安定性が保証されない。

表 1.3　MIT 方式に基づく適応制御系の構成
（2 次系の制御対象; 定常ゲインと動特性の調整）

制御対象
$\ddot{y}(t) + a_1\dot{y}(t) + a_2y(t) = b_0u(t) \quad (b_0 > 0)$
規範モデル
$\ddot{y}_M(t) + a_{M1}\dot{y}_M(t) + a_{M2}y_M(t) = b_Mr(t)$ $s^2 + a_{M1}s + a_{M2}$ は安定多項式
制御入力
$u(t) = \theta_1(t)r(t) + \theta_2(t)\dot{y}(t) + \theta_3(t)y(t)$
適応則
$\dot{\theta}_1(t) = \alpha_1\left(\dfrac{1}{s^2 + a_{M1}s + a_{M2}}r(t)\right)e(t) \quad (\alpha_1 > 0)$ $\dot{\theta}_2(t) = \alpha_2\left(\dfrac{1}{s^2 + a_{M1}s + a_{M2}}\dot{y}(t)\right)e(t) \quad (\alpha_2 > 0)$ $\dot{\theta}_3(t) = \alpha_3\left(\dfrac{1}{s^2 + a_{M1}s + a_{M2}}y(t)\right)e(t) \quad (\alpha_3 > 0)$

例 1.1　定常ゲインと時定数の調整（1 次系の場合）

MIT 方式に基づいて 1 次系の定常ゲインと時定数の調整を行うモデル規範

14   1. 適応制御とは

形適応制御系（**表 1.2**）の数値例を示す．制御対象と規範モデルおよび設計変数は

$$a = -0.5, \ b = 0.5$$
$$a_M = 1, \ b_M = 1$$
$$r(t) = \sin t$$
$$\alpha_1 = \alpha_2 = 5$$

のように定めた．結果を図 **1.5** に示す．これを 2 章の結果（**図 2.1**）と比較すると，MIT 方式と安定論に基づく設計法で応答結果が異なっていることがわかる．

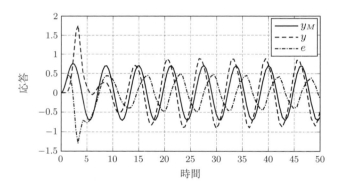

図 **1.5** MIT 方式に基づくモデル規範形適応制御系の応答例（定常ゲインと時定数の調整（1 次系））

********** 演 習 問 題 **********

【1】 MIT 方式に基づくモデル規範形適応制御系の数値実験を行い，規範モデルの入力に高調波が含まれる場合に応答が悪化する（不安定になる）ことを確認せよ．

2

モデル規範形適応制御の基礎

　本章では，まず適応制御設計に必要となる安定解析の基礎について述べ，つぎに，1章で取り上げたのと同じ1次と2次の簡単な制御対象に対して，正定関数（数学的には一種のリアプノフ関数）を用いて安定論に基づくモデル規範形適応制御系を構成する方法を説明する。

　これらの簡単な対象への適用事例を通して，必要な制御の自由度と調整パラメータをどのように配置すればよいかを理解することが，本章の目的である。

2.1　安定解析の基礎

まず，適応制御の安定解析に用いられる数学的基礎事項について説明する[6), 7)]。

2.1.1　関 数 空 間

$\mathbf{R}^n$ を n 次元ユークリッド空間とし，特に $\mathbf{R}^1$ を $\mathbf{R}$ と記す。$\mathbf{R}^+$ を非負の実数の集合とする。$\mathbf{C}$ を複素数の集合，$\mathbf{C}^-$ を複素数の開左半平面とし，$\mathbf{C}^+ = \mathbf{C} - \mathbf{C}^-$ とする。さらに，半径 r の開球を $\mathcal{B}(r) = \{x \in \mathbf{R}^n \mid \|x\| < r\}$ と記す。

$\mathbf{R}^+$ 上で定義された関数 $f : \mathbf{R}^+ \to \mathbf{R}$ を考える。

【定義 2.1】　関数空間 $\mathcal{L}^p$

関数 $f : \mathbf{R}^+ \to \mathbf{R}$ が積分可能で，ある $p \in [1, \infty)$ に対してつぎの不等式

を満たすとき，f は $\mathcal{L}^p$ に属する，あるいは $f \in \mathcal{L}^p$ と定義する。

$$\|f\|_p \equiv \left(\int_0^\infty |f(t)|^p dt \right)^{\frac{1}{p}} < \infty$$

また，この $\|f\|_p$ を f の $\mathcal{L}^p$ ノルムと呼ぶ。

【定義 2.2】　関数空間 $\mathcal{L}^\infty$

関数 $f : \mathbf{R}^+ \to \mathbf{R}$ がつぎの不等式を満たすとき，f は $\mathcal{L}^\infty$ に属する，あるいは $f \in \mathcal{L}^\infty$ と定義する。

$$\|f\|_\infty \equiv \sup_{t \geqq 0} |f(t)| < \infty$$

また，この $\|f\|_\infty$ を f の $\mathcal{L}^\infty$ ノルムと呼ぶ。

本書で以後重要となるのは，関数空間 $\mathcal{L}^2$ と $\mathcal{L}^\infty$ である。関数空間 $\mathcal{L}^2$ と $\mathcal{L}^\infty$ に含まれる関数（信号）を解析する際に有用となるのが，つぎの **Barbalat** の **補題**である。

【定理 2.1】　Barbalat の補題

関数 $g : \mathbf{R}^+ \to \mathbf{R}$ について，もし $g \in \mathcal{L}^2 \cap \mathcal{L}^\infty$，$\dot{g} \in \mathcal{L}^\infty \left(\dot{g} \equiv \dfrac{d}{dt} g(t) \right)$ が成立するならば，$\displaystyle \lim_{t \to \infty} g(t) = 0$ となる。

この定理（補題）の証明と補題のもととなった定理については，8.1 節で述べる。

2.1.2　正実関数と Kalman-Yakubovich の補題

適応制御系の安定解析において，正定関数を構成する際に重要な概念である有理関数の正実性と，関連する定理について述べる。なお，**有理関数**とは，二つの多項式を分子と分母に持つ分数として表される関数であり，分母の次数 $\geqq$ 分

子の次数のときに**プロパー**，分母の次数 > 分子の次数のときに**厳密にプロパー**
と呼ぶ。

〔1〕 正実関数の定義

まず，正実関数と強正実関数を定義する。

【定義 2.3】 正実関数

有理関数 $G(s)$（ただし $s = \sigma + j\omega$，すなわち s は複素数）は，つぎの二
つの条件を満足するときに正実であるという。

1. s が実数ならば $G(s)$ も実数
2. $\forall \Re[s] > 0$ に対して $\Re[G(s)] \geqq 0$，ただし $\Re[\cdot]$ は複素数の実数部を
   示す

正実関数に対してつぎの定理が成立する。

【定理 2.2】 正実関数の必要十分条件

$G(s)$ はプロパーな有理関数とする。このとき，$G(s)$ が正実であるための
必要十分条件は，以下である。

1. s が実数ならば $G(s)$ も実数
2. $G(s)$ は $\Re[s] > 0$ で解析的（極を持たない）
3. $G(s)$ が虚軸上（$j\omega$ 軸上）に極を有する場合は，その極は重根では
   なく，対応する留数は実数で正となる
4. $G(s)$ が虚軸上（$j\omega$ 軸上）に極を有しない場合は，$\Re[G(j\omega)] \geqq 0$（た
   だし ω は実数）

適応制御の安定解析において実際に重要となるのは，つぎの強正実関数である。

【定義 2.4】 強正実関数

有理関数 $G(s)$（$G(s) \neq 0$）は，$\exists \epsilon > 0$ について $G(s - \epsilon)$ が正実となると

18   2. モデル規範形適応制御の基礎

きに強正実であるという。

強正実関数に対して，同様につぎの定理が成立する。

【定理 2.3】 強正実関数の必要十分条件

有理関数 $G(s)$ は恒等的に 0 ではなく，相対次数 n^*（$\equiv$ 分母多項式の次数 −
分子多項式の次数）は +1, 0, −1 のいずれかとする。このとき，$G(s)$ が強
正実であるための必要十分条件は，以下の 1〜4 である。

1. s が実数ならば $G(s)$ も実数
2. $G(s)$ は $\Re[s] \geqq 0$ で解析的（極を持たない）
3. $\forall \omega \in (-\infty, \infty)$ に対して $\Re[G(j\omega)] > 0$
4. 特に $n^* = 1$ のときは $\displaystyle\lim_{|\omega|\to\infty} \omega^2 \Re[G(j\omega)] > 0$，また特に $n^* = -1$
    のときは $\displaystyle\lim_{|\omega|\to\infty} \frac{G(j\omega)}{j\omega} > 0$

特に，相対次数 $n^* = 0$ のときは，1〜3 が必要十分条件となる。
また，つぎの定理は，正実（強正実）関数を簡単に判別するのに有用である。

【定理 2.4】 正実（強正実）関数の判別

1. $G(s)$ が正実（強正実）$\Leftrightarrow \dfrac{1}{G(s)}$ が正実（強正実）
2. $G(s)$ が強正実 $\Rightarrow G(s)$ の相対次数 n^* は +1, 0, −1 のいずれかで，
    極と零点は $\mathbf{C}^-$ に属する（実数部が 0 未満となる）
3. $|n^*| > 1 \Rightarrow G(s)$ は強正実ではない

---

〔2〕 **Kalman-Yakubovich の補題**

有理関数の正実性と，有理関数の状態空間表現の関係を示すのが，一連の
Kalman-Yakubovich の補題である。

【定理 2.5】 Kalman-Yakubovich-Popov（KYP）の補題

$A \in \mathbf{R}^{n \times n}$ を固有値の実数部がすべて 0 以下の行列，$b \in \mathbf{R}^n$ を (A, b) が可制御となるベクトルとし，$c \in \mathbf{R}^n$，$d \geq 0$（$\in \mathbf{R}$）とする。このとき，$G(s) = c^T(sI - A)^{-1}b + d$ が正実となるための必要十分条件は，$\exists P = P^T > 0$（$\in \mathbf{R}^{n \times n}$）と $\exists q \in \mathbf{R}^n$ に対して

$$A^T P + PA = -qq^T$$
$$Pb - c = \pm\sqrt{2d}q$$

となることである。

【定理 2.6】 Lefschetz-Kalman-Yakubovich（LKY）の補題

$A \in \mathbf{R}^{n \times n}$ を安定行列（固有値の実数部が 0 未満），$b \in \mathbf{R}^n$ を (A, b) が可制御となるベクトルとし，$c \in \mathbf{R}^n$，$d \geq 0$（$\in \mathbf{R}$）とする。このとき，$G(s) = c^T(sI - A)^{-1}b + d$ が強正実となるための必要十分条件は，$\forall L = L^T > 0$（$\in \mathbf{R}^{n \times n}$），$\exists P = P^T > 0$（$\in \mathbf{R}^{n \times n}$），$\exists q \in \mathbf{R}^n$，$\exists \nu > 0$（$\in \mathbf{R}$）に対して

$$A^T P + PA = -qq^T - \nu L$$
$$Pb - c = \pm\sqrt{2d}q$$

となることである。

これら二つの定理では (A, b) の可制御性が条件となるが，適応制御においては安定極と安定零点間の極零相殺が起こるので（詳細は 3.2 節を参照），対応する部分の可制御性は満足されない。したがって，可制御性を前提としないつぎの定理が重要となる。

20   2. モデル規範形適応制御の基礎

【定理 2.7】 **Meyer-Kalman-Yakubovich（MKY）の補題**

$A \in \mathbf{R}^{n \times n}$ を安定行列（固有値の実数部が 0 未満）とし，$b \in \mathbf{R}^n$, $c \in \mathbf{R}^n$,
$d \geqq 0$ $(\in \mathbf{R})$ とする。このとき，$G(s) = c^T(sI - A)^{-1}b + d$ が強正実
であるならば，$\forall L = L^T > 0$ $(\in \mathbf{R}^{n \times n})$, $\exists P = P^T > 0$ $(\in \mathbf{R}^{n \times n})$,
$\exists q \in \mathbf{R}^n$, $\exists \nu > 0$ $(\in \mathbf{R})$ に対して

$$A^T P + PA = -qq^T - \nu L$$

$$Pb - c = \pm\sqrt{2d}q$$

となる。

2.1.3 適応システムの安定解析

つぎに，強正実な伝達関数の性質を利用して，適応システムの安定性がどの
ように保証されるのかを説明する。適応制御の安定解析でよく現れる典型的な
適応システム (2.1) の安定解析を行う。

$$\dot{e} = Ae + b\theta^T \omega,$$

$$\dot{\theta} = -\Gamma e_1 \omega,$$

$$e_1 = c^T e \tag{2.1}$$

ただし，$e \in \mathbf{R}^n$ は制御誤差，$e_1 \in \mathbf{R}$ は制御誤差の中の観測値，$\theta \in \mathbf{R}^m$ は適
応的に調整するパラメータであり，$\omega \in \mathbf{R}^m$ は種々の信号を成分とする状態変
数ベクトルで

$$\omega = c_1^T e + c_2^T e_m \tag{2.2}$$

のように表されるものとする。ここで，$e_m \in \mathbf{R}^r \in \mathcal{L}^\infty$ は外部からの参照
信号（例えば制御対象が追従する目標信号など）で連続であるとする。また，
$A \in \mathbf{R}^{n \times n}$, $b \in \mathbf{R}^n$, $c_1 \in \mathbf{R}^n$, $c_2 \in \mathbf{R}^r$ であり，$\Gamma = \Gamma^T > 0$ $(\in \mathbf{R}^{m \times m})$ は

適応ゲインと呼ばれる設計変数である。このとき，つぎの定理が得られる。

【定理 2.8】 適応システムの安定解析

上記のシステムにおいて，A は安定で，$G(s) = c^T(sI - A)^{-1}b$ は強正実であるとする。このとき，$e, \theta, \omega \in \mathcal{L}^\infty$, $e, \dot{\theta} \in \mathcal{L}^\infty \cap \mathcal{L}^2$, $e(t), e_1(t), \dot{\theta}(t) \to 0$ $(t \to \infty)$ が成立する。

証明 $G(s) = c^T(sI - A)^{-1}b$ が強正実であることから，MKY の補題（定理 2.7）より

$$A^T P + PA = -qq^T - \nu L,$$
$$Pb = c \tag{2.3}$$

となるような $P = P^T > 0$ $(\in \mathbf{R}^{n \times n})$, $L = L^T > 0$ $(\in \mathbf{R}^{n \times n})$, $q \in \mathbf{R}^n$, $\nu > 0$ $(\in \mathbf{R})$ が存在する。これより，$V(e, \theta)$ をつぎのように定める。

$$V(e, \theta) = e^T Pe + \theta^T \Gamma^{-1} \theta \tag{2.4}$$

行列 P と Γ の正定性より，$V(e, \theta)$ は各要素について正定関数となる。$V(e, \theta)$ を各要素の軌道に沿って時間微分する。

$$\begin{aligned}
\dot{V} &= e^T(A^T P + PA)e + 2e^T Pb\theta^T \omega - 2\theta^T \Gamma^{-1}\Gamma e_1 \omega \\
&= -e^T(qq^T + \nu L)e + 2e_1 \theta^T \omega - 2\theta^T \omega e_1 \\
&= -e^T(qq^T + \nu L)e \leqq 0
\end{aligned} \tag{2.5}$$

これより，$\dot{V}$ を積分すると，任意の $T > 0$ について（以後，表記の簡単のために V を t の関数 $V(t)$ と記す）

$$\begin{aligned}
\infty > V(0) &= \int_0^T e^T(qq^T + \nu L)e\,dt + V(T) \\
&= \int_0^T e^T(qq^T + \nu L)e\,dt + \left[e^T Pe + \theta^T \Gamma^{-1}\theta \right]_{t=T}
\end{aligned} \tag{2.6}$$

となることから，$V \geqq 0$ で $\dot{V} \leqq 0$ より $\lim_{t \to \infty} V = V_\infty$ が存在する，すなわち，連続で下から有界な非増大関数は一定値に収束することも考慮して，$e, e_1, \theta \in \mathcal{L}^\infty$, $\omega \in \mathcal{L}^\infty$ が導出される。式 (2.6) で $T \to \infty$ として

$$\int_0^\infty e^T \nu L e \, dt \leqq \int_0^\infty e^T (qq^T + \nu L) e \, dt + V(\infty) = V(0) < \infty \quad (2.7)$$

から $e \in \mathcal{L}^2$，これと $\omega \in \mathcal{L}^\infty$ から $\dot\theta \in \mathcal{L}^2 \cap \mathcal{L}^\infty$ も示される。さらに，$e, \theta, \omega \in \mathcal{L}^\infty$ から $\dot e \in \mathcal{L}^\infty$ も導かれる。以上から，$e \in \mathcal{L}^2 \cap \mathcal{L}^\infty$，$\dot e \in \mathcal{L}^\infty$ より Barbalat の補題（定理 2.1）を用いて $e(t) \to 0$ $(t \to \infty)$ となり，これより $e_1, \dot\theta = 0$ も示される。 △

$V(e, \theta)$ はその要素 e と θ について正定となり，その時間微分が e について負定となることから，数学的には一種のリアプノフ関数と見ることもできる。ただし，適応制御の安定解析では，この正定関数がシステムの状態全体について正定となることはなく（$V(e, \theta)$ は ω も含めた全状態について正定関数となっていない），また，その時間微分も元の要素の一部に対して負定となるため，厳密にはリアプノフ関数ではない。しかし，以後本書では，擬似的なリアプノフ関数による安定解析として，リアプノフ関数を用いた**リアプノフ法**と呼称することにする。

2.2 安定論（リアプノフ法）に基づくモデル規範形適応制御系の構成

MIT 方式を用いてモデル規範形適応制御系を構成した 1 章の例に対して，ここでは正定関数（**リアプノフ法**）を用いた安定論に基づく構成法を示す[13]。

2.2.1 定常ゲインの調整（**1** 次系の場合）

1.3.1 項と同じく，1 次系の制御対象を

$$T\dot y(t) + y(t) = K_v u(t) \qquad (T, \, K_v > 0) \tag{2.8}$$

として定常ゲインを適応的に調整し，出力 $y(t)$ がつぎの規範モデルの応答 $y_M(t)$ に追従するように

$$T\dot y_M(t) + y_M(t) = K_r r(t) \qquad (r(t) \in \mathcal{L}^\infty) \tag{2.9}$$

2.2 安定論（リアプノフ法）に基づくモデル規範形適応制御系の構成　　23

適応制御系を構成する問題を考える（**図 1.2**）。

制御入力を，先と同様に

$$u(t) = K_c(t)r(t) \tag{2.10}$$

として，出力誤差に関する式を立てると，以下のようになる。

$$e(t) = y_M(t) - y(t) \tag{2.11}$$

$$T\dot{e}(t) + e(t) = \{K_r - K_v K_c(t)\}r(t) \equiv a(t)r(t) \tag{2.12}$$

ここで，出力誤差 $e(t)$ とパラメータ誤差 $a(t) \equiv K_r - K_v K_c(t)$ の 2 次の関数からなる正定関数（リアプノフ関数）を

$$V(t) = \frac{1}{2}pe(t)^2 + \frac{1}{2}qa(t)^2 \qquad (p, q > 0) \tag{2.13}$$

と定めて，誤差方程式に着目して $V(t)$ の時間微分を計算すると

$$\begin{aligned}
\dot{V}(t) &= p\dot{e}(t)e(t) + q\dot{a}(t)a(t) \\
&= -\frac{p}{T}e(t)^2 + \left\{\frac{p}{T}e(t)r(t) + q\dot{a}(t)\right\}
\end{aligned} \tag{2.14}$$

のようになる。これより調整パラメータに関する項を

$$\dot{a}(t) = -K_v\dot{K}_c(t) = -\frac{p}{Tq}e(t)r(t) \tag{2.15}$$

のように定めると

$$\dot{V}(t) = -\frac{p}{T}e(t)^2 \leqq 0 \tag{2.16}$$

となって，任意の $T > 0$ に対して

$$\begin{aligned}
V(T) &+ \frac{p}{T}\int_0^T e(t)^2 dt \\
&= \frac{1}{2}pe(T)^2 + \frac{1}{2}qa(T)^2 + \frac{p}{T}\int_0^T e(t)^2 dt \\
&= V(0) < \infty
\end{aligned} \tag{2.17}$$

24   2. モデル規範形適応制御の基礎

が成立する。これから定理 2.8 と同様にして $V(t) \in \mathcal{L}^{\infty}$，したがって $e(t)$, $a(t) \in \mathcal{L}^{\infty}$ と $e(t) \in \mathcal{L}^{2}$ が示されて，適応制御系の有界性が導かれる。また，誤差方程式の形より $\dot{e}(t) \in \mathcal{L}^{\infty}$ もいえるから，$e(t) \in \mathcal{L}^{\infty} \cap \mathcal{L}^{2}$, $\dot{e}(t) \in \mathcal{L}^{\infty}$ となって，Barbalat の補題（定理 2.1）から出力誤差の 0 への収束性が示される。

$$\lim_{t \to \infty} e(t) = 0 \tag{2.18}$$

適応パラメータの調整法には未知のパラメータ K_v が含まれるが，正の設計変数 α を導入して

$$\dot{K}_c(t) = \alpha e(t) r(t) \tag{2.19}$$

のようにして $K_c(t)$ を調整すればよい。これは，特に未定の正の定数 p と q を $p = TqK_v\alpha$ のように選んだ場合に対応する。また，先の MIT 方式（**表 1.1**）と比較すると，$y_M(t)$ が $r(t)$ に置き換わっていることがわかる。

なお，制御誤差 $e(t)$ は 0 に収束するが，パラメータ誤差 $a(t) \equiv \{K - K_v K_c(t)\}$ は必ずしも 0 への収束が保証されないことに注意する。

ここまでに記したリアプノフ法に基づく適応制御系の構成（1 次系の制御対象; 定常ゲインの調整）を**表 2.1** にまとめる。

表 2.1 リアプノフ法に基づく適応制御系の構成
（1 次系の制御対象; 定常ゲインの調整）

制御対象
$T\dot{y}(t) + y(t) = K_v u(t) \quad (T,\ K_v > 0)$
規範モデル
$T\dot{y}_M(t) + y_M(t) = K_r r(t) \quad (r(t) \in \mathcal{L}^{\infty})$
制御入力
$u(t) = K_c(t) r(t)$
適応則
$\dot{K}_c(t) = \alpha e(t) r(t) \quad (\alpha > 0)$

2.2　安定論（リアプノフ法）に基づくモデル規範形適応制御系の構成

【定理 2.9】　1 次系の制御対象について定常ゲインの調整を行う適応制御系（**表 2.1**，**図 1.2**）は有界で，制御誤差 $e(t) = y_M(t) - y(t)$ は 0 に収束する。

2.2.2　定常ゲインと時定数の調整（1 次系の場合）

つぎに，1.3.2 項と同様に，定常ゲインだけでなく時定数も適応的に調整する場合を扱う。以下の 1 次系の制御対象の出力 $y(t)$ を

$$\dot{y}(t) + ay(t) = bu(t) \qquad (b > 0) \tag{2.20}$$

とし，同じく 1 次系の規範モデルの出力 $y_M(t)$ に追従させる問題を考える（**図 1.3**）。

$$\dot{y}_M(t) + a_M y_M(t) = b_M r(t) \qquad (a_M > 0,\ r(t) \in \mathcal{L}^\infty) \tag{2.21}$$

前章と同じく，制御入力を

$$u(t) = \theta_1(t)r(t) + \theta_2(t)y(t) \tag{2.22}$$

のように定めて，出力誤差の方程式を立てると，以下のようになる。

$$e(t) = y_M(t) - y(t) \tag{2.23}$$

$$\dot{e}(t) + a_M e(t) = b_M r(t) + (a - a_M)y(t) - bu(t)$$

$$\equiv b\{\tilde{\theta}_1(t)r(t) + \tilde{\theta}_2(t)y(t)\} \tag{2.24}$$

$$\tilde{\theta}_1(t) \equiv \frac{b_M}{b} - \theta_1,$$

$$\tilde{\theta}_2(t) \equiv \frac{a - a_M}{b} - \theta_2 \tag{2.25}$$

これより，出力誤差 $e(t)$ とパラメータ誤差 $\tilde{\theta}_1(t)$，$\tilde{\theta}_2(t)$ の 2 次式からなる正定関数（リアプノフ関数）を，つぎのように定める。

$$V(t) = \frac{1}{2}e(t)^2 + \frac{b}{2}\left\{\frac{\tilde{\theta}_1(t)^2}{g_1} + \frac{\tilde{\theta}_2(t)^2}{g_2}\right\} \qquad (g_1,\, g_2 > 0) \qquad (2.26)$$

出力誤差式に着目して $V(t)$ の時間微分を計算すると

$$\dot{V}(t) = -a_M e(t)^2 + b\left[\tilde{\theta}_1(t)\left\{r(t)e(t) + \frac{\dot{\tilde{\theta}}_1(t)}{g_1}\right\}\right.$$
$$\left. + \tilde{\theta}_2(t)\left\{y(t)e(t) + \frac{\dot{\tilde{\theta}}_2(t)}{g_2}\right\}\right] \qquad (2.27)$$

のようになる。これよりパラメータの調整則を

$$\dot{\theta}_1(t) = g_1 r(t)e(t) \ \left(= -\dot{\tilde{\theta}}_1(t)\right) \qquad (2.28)$$

$$\dot{\theta}_2(t) = g_2 y(t)e(t) \ \left(= -\dot{\tilde{\theta}}_2(t)\right) \qquad (2.29)$$

のように決めると

$$\dot{V}(t) = -a_M e(t)^2 \leqq 0 \qquad (2.30)$$

が成立する。したがって，定理 2.8 と同様に，任意の $T > 0$ に対して

$$V(T) + a_M \int_0^T e(t)^2 dt$$
$$= \frac{1}{2}e(T)^2 + \frac{b}{2}\left\{\frac{\tilde{\theta}_1(T)^2}{g_1} + \frac{\tilde{\theta}_2(T)^2}{g_2}\right\} + a_M \int_0^T e(t)^2 dt$$
$$= V(0) < \infty \qquad (2.31)$$

が導かれる。これより $V(t) \in \mathcal{L}^\infty$ となる。したがって，$e(t)$, $\tilde{\theta}_1(t)$, $\tilde{\theta}_2(t) \in \mathcal{L}^\infty$ と $e(t) \in \mathcal{L}^2$ がいえて，適応制御系の有界性が示される。また，誤差方程式の形から $\dot{e}(t) \in \mathcal{L}^\infty$ も導かれるから，$e(t) \in \mathcal{L}^\infty \cap \mathcal{L}^2$, $\dot{e}(t) \in \mathcal{L}^\infty$ より Barbalat の補題（定理 2.1）を用いて出力誤差が 0 に収束することが示される。

$$\lim_{t\to\infty} e(t) = 0 \qquad (2.32)$$

$\theta_1(t)$ と $\theta_2(t)$ の調整則と MIT 方式を比較すると，$\dfrac{1}{s + a_M}r(t)$ と $\dfrac{1}{s + a_M}y(t)$

2.2 安定論（リアプノフ法）に基づくモデル規範形適応制御系の構成 27

がそれぞれ $r(t)$ と $y(t)$ に置き換わっていることがわかる。

一方，パラメータ誤差 $\tilde{\theta}_1(t)$, $\tilde{\theta}_2(t)$ の 0 への収束性は必ずしも保証されていないことに注意する。

ここまでに記したリアプノフ法に基づく適応制御系の構成（1 次系の制御対象; 定常ゲインと時定数の調整）を表 2.2 にまとめる。

表 2.2　リアプノフ法に基づく適応制御系の構成
（1 次系の制御対象; 定常ゲインと時定数の調整）

制御対象
$\dot{y}(t) + ay(t) = bu(t) \quad (b > 0)$
規範モデル
$\dot{y}_M(t) + a_M y_M(t) = b_M r(t) \quad (a_M > 0,\ r(t) \in \mathcal{L}^{\infty})$
制御入力
$u(t) = \theta_1(t)r(t) + \theta_2(t)y(t)$
適応則
$\dot{\theta}_1(t) = g_1 r(t)e(t) \quad (g_1 > 0)$
$\dot{\theta}_2(t) = g_2 y(t)e(t) \quad (g_2 > 0)$

【定理 2.10】　1 次系の制御対象について定常ゲインと時定数の調整を行う適応制御系（表 2.2，図 1.3）は有界で，制御誤差 $e(t) = y_M(t) - y(t)$ は 0 に収束する。

2.2.3　定常ゲインと動特性の調整（2 次系の場合）

〔1〕　リアプノフ法による構成

最後に，1.3.3 項と同じく，2 次系を取り扱う。2 次系

$$\ddot{y}(t) + a_1\dot{y}(t) + a_2 y(t) = b_0 u(t) \qquad (b_0 > 0) \tag{2.33}$$

を制御対象とし，これとはパラメータが異なる別の 2 次系

28   2. モデル規範形適応制御の基礎

$$\ddot{y}_M(t) + a_{M1}\dot{y}_M(t) + a_{M2}y_M(t) = b_M r(t) \tag{2.34}$$

を規範モデルとして，制御対象の定常ゲインと動特性を補正して $y(t)$ が $y_M(t)$ に追従するような適応制御系を構成する（**図 1.4**）。ただし，規範モデルは安定（$s^2 + a_{M1}s + a_{M2}$ は安定多項式）とし，$r(t) \in \mathcal{L}^{\infty}$ とする。

入力の形式を

$$u(t) = \theta_1(t)r(t) + \theta_2(t)\dot{y}(t) + \theta_3(t)y(t) \tag{2.35}$$

のように決めて，出力誤差を立てると，以下のようになる。

$$e(t) = y_M(t) - y(t) \tag{2.36}$$

$$\ddot{e}(t) + a_{M1}\dot{e}(t) + a_{M2}e(t)$$
$$= b_0\{\tilde{\theta}_1(t)r(t) + \tilde{\theta}_2(t)\dot{y}(t) + \tilde{\theta}_3(t)y(t)\} \tag{2.37}$$

$$\tilde{\theta}_1(t) \equiv \frac{b_M}{b_0} - \theta_1,$$

$$\tilde{\theta}_2(t) \equiv \frac{a_1 - a_{M1}}{b_0} - \theta_2,$$

$$\tilde{\theta}_3(t) \equiv \frac{a_2 - a_{M2}}{b_0} - \theta_3 \tag{2.38}$$

これまでの 1 次の類推から，$e(t)$（出力誤差）と $\tilde{\theta}_1(t), \tilde{\theta}_2(t), \tilde{\theta}_3(t)$（パラメータ誤差）の 2 次関数

$$V(t) = p_1\dot{e}(t)^2 + p_2 e(t)^2 + \sum_{i=1}^{3}\lambda_i\tilde{\theta}_i(t)^2 \tag{2.39}$$
$$(p_1, p_2, \lambda_1, \lambda_2, \lambda_3 > 0)$$

に対して，その時間微分が負定となる，すなわち

$$\dot{V}(t) = -\alpha_1\dot{e}(t)^2 - \alpha_2 e(t)^2 \leqq 0 \qquad (\alpha_1, \alpha_2 > 0) \tag{2.40}$$

となるようにパラメータの調整則を決めることができれば，安定な適応系が構成される。

2.2 安定論（リアプノフ法）に基づくモデル規範形適応制御系の構成　29

そのための準備として，まず誤差方程式を状態空間表現で記述する[†]。

$$\dot{\mathbf{e}}(t) = A_M \mathbf{e}(t) + b_0 b_M \{\tilde{\theta}(t)^T z(t)\} \tag{2.41}$$

$$e(t) = c_M^T \mathbf{e}(t) \tag{2.42}$$

$$A_M = \begin{bmatrix} 0 & 1 \\ -a_{M2} & -a_{M1} \end{bmatrix}, \quad b_M = \begin{bmatrix} 0 \\ 1 \end{bmatrix}, \quad c_M = \begin{bmatrix} 1 \\ 0 \end{bmatrix}$$

$$\mathbf{e} = [e(t), \dot{e}(t)]^T$$

$$\tilde{\theta}(t) \equiv [\tilde{\theta}_1(t), \tilde{\theta}_2(t), \tilde{\theta}_3(t)]^T$$

$$z(t) = [r(t), \dot{y}(t), y(t)]^T$$

$$c_M^T (sI - A_M)^{-1} b_M = \frac{1}{s^2 + a_{M1}s + a_{M2}}$$

これに対して一般的な形式の正定関数（リアプノフ関数）$V(t)$ を定める。ただし，$P = P^T > 0$，$\Lambda = \Lambda^T > 0$ とする。

$$V(t) = \mathbf{e}(t)^T P \mathbf{e}(t) + b_0 \tilde{\theta}(t)^T \Lambda^{-1} \tilde{\theta}(t) \tag{2.43}$$

誤差方程式に着目して $V(t)$ の時間微分を計算すると

$$\begin{aligned}
\dot{V}(t) = {}& \mathbf{e}(t)^T (P A_M + A_M^T P) \mathbf{e}(t) \\
& + 2\mathbf{e}(t)^T P b_0 b_M z(t)^T \tilde{\theta}(t) + 2 b_0 \dot{\tilde{\theta}}(t)^T \Lambda^{-1} \tilde{\theta}(t)
\end{aligned} \tag{2.44}$$

のようになる。ここで，右辺第 2 項が 0 になるように，パラメータの調整則を

$$\dot{\tilde{\theta}}(t) = -\dot{\theta}(t) = -\Lambda z(t) b_M^T P \mathbf{e}(t) \tag{2.45}$$

と定める。さらに，A_M が安定行列であることから，任意に定めた正定対称行列 Q に対し，式 (2.46) の関係を満たす正定対称行列 P が存在する（式 (2.46) はリアプノフ方程式と呼ばれる）ことにも注意すると

$$P A_M + A_M^T P = -Q < 0 \tag{2.46}$$

[†]　本書では，ベクトル $\mathbf{e}$ とスカラ e のように区別して表記する場合を除いて，ベクトルと行列はボールド表記しない。

となり，$\dot{V}(t)$ はつぎのように評価されることがわかる。

$$\dot{V}(t) = -\mathbf{e}(t)^T Q\mathbf{e}(t) \leqq 0 \tag{2.47}$$

これより，任意の $T > 0$ に対して

$$\begin{aligned}
V(T) &+ \int_0^T \mathbf{e}(t)^T Q\mathbf{e}(t)dt \\
&= \mathbf{e}(T)^T P\mathbf{e}(T) + b_0\tilde{\theta}(T)^T \Lambda^{-1}\tilde{\theta}(T) + \int_0^T \mathbf{e}(t)^T Q\mathbf{e}(t)dt \\
&= V(0) < \infty
\end{aligned} \tag{2.48}$$

が成立する。したがって，定理 2.8 と同様にして，$V(t) \in \mathcal{L}^\infty$，$\mathbf{e}(t)$ $(\sim e(t), \dot{e}(t))$，$\tilde{\theta}(t) \in \mathcal{L}^\infty$，および $\mathbf{e}(t) \in \mathcal{L}^2$ が示され，誤差方程式の形も考慮して，$\dot{\mathbf{e}}(t)$ $(\sim \dot{e}(t)$，$\ddot{e}(t)) \in \mathcal{L}^\infty$ もいえる。以上より，適応制御系に含まれる信号の有界性が示せた。また，$\mathbf{e}(t) \in \mathcal{L}^\infty \cap \mathcal{L}^2$，$\dot{\mathbf{e}}(t) \in \mathcal{L}^\infty$ より Barbalat の補題（定理 2.1）を用いて

$$\lim_{t \to \infty} \mathbf{e}(t) = 0 \tag{2.49}$$

も導かれる。

あらためてパラメータ調整法を書くと

$$\dot{\theta}(t) = \Lambda z(t) b_M^T P\mathbf{e}(t) \tag{2.50}$$

のようになる。

制御誤差 $\mathbf{e}(t)$ の 0 への収束性は保証されるが，パラメータ誤差は 0 に収束するとは限らない。また，この方法では，最初に Q を指定してリアプノフ方程式 (2.46) を解いて P を求めなければならない。

ここまでに記したリアプノフ法に基づく適応制御系の構成（2 次系の制御対象; 定常ゲインと動特性の調整）を表 **2.3** にまとめる。

2.2 安定論（リアプノフ法）に基づくモデル規範形適応制御系の構成 *31*

表 2.3 リアプノフ法に基づく適応制御系の構成
（2 次系の制御対象; 定常ゲインと動特性の調整）

制御対象

$\ddot{y}(t) + a_1\dot{y}(t) + a_2 y(t) = b_0 u(t) \quad (b_0 > 0)$

規範モデル

$\ddot{y}_M(t) + a_{M1}\dot{y}_M(t) + a_{M2}y_M(t) = b_M r(t) \quad (r(t) \in \mathcal{L}^\infty)$
$s^2 + a_{M1}s + a_{M2}$ は安定多項式

制御入力

$u(t) = \theta_1(t)r(t) + \theta_2(t)\dot{y}(t) + \theta_3(t)y(t)$

適応則

$\dot{\theta}(t) = \Lambda z(t)b_M^T P e(t)$
$\theta(t) = [\theta_1(t),\, \theta_2(t),\, \theta_3(t)]^T$
$z(t) = [r(t),\, \dot{y}(t),\, y(t)]^T$
$\Lambda = \Lambda^T > 0$
$P = P^T > 0$ （任意に与えた 2×2 行列 $Q = Q^T > 0$ に対して
$\quad PA_M + A_M^T P = -Q$
$\quad A_M = \begin{bmatrix} 0 & 1 \\ -a_{M2} & -a_{M1} \end{bmatrix}$
を P（2×2 行列）について解いて得られる）

【定理 2.11】 2 次系の制御対象について定常ゲインと動特性の調整を行う，リアプノフ法に基づく適応制御系（**表 2.3**，**図 1.4**）は有界で，制御誤差 $e(t) = y_M(t) - y(t)$ は 0 に収束する。

〔2〕 **正実関数を用いたリアプノフ法による構成**

つぎに，正実関数の性質（MKY の補題（定理 2.7））を利用した構成法を示す。$h = [h_1,\, h_2]^T$ を適切に定めて，$h^T(sI - A_M)^{-1}b_M$ が強正実関数になるようにする。このとき，つぎの関係を満たす正定対称行列 P と Q が存在する。

$$PA_M + A_M^T P = -Q, \quad Pb_M = h \tag{2.51}$$

32   2. モデル規範形適応制御の基礎

これより，新たに誤差 $\epsilon(t)$ を

$$\epsilon(t) \equiv h^T \mathbf{e}(t) \tag{2.52}$$

と定めて，先と同じ正定関数（リアプノフ関数）

$$V(t) = \mathbf{e}(t)^T P \mathbf{e}(t) + b_0 \tilde{\theta}(t)^T \Lambda^{-1} \tilde{\theta}(t) \tag{2.53}$$

の時間微分を計算すると

$$\begin{aligned}
\dot{V}(t) &= \mathbf{e}(t)^T (P A_M + A_M^T P) \mathbf{e}(t) \\
&\quad + 2\mathbf{e}(t)^T P b_0 b_M z(t)^T \tilde{\theta}(t) + 2 b_0 \dot{\tilde{\theta}}(t)^T \Lambda^{-1} \tilde{\theta}(t) \\
&= -\mathbf{e}(t)^T Q \mathbf{e}(t) \\
&\quad + 2\mathbf{e}(t)^T b_0 h z(t)^T \tilde{\theta}(t) + 2 b_0 \dot{\tilde{\theta}}(t)^T \Lambda^{-1} \tilde{\theta}(t)
\end{aligned} \tag{2.54}$$

のようになる。したがって，右辺第 2 項が 0 になるように適応則を

$$\dot{\tilde{\theta}}(t) = -\dot{\theta}(t) = -\Lambda z(t) h^T \mathbf{e}(t) = -\Lambda z(t) \epsilon(t) \tag{2.55}$$

と定めると

$$\dot{V}(t) = -\mathbf{e}(t)^T Q \mathbf{e}(t) \leqq 0 \tag{2.56}$$

より，先と同じ結果が得られる。

適応則をあらためて書くと

$$\dot{\theta}(t) = \Lambda z(t) \epsilon(t) \tag{2.57}$$

のようになる。

この方法では P と Q をリアプノフ方程式 (2.51) により実際に計算する必要がなく，h を $h^T (sI - A_M)^{-1} b_M$ が強正実関数となるように適切に定める手順に置き換わっていることがわかる。

ここまでに記したリアプノフ法と正実関数に基づく適応制御系の構成（2 次系の制御対象; 定常ゲインと動特性の調整）を**表 2.4** にまとめる。

2.2 安定論（リアプノフ法）に基づくモデル規範形適応制御系の構成　　33

表 2.4 リアプノフ法と正実関数に基づく適応制御系の構成
（2 次系の制御対象; 定常ゲインと動特性の調整）

制御対象
$\ddot{y}(t) + a_1 \dot{y}(t) + a_2 y(t) = b_0 u(t) \quad (b_0 > 0)$
規範モデル
$\ddot{y}_M(t) + a_{M1} \dot{y}_M(t) + a_{M2} y_M(t) = b_M r(t) \quad (r(t) \in \mathcal{L}^\infty)$
$s^2 + a_{M1}s + a_{M2}$ は安定多項式
制御入力
$u(t) = \theta_1(t)r(t) + \theta_2(t)\dot{y}(t) + \theta_3(t)y(t)$
適応則
$\dot{\theta}(t) = \Lambda z(t)\epsilon(t)$
$\epsilon(t) = h^T \mathbf{e}(t)$
$\theta(t) = [\theta_1(t),\, \theta_2(t),\, \theta_3(t)]^T$
$z(t) = [r(t),\, \dot{y}(t),\, y(t)]^T$
$\Lambda = \Lambda^T > 0$
h は $h^T(sI - A_M)^{-1} b_M$ が強正実関数になるように定めた 2 次元ベクトル

【定理 2.12】 2 次系の制御対象について定常ゲインと動特性の調整を行う，リアプノフ法と正実関数に基づく適応制御系（**表 2.4**, **図 1.4**）は有界で，制御誤差 $e(t) = y_M(t) - y(t)$ は 0 に収束する。

例 2.1　定常ゲインと時定数の調整（1 次系の場合）

最後に，リアプノフ法に基づいて 1 次系の定常ゲインと時定数の調整を行うモデル規範形適応制御系の数値例を示す（**表 2.2**）。制御対象と規範モデルは

$$a = -0.5, \quad b = 0.5$$

$$a_M = 1, \quad b_M = 1$$

$$r(t) = \sin t$$

とし，設計変数は

$$\alpha_1 = \alpha_2 = 5$$

のように定めた。結果を図 2.1 に示す。図 1.5 と比較すると，MIT 方式の応答結果とは相違があることがわかる。

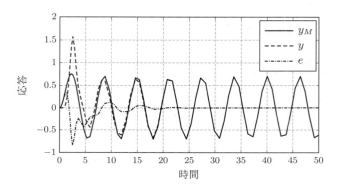

図 2.1 リアプノフ法に基づくモデル規範形適応制御系の応答例（定常ゲインと時定数の調整（1 次系））

********** 演 習 問 題 **********

【1】 正定関数（リアプノフ法）に基づくモデル規範形適応制御系の数値実験を行い，規範モデルの入力に高調波が含まれる場合の応答特性を，MIT 方式による場合と比較せよ。

【2】 以下の伝達関数 $G(s)$ はいずれも強正実関数になることを確認せよ。

$$G(s) = \lambda, \quad \frac{1}{s+\lambda}, \quad s+\lambda \qquad (\lambda > 0)$$

同様に，以下の伝達関数 $G(s)$ が正実関数になることを確認せよ。

$$G(s) = \frac{1}{s}$$

3 一般的なモデル規範形適応制御

　本章では，これまで基礎として1次と2次の系に限定して話を進めてきたモデル規範形適応制御方式を，一般的な場合に拡張する。すなわち高次の次数の線形系に適用する手法について説明する。前章の最後で述べた正実関数を利用したリアプノフ法に基づく設計論を展開する。

3.1 理想条件下の適応制御

　これまで述べてきたような，適応制御の中で制御系に要求される性能（安定度，速応性，周波数特性など）を規範モデルの形式で表し，規範モデルの出力に制御対象の出力が追従するように制御装置のパラメータを自動調整する方式は，**モデル規範形適応制御**（MRAC）と呼ばれる（**図1.1**）。

　本章では，2章の最後に示した**リアプノフ法**に基づく適応制御系の簡単な事例を一般の線形系に拡張して，安定論の立場に立ったモデル規範形適応制御系の構成法について述べる。ただし，ここでは，対象はパラメトリックモデルで，すなわち，有限個のパラメータを有する伝達関数あるいは微分方程式で，すべて表現され，非構造的な不確定性（外乱，未知の非線形性，寄生要素）は存在しない場合を扱う。なお，本章を通じて，連続時間形式のモデル規範形適応制御系について述べる。

36   3. 一般的なモデル規範形適応制御

3.2 モデル追従制御の基本構造

最初に，制御対象の出力を規範モデルの出力に追従させる**モデル追従制御**の基本的な構造を導出する。式 (3.1), (3.2) の 1 入力 1 出力線形系（n 次元）の出力 $y(t)$ を規範モデルの出力 $y_M(t)$ に追従させる問題を考える。

$$\frac{d}{dt}x(t) = Ax(t) + bu(t) \tag{3.1}$$

$$y(t) = c^T x(t) \tag{3.2}$$

$$(A \in \mathbf{R}^{n \times n},\ b,\ c \in \mathbf{R}^n,\ u,\ y \in \mathbf{R})$$

制御対象は可制御・可観測とし，零点が安定であるとする。まず，すべての信号 $u(t),\ y(t),\ x(t)$ が測定できる場合のモデル追従制御を実現する方式を導く。ついで，測定できる信号が入出力信号 $u(t),\ y(t)$ で，状態 $x(t)$ は未知とした場合のモデル追従制御方式を導出する。

次数 n に対して相対次数 n^* を

$$n^* \equiv \min_{1 \leqq q \leqq n} \{q : c^T A^{q-1} b \neq 0\} \tag{3.3}$$

のように定義すると，この n^* より，つぎの関係式が得られる。

$$\frac{d}{dt}y(t) = c^T\{Ax(t) + bu(t)\} = c^T Ax(t)$$

$$\frac{d^2}{dt^2}y(t) = c^T A\{Ax(t) + bu(t)\} = c^T A^2 x(t)$$

$$\vdots$$

$$\frac{d^{n^*-1}}{dt^{n^*-1}}y(t) = c^T A^{n^*-2}\{Ax(t) + bu(t)\} = c^T A^{n^*-1} x(t)$$

$$\frac{d^{n^*}}{dt^{n^*}}y(t) = c^T A^{n^*-1}\{Ax(t) + bu(t)\} = c^T A^{n^*} x(t) + c^T A^{n^*-1} bu(t)$$

ここで，s を微分オペレータ $s \equiv \dfrac{d}{dt}$ として，n^* 次の安定な多項式 $W(s)$（設計

変数）を

$$W(s) \equiv s^{n^*} + w_1 s^{n^*-1} + \cdots + w_{n^*} \tag{3.4}$$

と定め，$W(s)$ を出力 $y(t)$ に作用させると，以下のような制御対象の表現が得られる。

$$W(s)y(t) = c^T W(A)x(t) + b_0 u(t) \tag{3.5}$$

$$b_0 \equiv c^T A^{n^*-1} b \ (\neq 0) \tag{3.6}$$

これは制御対象の表現だけでなく，モデル追従制御を実行するのにも適した表現になっている。実際，制御入力 $u(t)$ を

$$u(t) = -\frac{c^T W(A)}{b_0}x(t) + \frac{W(s)}{b_0}y_M(t) \tag{3.7}$$

と定めて，式 (3.5) に代入すると

$$W(s)y(t) = W(s)y_M(t) \tag{3.8}$$

となって，$W(s)$ が安定多項式であることから $y(t) \to y_M(t)$ が導かれる。またこれより，$W(s)$ が安定でなければならないことがわかる。したがって，式 (3.7) はモデル追従制御を実行する制御入力になっている。以上のことを状態フィードバック補償と前置補償の観点から見てみよう。式 (3.7) を少し一般化して

$$u(t) = -\frac{c^T W(A)}{b_0}x(t) + v(t) \tag{3.9}$$

のように書くと（$v(t)$ は一般的な外生信号）

$$W(s)y(t) = b_0 v(t) \tag{3.10}$$

が成り立つ。これより，フィードバック補償 $-\dfrac{c^T W(A)}{b_0}x(t)$ は，制御対象の極を対象の零点と $W(s)$ の零点に再配置する機能を持っていることがわかる（可制御性から状態フィードバックにより任意の極配置が可能であるが，対象の零

点はフィードバックでは不変)。その結果，フィードバック変換された対象において零点と極の中の零点と同じ部分が相殺されて，式 (3.10) のような関係式が得られる。またこれより対象の零点が安定でなくてはならないことがわかる。したがって，$v(t)$ を式 (3.7) の対応する部分 $v(t) = \dfrac{W(s)}{b_0} y_M(t)$ のように選べば，$W(s)$ の部分の相殺が生じて $y(t) \to y_M(t)$ が達成されるのである。この一連の流れを以下の式に示す。

$$\begin{aligned}
y(t) &= c^T(sI - A)^{-1} b u(t) \equiv \frac{b_0 N_p(s)}{D_p(s)} u(t) \\
&= \frac{b_0 N_p(s)}{D_p(s)} \left\{ -\frac{c^T W(A)}{b_0} x(t) + v(t) \right\} \\
&= \frac{b_0 N_p(s)}{N_p(s) W(s)} v(t) = \frac{b_0}{W(s)} v(t) \\
&= \frac{b_0}{W(s)} \frac{W(s)}{b_0} y_M(t) = y_M(t)
\end{aligned}$$

図 **3.1** は，これまでの説明と上式に従ったモデル追従制御の仕組みを表している。

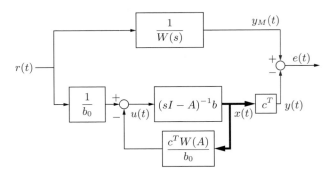

図 **3.1**　モデル追従制御 (状態が既知の場合)

つぎに，入出力信号 $u(t), y(t)$ が測定可能で，状態 $x(t)$ が未知の場合に，モデル追従制御を達成する方法を考える。入力の生成則の式 (3.7) に含まれる状態を使わずに構成可能な形式にするために，オブザーバを用いて状態を推定す

る。簡単のために同一次元オブザーバを用いると

$$\frac{d}{dt}\hat{x}(t) = A\hat{x}(t) + bu(t) + K\{y(t) - c^T\hat{x}(t)\}$$
$$= A_0\hat{x}(t) + bu(t) + Ky(t) \qquad (A_0 \equiv A - Kc^T) \qquad (3.11)$$

のようにして，$x(t)$ の推定値 $\hat{x}(t)$ が得られる。ただし n 次元ベクトル K はオブザーバのゲインで，A_0 が安定行列になるように選ぶ。ここで，$\hat{x}(t)$ を n 次元の可制御対 (F_0, g_0)（それぞれ $n \times n$ 行列と n 次元ベクトルで，F_0 は安定行列）から生成される信号

$$\frac{d}{dt}v_1(t) = F_0 v_1(t) + g_0 u(t),$$
$$\frac{d}{dt}v_2(t) = F_0 v_2(t) + g_0 y(t) \qquad (3.12)$$

を使って表すことを考える（**状態変数フィルタ**）。制御対象の可観測性から任意に設定した安定な F_0 に対して，$TA_0T^{-1} = F_0$ を満足する T（$n \times n$ 行列）とオブザーバゲイン K（n 次元ベクトル）が存在する。このことに着目すると

$$\hat{x}(t) = T^{-1}\{V_1(t)Tb + V_2(t)TK\} \qquad (3.13)$$
$$V_1(T) \equiv [v_1(t), F_0 v_1(t), \cdots, F_0^{n-1} v_1(t)]\mathcal{C}^{-1}$$
$$V_2(T) \equiv [v_2(t), F_0 v_2(t), \cdots, F_0^{n-1} v_2(t)]\mathcal{C}^{-1}$$
$$\mathcal{C} \equiv [g_0, F_0 g_0, \cdots, F_0^{n-1} g_0] \qquad (|\mathcal{C}| \neq 0)$$

のような関係があることが導かれ，さらにこれを使って

$$-\frac{c^T W(A)}{b_0}\hat{x}(t) = (\mathcal{C}^{-1}Tb)^T\mathcal{O}v_1(t) + (\mathcal{C}^{-1}TK)^T\mathcal{O}v_2(t)$$
$$\equiv \theta_1^T v_1(t) + \theta_2^T v_2(t) \qquad (3.14)$$
$$\mathcal{O} \equiv [f, F_0^T f, \cdots, (F_0^T)^{n-1}f]^T$$
$$f^T \equiv -\frac{c^T W(A)T^{-1}}{b_0}$$

のように状態フィードバックが表されることがわかる[14]。以上をまとめて，制

御対象の出力 $y(t)$ と規範モデルとの出力の誤差

$$e(t) \equiv y_M(t) - y(t) \tag{3.15}$$

の表現が

$$W(s)y(t) = b_0\{u(t) - \theta_1^T v_1(t) - \theta_2^T v_2(t)\} + \epsilon(t) \tag{3.16}$$

$$W(s)e(t) = W(s)y_M(t) - b_0\{u(t) - \theta_1^T v_1(t) - \theta_2^T v_2(t)\} + \epsilon(t)$$

$$= b_0\{\Theta^T \omega(t) - u(t)\} + \epsilon(t) \tag{3.17}$$

$$\Theta \equiv \left[\frac{1}{b_0},\, \theta_1^T,\, \theta_2^T\right]^T \tag{3.18}$$

$$\omega(t) \equiv \left[W(s)y_M(t),\, v_1(t)^T,\, v_2(t)^T\right]^T \tag{3.19}$$

のように求められ，これより，モデル追従制御を実現する入力が

$$u(t) = \Theta^T \omega(t) \tag{3.20}$$

のように書かれることがわかる．ただし，オブザーバの初期誤差などに起因する指数減衰項を総称して $\epsilon(t)$ と記した．図 **3.2** は，図 **3.1** に含まれる状態フィードバックの代わりに，状態変数フィルタ（オブザーバの分解表現）を介在させたモデル追従制御を表している．

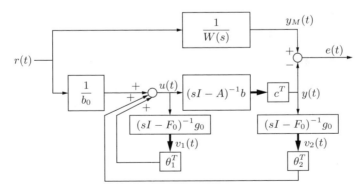

図 **3.2** モデル追従制御（状態が未知の場合）

3.3 モデル追従制御の別の導出

前節では，モデル追従制御系の基本構造を，状態フィードバックとオブザーバを用いて導出した。これに対して，本節では，同じ制御構造を多項式の簡単な計算から導出する。先と同様に n 次元の制御対象を

$$\frac{d}{dt}x(t) = Ax(t) + bu(t)$$
$$y(t) = c^T x(t)$$

あるいは伝達関数を用いて

$$y(t) = c^T(sI - A)^{-1}bu(t) = \frac{b_0 N_p(s)}{D_p(s)}u(t),$$
$$D_p(s)y(t) = b_0 N_p(s)u(t) \tag{3.21}$$

のように表す。ただし，$D_p(s)$ は n 次のモニックな多項式，$N_p(s)$ は m 次のモニックで安定な多項式とする（最高次数の係数が 1 である多項式を「モニックな多項式」と呼ぶ）。相対次数を $n^* = n - m$ とする。これに対して，任意に定めた n^* 次のモニックで安定な多項式 $W(s)$ と，$\rho\ (\geqq n-1)$ 次のモニックで安定な多項式 $T(s)$ を導入して，つぎの関係を満足するような多項式 $R(s)$ （$n^* + \rho - n\ (\geqq n^* - 1)$ 次でモニック）と $S(s)$ （$n-1$ 次以下）を考える。

$$W(s)T(s) = D_p(s)R(s) + S(s) \tag{3.22}$$

このような $R(s)$ と $S(s)$ は一意に決定される。$W(s)T(s)$ を $D_p(s)$ で割った商が $R(s)$ で余りが $S(s)$ と見ることもできる。これを元の伝達関数の表現に適用して

$$W(s)T(s)y(t) = D_p(s)R(s)y(t) + S(s)y(t)$$
$$= b_0 N_p(s)R(s)u(t) + S(s)y(t) \tag{3.23}$$

を得る。このとき，$N_p(s)R(s)$ は ρ 次 （$= n - n^* + n^* + \rho - n$）であること

に注意する。式 (3.23) の両辺に $\dfrac{1}{T(s)}$ を作用させると

$$W(s)y(t) = \frac{b_0 N_p(s)R(s)}{T(s)}u(t) + \frac{S(s)}{T(s)}y(t) \tag{3.24}$$

のように変形され，$\dfrac{b_0 N_p(s)R(s)}{T(s)}$ と $\dfrac{S(s)}{T(s)}$ はプロパーな伝達関数となる。実際の計算として $\rho = n-1$ と $\rho = n$ の 2 通りを考える。

1) $\rho = n-1$ の場合

$S(s)$ の $n-1$ 次の係数を s_0 とおくと

$$
\begin{aligned}
W(s)y(t) &= \frac{b_0 N_p(s)R(s) - b_0 T(s) + b_0 T(s)}{T(s)}u(t) \\
&\quad + \frac{S(s) - s_0 T(s) + s_0 T(s)}{T(s)}y(t) \\
&= b_0 u(t) + \frac{b_0 N_p(s)R(s) - b_0 T(s)}{T(s)}u(t) \\
&\quad + \frac{S(s) - s_0 T(s)}{T(s)}y(t) + s_0 y(t)
\end{aligned}
\tag{3.25}
$$

が得られる。ここで，$\dfrac{b_0 N_p(s)R(s) - b_0 T(s)}{T(s)}$ と $\dfrac{S(s) - s_0 T(s)}{T(s)}$ は厳密にプロパーとなる。

2) $\rho = n$ の場合

この場合は $\dfrac{S(s)}{T(s)}$ は厳密にプロパーとなるので

$$
\begin{aligned}
W(s)y(t) &= \frac{b_0 N_p(s)R(s) - b_0 T(s) + b_0 T(s)}{T(s)}u(t) \\
&\quad + \frac{S(s)}{T(s)}y(t) \\
&= b_0 u(t) + \frac{b_0 N_p(s)R(s) - b_0 T(s)}{T(s)}u(t) + \frac{S(s)}{T(s)}y(t)
\end{aligned}
\tag{3.26}
$$

のような表現を得る。

厳密にプロパーな伝達関数 $\dfrac{b_0 N_p(s)R(s) - b_0 T(s)}{T(s)}$ と $\dfrac{S(s) - s_0 T(s)}{T(s)}$ あるい

は $\dfrac{S(s)}{T(s)}$ は，Λ を

$$\Lambda(s) \equiv [s^{\rho-1},\, s^{\rho-2},\, \cdots,\, s,\, 1]^T$$

のように定めたときに，適切な ϕ $(\in \mathbf{R}^\rho)$ を用いて $\phi^T \dfrac{\Lambda(s)}{T(s)}$ のように表すことができる。したがって，1) と 2) のいずれの場合も

$$W(s)y(t) = b_0 u(t) + \phi_1^T \frac{\Lambda(s)}{T(s)}u(t) + \phi_2^T \frac{\Lambda(s)}{T(s)}y(t) + \phi_3 y(t) \quad (3.27)$$

のように書くことができる。ただし

$$\phi_1^T \Lambda(s) = b_0 N_p(s)R(s) - b_0 T(s)$$

$$\phi_2^T \Lambda(s) = \begin{cases} S(s) - s_0 T(s) & (\rho = n-1) \\ S(s) & (\rho = n) \end{cases}$$

$$\phi_3 = \begin{cases} s_0 & (\rho = n-1) \\ 0 & (\rho = n) \end{cases}$$

である。

つぎに，$\dfrac{\Lambda(s)}{T(s)}u(t)$ と $\dfrac{\Lambda(s)}{T(s)}y(t)$ の形式のフィルタを構成するには

$$\dot{v}_1(t) = F v_1(t) + gu(t)$$

$$\dot{v}_2(t) = F v_2(t) + gy(t)$$

$$F = \begin{bmatrix} -\lambda_{\rho-1} & -\lambda_{\rho-2} & -\lambda_{\rho-3} & \cdots & -\lambda_0 \\ 1 & 0 & 0 & \cdots & 0 \\ 0 & 1 & 0 & \cdots & 0 \\ \vdots & \ddots & \ddots & \ddots & \vdots \\ 0 & \cdots & 0 & 1 & 0 \end{bmatrix}$$

$$g = [1\, 0 \cdots 0]^T$$

のようにすればよい。ただし

$$T(s) = \det(sI - F) = s^\rho + \lambda_{\rho-1}s^{\rho-1} + \cdots + \lambda_1 s + \lambda_0$$

のように選ぶものとする。このとき

$$v_1(t) = (sI - F)^{-1} g u(t) = \frac{\Lambda(s)}{T(s)} u(t)$$

$$v_2(t) = (sI - F)^{-1} g y(t) = \frac{\Lambda(s)}{T(s)} y(t)$$

が成立するので，制御対象の入出力表現がつぎのように求められる。

$$
\begin{aligned}
W(s)y(t) &= b_0 u(t) + \phi_1^T v_1(t) + \phi_2^T v_2(t) + \phi_3 y(t) \\
&= b_0\{u(t) - \theta_1^T v_1(t) - \theta_2^T v_2(t) - \theta_3 y(t)\} \\
\theta_1 &= -\frac{\phi_1}{b_0}, \ \theta_2 = -\frac{\phi_2}{b_0}, \ \theta_3 = -\frac{\phi_3}{b_0}
\end{aligned}
\tag{3.28}
$$

制御対象の出力 $y(t)$ を任意の規範モデルの出力 $y_M(t)$ に追従させるためには，この入出力表現を用いて

$$
\begin{aligned}
W(s)e(t) &= W(s)y_M(t) - b_0\{u(t) - \theta_1^T v_1(t) - \theta_2^T v_2(t) - \theta_3 y(t)\} \\
&= b_0\{\Theta^T \omega(t) - u(t)\} + \epsilon(t) \\
\Theta &\equiv \left[\frac{1}{b_0}, \ \theta_1^T, \ \theta_2^T, \ \theta_3\right]^T \\
\omega(t) &\equiv \left[W(s)y_M(t), \ v_1(t)^T, \ v_2(t)^T, \ y(t)\right]^T
\end{aligned}
\tag{3.29}
$$

が得られることから，入力 $u(t)$ を

$$u(t) = \Theta^T \omega(t) \tag{3.30}$$

のように定めればよい。このとき，$W(s)e(t) = 0$ と $W(s)$ が安定多項式であることから，$e(t) \to 0 \ (t \to \infty)$ が示される。

ここで求めたモデル追従制御方式は，状態変数フィルタの次元 ρ を $\rho = n$ としたときは $\theta_3 = 0$ となって，前節で求めた制御方式と同一になっていることがわかる。本節の (F, g) の選び方は可制御対の一つの実現と見なせて，本質的には先の (F_0, g_0) と同じである。一方，$\rho = n - 1$ としたときは $\theta_3 \neq 0$ となって，$\omega(t)$ の要素に $y(t)$ が加わり，$u(t)$ の生成の中に $y(t)$ のフィードバック項

も追加され，前節とは異なる制御構造となる。しかし，これは状態変数 $x(t)$ の推定を最小次元オブザーバ（$n-1$ 次元）により行った場合と見なすこともできる。つまり，状態変数表現と伝達関数の多項式のいずれを経由しても，モデル追従制御を達成するための同じ構造の制御方式が導出される。

3.4 モデル規範形適応制御の問題設定

モデル追従制御をもとにした，パラメータが未知の場合のモデル規範形適応制御系の構成法を述べる。制御対象としては，モデル追従制御と同じ 1 入力 1 出力線形系

$$\frac{d}{dt}x(t) = Ax(t) + bu(t)$$
$$y(t) = c^T x(t)$$

を考えて，制御対象は可制御・可観測とし，零点が安定であるとする。次数 n に対して相対次数を n^* と定義する（**表 3.1**）。

安定解析は，2 章で説明したリアプノフ法と正実関数を利用した手法を用い

表 3.1 モデル規範形適応制御の問題設定

制御対象（1 入力 1 出力線形系）
$\frac{d}{dt}x(t) = Ax(t) + bu(t)$ $y(t) = c^T x(t)$ （$A \in \mathbf{R}^{n \times n}$, $b, c \in \mathbf{R}^n$, $u, y \in \mathbf{R}$）
制御対象の条件
可制御・可観測 零点が安定 次数 n と相対次数 n^* が既知
制御目的
$e(t) = y_M(t) - y(t)$ $e(t) \to 0$

46   3. 一般的なモデル規範形適応制御

る。最初に，状態変数と出力の微分が測定できるとしたときの構成法を示し，つぎに，状態変数が未知（出力微分は既知）のときの構成法を論じる。最後に，状態変数と出力の微分がともに未知のときに，入出力信号だけから適応制御系を構成する手法を述べる。

3.5 モデル規範形適応制御系の構成法：状態変数または出力の微分が既知の場合

3.5.1 状態変数と出力の微分が既知の場合

モデル追従制御は状態フィードバックと前置補償により達成されるので，その状態フィードバックと前置補償のパラメータ θ_0, θ_1 を調整パラメータ $\hat{\theta}_0$, $\hat{\theta}_1$ （θ_0, θ_1 の推定値）に置き換えた以下の入力形式を考える。

$$u(t) = \hat{\theta}_0(t)r(t) + \hat{\theta}_1(t)^T x(t) \qquad (r(t) \equiv W(s)y_M(t)) \tag{3.31}$$

このとき，誤差方程式はつぎのように表される。

$$\begin{aligned} W(s)e(t) &= W(s)y_M(t) - c^T W(A)x(t) - b_0 u(t) \\ &= b_0\{\tilde{\theta}_0(t)r(t) + \tilde{\theta}_1(t)^T x(t)\} = b_0\{\tilde{\Theta}(t)^T \omega(t)\} \end{aligned} \tag{3.32}$$

$$\tilde{\theta}_0(t) \equiv \frac{1}{b_0} - \hat{\theta}_0(t) \qquad \left(\theta_0 = \frac{1}{b_0}\right)$$

$$\tilde{\theta}_1(t)^T \equiv -\frac{c^T W(A)}{b_0} - \hat{\theta}_1(t)^T \qquad \left(\theta_1 = -\frac{c^T W(A)}{b_0}\right)$$

$$\tilde{\Theta}(t) \equiv [\tilde{\theta}_0(t), \tilde{\theta}_1(t)^T]^T, \quad \omega(t) \equiv [r(t), x(t)^T]^T$$

あるいは，状態空間表現を用いると以下のようになる。

$$\dot{\mathbf{e}}(t) = A_M \mathbf{e}(t) + b_M b_0\{\tilde{\Theta}(t)^T \omega(t)\} \tag{3.33}$$

$$e(t) = c_M^T \mathbf{e}(t) \tag{3.34}$$

$$c_M^T (sI - A_M)^{-1} b_M = \frac{1}{W(s)} \tag{3.35}$$

ただし，$A_M \in \mathbf{R}^{n^* \times n^*}$, b_M, $c_M \in \mathbf{R}^{n^*}$, $\mathbf{e} \in \mathbf{R}^{n^*}$ であり，(A_M, b_M, c_M) は

$\dfrac{1}{W(s)}$ の状態空間実現とする。ここで，正実関数を利用して適応制御系を構成する。そのために，$h \in \mathbf{R}^{n^*}$ を $h^T(sI - A_M)^{-1}b_M$ が強正実になるように選んで，h より誤差に関する信号 $\epsilon_h(t)$ を

$$\epsilon_h(t) \equiv h^T \mathbf{e}(t) \tag{3.36}$$

と定義する。このとき，先の定理 2.7（MKY の補題）より

$$A_M^T P + P A_M^T = -qq^T - \nu L,$$
$$Pb_M = h \tag{3.37}$$

の関係を満たす $P = P^T > 0$（$\in \mathbf{R}^{n^* \times n^*}$），$L = L^T > 0$（$\in \mathbf{R}^{n^* \times n^*}$），$q \in \mathbf{R}^{n^*}$，$\nu > 0$（$\in \mathbf{R}$）が存在する。これより，正定関数（2 章で説明したリアプノフ関数の一種）を

$$V(t) = \mathbf{e}(t)^T P \mathbf{e}(t) + |b_0|\tilde{\Theta}(t)^T \Lambda^{-1} \tilde{\Theta}(t) \tag{3.38}$$

とおいて時間微分を計算すると

$$\dot{V}(t) = -\mathbf{e}(t)^T Q \mathbf{e}(t) + 2\mathbf{e}(t)^T b_0 h \omega(t)^T \tilde{\Theta}(t)$$
$$+ 2|b_0|\dot{\tilde{\Theta}}(t)^T \Lambda^{-1} \tilde{\Theta}(t) \tag{3.39}$$
$$Q = qq^T + \nu L \qquad (Q = Q^T > 0) \tag{3.40}$$

のようになる。ここで，式 (3.39) の右辺第 2 項と第 3 項の和が 0 になるように，パラメータの調整則を

$$\dot{\tilde{\Theta}}(t) = -\dot{\hat{\Theta}}(t) = -\mathrm{sgn}(b_0)\Lambda \omega(t) h^T \mathbf{e}(t) = -\Lambda \omega(t)\epsilon_h(t) \tag{3.41}$$

と決めると，次式が成立する。

$$\dot{V}(t) = -\mathbf{e}(t)^T Q \mathbf{e}(t) \leqq 0 \tag{3.42}$$

したがって，任意の $T > 0$ に対してつぎの関係が導かれる。

$$
V(T) + \int_0^T \mathbf{e}(t)^T Q \mathbf{e}(t) dt
$$
$$
= \mathbf{e}(T)^T P \mathbf{e}(T) + b_0 \tilde{\Theta}(T)^T \Lambda^{-1} \tilde{\Theta}(T)
$$
$$
+ \int_0^T \mathbf{e}(t)^T Q \mathbf{e}(t) dt
$$
$$
= V(0) < \infty \tag{3.43}
$$

以上より $V(t) \in \mathcal{L}^\infty$, また, これから $\mathbf{e}(t) (\sim e(t), \dot{e}(t), \cdots, e^{(n^*-1)}(t))$, $\tilde{\theta}(t) \in \mathcal{L}^\infty$, $\mathbf{e}(t) \in \mathcal{L}^2$ が導かれる. さらに, $y(t), \dot{y}(t), \cdots, y^{(n^*-1)}(t) \in \mathcal{L}^\infty$ より, つぎの関係も得られる.

$$
y(t), \dot{y}(t), \cdots, y^{n^*-1}(t) = \frac{[1, s, \cdots, s^{n^*-1}] \cdot N_p(s)}{D_p(s)} u(t) \in \mathcal{L}^\infty
$$

これから

$$
\frac{[1, s \cdots s^{n-n^*}]}{N_p(s)} y(t) \in \mathcal{L}^\infty \;\; \Rightarrow \;\; \frac{[1, s \cdots s^{n-n^*}]}{D_p(s)} u(t) \in \mathcal{L}^\infty
$$
$$
\frac{s \cdot [1, s \cdots s^{n-n^*}]}{N_p(s)} y(t) \in \mathcal{L}^\infty \;\; \Rightarrow \;\; \frac{s \cdot [1, s \cdots s^{n-n^*}]}{D_p(s)} u(t) \in \mathcal{L}^\infty
$$
$$
\frac{s^{q-1} \cdot [1, s \cdots s^{n-n^*}]}{N_p(s)} y(t) \in \mathcal{L}^\infty \;\; \Rightarrow \;\; \frac{s^{q-1} \cdot [1, s \cdots s^{n-n^*}]}{D_p(s)} u(t) \in \mathcal{L}^\infty
$$

という関係を経て, 以下のように状態変数の有界性と入力の有界性が示される.

$$
\mathbf{x}(t) \sim \frac{[1, s \cdots s^{n-1}]}{D_p(s)} u(t) \in \mathcal{L}^\infty \;\; \Rightarrow \;\; u(t) \in \mathcal{L}^\infty
$$

あるいは, 入力の有界性は以下の関係から導くこともできる.

$$
u(t) = \frac{D_p(s)}{b_0 N_p(s)} y(t) \sim y^{n^*}(t), y^{n^*-1}(t),
$$
$$
\cdots, \dot{y}(t), \frac{[1, s \cdots s^{n-n^*}]}{N_p(s)} y(t) \in \mathcal{L}^\infty
$$

これから, 誤差方程式の形も考慮して

$$
\dot{\mathbf{e}}(t) (\sim \dot{e}(t), \ddot{e}(t), \cdots, e^{(n^*)}(t)) \in \mathcal{L}^\infty
$$

が示され, Barbalat の補題より, つぎのようにして出力誤差の零収束性が導か

れる。

$$\mathbf{e}(t) \in \mathcal{L}^\infty \cap \mathcal{L}^2, \ \dot{\mathbf{e}}(t) \in \mathcal{L}^\infty \ \Rightarrow \ \lim_{t\to\infty} \mathbf{e}(t) = 0 \tag{3.44}$$

あらためてパラメータ調整法を書くと，以下のようになる。

$$\dot{\theta}(t) = \mathrm{sgn}(b_0)\Lambda\omega(t)\epsilon_h(t) \tag{3.45}$$

【定理 3.1】 表 **3.1** の問題設定に対して構成されたモデル規範形適応制御系（状態変数と出力の微分が既知の場合）（**表 3.2**）は有界で，制御誤差 $e(t) = y_M(t) - y(t)$ は 0 に収束する。

表 **3.2** モデル規範形適応制御系の構成
（状態変数と出力の微分が既知の場合）

制御入力
$u(t) = \hat{\Theta}(t)^T \omega(t)$
$\hat{\Theta}(t) = [\hat{\theta}_0(t),\ \hat{\theta}_1(t)^T]^T$
$\omega(t) = [r(t),\ x(t)^T]^T, \ \ r(t) = W(s)y_M(t)$
適応則
$\dot{\hat{\Theta}}(t) = \mathrm{sgn}(b_0)\Lambda\omega(t)\epsilon(t)$
$\epsilon_h(t) = h^T \mathbf{e}(t)$
h は $h^T(sI - A_M)^{-1}b_M$ が強正実となるように選ぶ

3.5.2 状態変数が未知で出力の微分が既知の場合

つぎに，状態変数 $x(t)$ が未知の場合を考える。このときは，$x(t)$ をオブザーバで推定し，さらにオブザーバを n 次元または $n-1$ 次元の状態変数フィルタ $v_1(t), v_2(t)$ を用いて分解表現すると，制御対象の表現がつぎのように得られる。

$$W(s)y(t) = c^T W(A)\hat{x}(t) + b_0 u(t) + \epsilon(t)$$

50　　3.　一般的なモデル規範形適応制御

$$= b_0\{u(t) - \theta_1^T v_1(t) - \theta_2^T v_2(t) - \theta_3 y(t)\} + \epsilon(t) \qquad (3.46)$$

$$W(s)e(t) = W(s)y_M(t) - b_0\{u(t) - \theta_1^T v_1(t) - \theta_2^T v_2(t) - \theta_3 y(t)\}$$
$$+ \epsilon(t)$$

$$= b_0\{\Theta^T \omega(t) - u(t)\} + \epsilon(t) \qquad (3.47)$$

$$\Theta \equiv \left[\theta_0, \theta_1^T, \theta_2^T, \theta_3\right]^T \quad \left(\theta_0 = \frac{1}{b_0}\right)$$

$$\omega(t) \equiv \left[W(s)y_M(t), v_1(t)^T, v_2(t)^T, y(t)\right]^T$$

ただし，n 次元の状態変数フィルタのときは，以下のようにしてもよい。

$$\Theta \equiv \left[\theta_0, \theta_1^T, \theta_2^T\right]^T$$

$$\omega(t) \equiv \left[W(s)y_M(t), v_1(t)^T, v_2(t)^T\right]^T$$

これより，入力を

$$u(t) = \hat{\Theta}(t)^T \omega(t) \qquad (3.48)$$

$n-1$ 次元の状態変数フィルタの場合

$$\begin{cases} \hat{\Theta}(t) = [\hat{\theta}_0(t), \hat{\theta}_1(t)^T, \hat{\theta}_2(t)^T, \hat{\theta}_3(t)]^T \\ \omega(t) = \left[W(s)y_M(t), v_1(t)^T, v_2(t)^T, y(t)\right]^T \end{cases} \qquad (3.49)$$

n 次元の状態変数フィルタの場合

$$\begin{cases} \hat{\Theta}(t) = [\hat{\theta}_0(t), \hat{\theta}_1(t)^T, \hat{\theta}_2(t)^T]^T \\ \omega(t) = \left[W(s)y_M(t), v_1(t)^T, v_2(t)^T\right]^T \end{cases} \qquad (3.50)$$

のように定めることで，出力誤差の表現が以下のように求められる。

$$W(s)e(t) = b_0\{\tilde{\Theta}(t)^T \omega(t)\} + \epsilon(t) \qquad (3.51)$$

$$\tilde{\Theta}(t) = \Theta - \hat{\Theta}(t) \qquad (3.52)$$

誤差方程式は，$\tilde{\Theta}(t)$ と $\omega(t)$ の成分が異なる以外は，先の式 (3.32) と同じ表現であることに注意する。したがって，同じように状態空間表現 (3.33), (3.34), (3.35) を考えることができて，h を $h^T(sI - A_M)^{-1}b$ が強正実になるように定

め，h を使って誤差に関する信号 $\epsilon_h(t)$ を

$$\epsilon_h(t) \equiv h^T \mathbf{e}(t) \tag{3.53}$$

と定義して，リアプノフ関数を

$$V(t) = \mathbf{e}(t)^T P \mathbf{e}(t) + |b_0|\tilde{\Theta}(t)^T \Lambda^{-1}\tilde{\Theta}(t) \tag{3.54}$$

のように定め，時間微分を計算する。簡単のために指数的に 0 に収束する $\epsilon(t)$ の項を考慮しないと，パラメータの調整則を

$$\dot{\tilde{\Theta}}(t) = -\dot{\Theta}(t) = -\mathrm{sgn}(b_0)\Lambda\omega(t)\mathbf{h}^T\mathbf{e}(t) = -\Lambda\omega(t)\epsilon_h(t) \tag{3.55}$$

のように定めることで，以下の関係式が得られる。

$$\dot{V}(t) = -\mathbf{e}(t)^T Q \mathbf{e}(t) \leqq 0 \tag{3.56}$$

これから，先と同様に $V(t) \in \mathcal{L}^\infty$，$\mathbf{e}(t)\,(\sim e(t),\,\dot{e}(t),\,\cdots,\,e^{n^*-1}(t))$，$\tilde{\theta}(t) \in \mathcal{L}^\infty$，$\mathbf{e}(t) \in \mathcal{L}^2$ が示されて，$y(t),\,\dot{y}(t),\,\cdots,\,y^{n^*-1}(t) \in \mathcal{L}^\infty$ も導かれる。また，関係式

$$\frac{1}{s+\lambda}u(t) = \frac{D_p(s)}{b_0(s+\lambda)N_p(s)}y(t) \qquad (\lambda > 0)$$
$$\sim y(t),\,\dot{y}(t),\,\cdots,\,y^{n^*-1}(t) \in \mathcal{L}^\infty$$

から，$\dfrac{1}{s+\lambda}u(t) \in \mathcal{L}^\infty$ も示される。これより

$$v_1(t) = \{(s+\lambda)I(sI-F)^{-1}g\} \cdot \frac{1}{s+\lambda}u(t) \in \mathcal{L}^\infty$$
$$v_2(t) = (sI-F)^{-1}gy(t) \in \mathcal{L}^\infty$$

の関係式も経て，以下の結果が得られる。

$$u(t) \in \mathcal{L}^\infty \Rightarrow \dot{\mathbf{e}}(t)\,(\sim \dot{e}(t),\,\ddot{e}(t),\,\cdots,\,e^{n^*}(t)) \in \mathcal{L}^\infty$$

したがって，$\mathbf{e}(t) \in \mathcal{L}^\infty \cap \mathcal{L}^2$，$\dot{\mathbf{e}}(t) \in \mathcal{L}^\infty$ より，Barbalat の補題を用いて

$$\lim_{t\to\infty} \mathbf{e}(t) = 0 \tag{3.57}$$

52   3. 一般的なモデル規範形適応制御

が得られる。ここで，相対次数が $n^* = 1$ のときは

$$W(s) = s + w_1 \qquad (w_1 > 0),$$

$$c_M^T(sI - A_M)^{-1}b_M = \frac{1}{s + w_1} = h^T(sI - A_M)^{-1}b_M \qquad (3.58)$$

とできるので，$e(t) = \epsilon_h(t)$ より，出力誤差 $e(t)$ の微分を用いることなしに適応制御系が構成される。ただし，$n^* \geqq 2$ のときは $\epsilon_h(t)$ の中に $e(t)$ の微分が含まれることに注意する。

【定理 3.2】 表 3.1 の問題設定に対して構成されたモデル規範形適応制御系（出力の微分が既知の場合）（表 3.3）は有界で，制御誤差 $e(t) = y_M(t) - y(t)$ は 0 に収束する。

表 3.3 モデル規範形適応制御系の構成
（出力の微分が既知の場合）

制御入力

$u(t) = \hat{\Theta}(t)^T \omega(t)$

$n - 1$ 次元の状態変数フィルタの場合

$$\begin{cases} \hat{\Theta}(t) = [\hat{\theta}_0(t), \hat{\theta}_1(t)^T, \hat{\theta}_2(t)^T, \hat{\theta}_3(t)]^T \\ \omega(t) = \left[W(s)y_M(t), v_1(t)^T, v_2(t)^T, y(t)\right]^T \end{cases}$$

n 次元の状態変数フィルタの場合

$$\begin{cases} \hat{\Theta}(t) = [\hat{\theta}_0(t), \hat{\theta}_1(t)^T, \hat{\theta}_2(t)^T]^T \\ \omega(t) = \left[W(s)y_M(t), v_1(t)^T, v_2(t)^T\right]^T \end{cases}$$

$r(t) = W(s)y_M(t)$

状態変数フィルタ

$$\begin{cases} \dfrac{d}{dt}v_1(t) = F_0 v_1(t) + g_0 u(t) \\ \dfrac{d}{dt}v_2(t) = F_0 v_2(t) + g_0 y(t) \end{cases}$$

(F_0, g_0) は $n - 1$ 次元または n 次元の可制御対

適応則

$\dot{\hat{\Theta}}(t) = \mathrm{sgn}(b_0)\Lambda\omega(t)\epsilon_h(t)$

$\epsilon_h(t) = h^T \mathbf{e}(t)$ （ただし $h^T(sI - A_M)^{-1}b_M$ は強正実）

3.6 モデル規範形適応制御系の構成法：入出力信号のみを用いた構成　53

コーヒーブレイク

3.5 節のように，制御目的を達成する制御入力を合成する際に，未知パラメータを推定パラメータで置き換えて同一構造の制御則を採用する方針を **Certainty Equivalence の原理**と呼ぶ。この原理は 3〜5 章における適応制御構成で多く採用されるが，一方で 6 章と 7 章のバックステッピング法と逆最適適応制御の話題では，これから少し離反した入力の構成法も考えられている。

3.6　モデル規範形適応制御系の構成法：入出力信号のみを用いた構成

前節の条件を緩和して，状態変数も出力の微分も未知の場合に，入出力信号のみを用いてモデル規範形適応制御系を構成する手法を紹介する。構成法は，相対次数 n^* が 1 次の場合と 2 次以上の場合に分けて示す。相対次数が 1 次のときは出力信号を用いて適応制御系が構成されるが，相対次数が 2 次以上の場合は，拡張誤差と呼ばれる信号を用いて構築される。

3.6.1　相対次数が 1 次の場合

これまでと同様に，b_0 の符号は既知として，最初に相対次数 n^* が 1 次のときを考える。この場合は，$W(s) = s + \lambda \ (= s + w_1) \ (\lambda > 0)$ とすることができるので，**表 3.3** の適応制御系の特殊な場合に該当する。しかし，適応制御系として $n^* = 1$ の場合を明示するため，また，指数減衰項 $\epsilon(t)$ の取り扱いを明らかにするために，特にここで説明する。3.5.2 項の特殊な場合として，つぎのような適応制御系を構成する。

$$u(t) = \hat{\Theta}(t)^T \omega(t) \tag{3.59}$$

$$\dot{\hat{\Theta}}(t) = \mathrm{sgn}(b_0) G \omega(t) e(t) \tag{3.60}$$

54   3. 一般的なモデル規範形適応制御

$n-1$ 次元の状態変数フィルタの場合

$$
\begin{cases}
\hat{\Theta}(t) = [\hat{\theta}_0(t),\, \hat{\theta}_1(t)^T,\, \hat{\theta}_2(t)^T,\, \hat{\theta}_3(t)]^T \\
\omega(t) = \big[W(s)y_M(t),\, v_1(t)^T,\, v_2(t)^T,\, y(t)\big]^T
\end{cases}
\tag{3.61}
$$

n 次元の状態変数フィルタの場合

$$
\begin{cases}
\hat{\Theta}(t) = [\hat{\theta}_0(t),\, \hat{\theta}_1(t)^T,\, \hat{\theta}_2(t)^T]^T \\
\omega(t) = \big[W(s)y_M(t),\, v_1(t)^T,\, v_2(t)^T\big]^T
\end{cases}
\tag{3.62}
$$

ただし，G は正定対称な行列（適応則のゲイン）とする。

これの有効性は，以下のようにして示すことができる[14]。$e(t)$ と $\hat{\Theta}(t)$ から構成される正定関数 $V(t)$ を

$$
\begin{aligned}
V(t) = {}& e(t)^2 + |b_0|\{\hat{\Theta}(t) - \Theta\}^T G^{-1}\{\hat{\Theta}(t) - \Theta\} \\
& + \frac{1}{\lambda}\int_t^\infty \epsilon(\tau)^2 d\tau
\end{aligned}
\tag{3.63}
$$

のように定める。ただし，指数減衰項 ϵ に対して $\epsilon(\cdot) \in \mathcal{L}^2$ となる性質を使った。このとき，誤差が

$$
\frac{d}{dt}e(t) + \lambda e(t) = b_0\{\Theta - \hat{\Theta}(t)\}^T \omega(t) + \epsilon(t)
\tag{3.64}
$$

と書かれることと適応則に着目して $V(t)$ の時間微分を計算すると

$$
\frac{d}{dt}V(t) = -\lambda e(t)^2 - \left\{\sqrt{\lambda}e(t) - \frac{1}{\sqrt{\lambda}}\epsilon(t)\right\}^2 \leqq 0
\tag{3.65}
$$

が得られる。式 (3.65) を積分して得られる関係式

$$
V(t) + \lambda \int_0^t e(\tau)^2 d\tau \leqq V(0) < \infty
\tag{3.66}
$$

より，$V(\cdot) \in \mathcal{L}^\infty$，$e(\cdot), \hat{\Theta}(\cdot) \in \mathcal{L}^\infty$，$e(\cdot) \in \mathcal{L}^2$ が示される。また，$y(\cdot) \in \mathcal{L}^\infty$ となるので，対象の零点の安定性も考慮し

$$
\frac{1}{s+1}u(\cdot) = \frac{1}{(s+1)c^T(sI-A)^{-1}b}u(\cdot) \in \mathcal{L}^\infty
$$

がいえて，$v_1(\cdot), v_2(\cdot) \in \mathcal{L}^\infty$ も導かれる。以上より，すべての信号が有界となり，$\dot{e}(t) \in \mathcal{L}^\infty$ も示される。よって，Barbalat の補題より $e(t) \to 0$ が得られる。

3.6 モデル規範形適応制御系の構成法：入出力信号のみを用いた構成 55

【**定理 3.3**】 **表 3.1** の問題設定および相対次数 $n^* = 1$ に対して構成された モデル規範形適応制御系（入出力信号のみを用いた構成; 相対次数が 1 次）（**表 3.4**）は有界で，制御誤差 $e(t) = y_M(t) - y(t)$ は 0 に収束する。

表 3.4 モデル規範形適応制御系の構成（入出力信号のみを用いた構成; 相対次数が 1 次の場合）

制御入力

$u(t) = \hat{\Theta}(t)^T \omega(t)$

$n - 1$ 次元の状態変数フィルタの場合

$$\begin{cases} \hat{\Theta}(t) = [\hat{\theta}_0(t), \hat{\theta}_1(t)^T, \hat{\theta}_2(t)^T, \hat{\theta}_3(t)]^T \\ \omega(t) = \left[W(s)y_M(t), v_1(t)^T, v_2(t)^T, y(t) \right]^T \end{cases}$$

n 次元の状態変数フィルタの場合

$$\begin{cases} \hat{\Theta}(t) = [\hat{\theta}_0(t), \hat{\theta}_1(t)^T, \hat{\theta}_2(t)^T]^T \\ \omega(t) = \left[W(s)y_M(t), v_1(t)^T, v_2(t)^T \right]^T \end{cases}$$

$r(t) = W(s)y_M(t)$

$W(s) = s + \lambda \quad (\lambda > 0)$

状態変数フィルタ

$$\begin{cases} \dfrac{d}{dt}v_1(t) = F_0 v_1(t) + g_0 u(t) \\ \dfrac{d}{dt}v_2(t) = F_0 v_2(t) + g_0 y(t) \end{cases}$$

(F_0, g_0) は $n - 1$ 次元または n 次元の可制御対

適応則

$\dot{\hat{\Theta}}(t) = \mathrm{sgn}(b_0)G\omega(t)e(t)$

$e(t) = y_M(t) - y(t)$

例 3.1 **表 3.4** の適応制御系を制御対象と規範モデルが

$$y(t) = \frac{s+1}{s^2}u(t)$$

$$y_M(t) = \frac{1}{s+1}r(t) \qquad (W(s) = s + 1)$$

で与えられる場合に適用する。状態変数フィルタは

$$F = \begin{bmatrix} -1 & 0 \\ 0 & -2 \end{bmatrix}, \quad g = \begin{bmatrix} 1 \\ 1 \end{bmatrix}$$

とおき，G と $r(t)$ を以下のように設定したときの結果を図 3.3 に示す。

$$G = 100I, \quad r(t) = \sin t$$

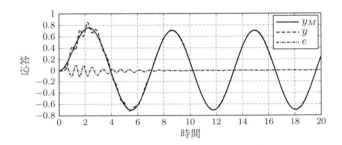

図 3.3 相対次数が 1 次のモデル規範形適応制御の応答例

3.6.2 相対次数が 2 次以上の場合

つぎに，相対次数 n^* が 2 次以上の場合を考える。このときは拡張誤差と呼ばれる信号を用いて適応制御系を構成する。これには，以下に示すように 2 通りの構成法がある。なお，指数減衰項 $\epsilon(t)$ の取り扱いは $n^* = 1$ の場合と同様にできるので，ここでは表記の簡単のために省略する。

〔1〕方法 I

n^* が 2 次以上なので，$W(s)$ をつぎのように分解する。

$$W(s) = (s + \lambda)\Lambda(s) \tag{3.67}$$

ただし，λ は正の定数で，$\Lambda(s)$ は安定な $n^* - 1$ 次の多項式である。制御入力の構成は，先と同じく $u(t) = \hat{\Theta}(t)^T \omega(t)$ とする。このとき，出力誤差に関して

3.6 モデル規範形適応制御系の構成法：入出力信号のみを用いた構成 57

$$e(t) = \frac{b_0}{s+\lambda} \left\{ \Theta^T \zeta(t) - \frac{1}{\Lambda(s)} \left(\hat{\Theta}(t)^T \omega(t) \right) \right\} \tag{3.68}$$

$$\zeta(t) \equiv \frac{1}{\Lambda(s)} \omega(t) \tag{3.69}$$

が成り立つ．この誤差の構造を推定する適応同定器 $\hat{e}(t)$ を，つぎのように構成する．

$$\begin{aligned}
\hat{e}(t) &= \frac{1}{s+\lambda} \left[\hat{b}_0(t) \left\{ \hat{\Theta}(t)^T \zeta(t) - \frac{1}{\Lambda(s)} \left(\hat{\Theta}(t)^T \omega(t) \right) \right\} \right] \\
&\quad + \frac{g_3}{s+\lambda} \left\{ \zeta(t)^T G_2 \zeta(t) e_a(t) \right\} \\
&\equiv \frac{1}{s+\lambda} \left\{ \hat{b}_0(t) z(t) \right\} + \frac{g_3}{s+\lambda} \left\{ \zeta(t)^T G_2 \zeta(t) e_a(t) \right\}
\end{aligned} \tag{3.70}$$

$$z(t) = \hat{\Theta}(t)^T \zeta(t) - \frac{1}{\Lambda(s)} \left(\hat{\Theta}(t)^T \omega(t) \right) \tag{3.71}$$

ただし，G_2 は正定対称行列（適応ゲイン），g_3 は正の定数であり（ともに設計変数），$e_a(t)$ は

$$e_a(t) \equiv e(t) - \hat{e}(t) \tag{3.72}$$

によって定義される誤差モデルの推定誤差（**拡張誤差（augmented error）**と呼ばれる）である．拡張誤差を使ってパラメータの適応則を

$$\dot{\hat{b}}_0(t) = g_1 z(t) e_a(t) \tag{3.73}$$

$$\dot{\hat{\Theta}}(t) = \operatorname{sgn}(b_0) G_2 \zeta(t) e_a(t) \tag{3.74}$$

のように定める．

以上の適応制御系の有効性は，つぎのようにして示すことができる[6),14),15]．まず，正定関数 $V(t)$ を

$$\begin{aligned}
V(t) = e_a(t)^2 &+ \frac{\{\hat{b}_0(t) - b_0\}^2}{g_1} \\
&+ |b_0| \{\hat{\Theta}(t) - \Theta\}^T G^{-1} \{\hat{\Theta}(t) - \Theta\}
\end{aligned} \tag{3.75}$$

のように定める．このとき，拡張誤差が

58   3. 一般的なモデル規範形適応制御

$$\frac{d}{dt}e_a(t) + \lambda e_a(t) = \{b_0 - \hat{b}_0(t)\}z(t) + b_0\{\Theta - \hat{\Theta}(t)\}^T\zeta(t)$$

$$- g_3\zeta(t)^T G_2\zeta(t)e_a(t) \tag{3.76}$$

のように書かれることと，適応則に着目して，$V(t)$ の時間微分を計算すると

$$\frac{d}{dt}V(t) = -\{\lambda + g_3\zeta(t)^T G_2\zeta(t)\}e_a(t)^2 \leqq 0 \tag{3.77}$$

が得られる。したがって，先の場合と同様に，これから $e_a(\cdot), \hat{b}_0(\cdot), \hat{\Theta}(\cdot) \in \mathcal{L}^\infty$ が導かれ，また，式 (3.77) の両辺を積分することで $e_a(\cdot), (\zeta(\cdot)^T G_2\zeta(\cdot))^{\frac{1}{2}}e_a(\cdot) \in \mathcal{L}^2$，よって $\dot{\hat{\Theta}}(\cdot) \in \mathcal{L}^2$ も導かれる。ここで，状態 $\omega(t)$ の有界性を仮定すると，$\dot{e}_a(t)$ も有界となって Barbalat の補題より $e_a(t) \to 0$ となり，これより $\dot{\hat{b}}_0(t), \dot{\hat{\Theta}}(t) \to 0$ も示される。これと $z(t)$ が

$$z(t) = -W_c(s)[\{W_b(s)\omega(t)^T\}\dot{\hat{\Theta}}(t)] \tag{3.78}$$

のように表されることから[7]，$z(t) \to 0$ となって，けっきょく $\hat{e}(t) \to 0$ となる。ただし，$\frac{1}{\Lambda(s)}$ の最小実現を $(c_\Lambda, A_\Lambda, b_\Lambda)$ としたときに，$W_c(s) \equiv -c_\Lambda^T(sI - A_\Lambda)^{-1}$，$W_b(s) \equiv (sI - A_\Lambda)^{-1}b_\Lambda$ のように定義した。以上をあわせると，$e(t) = e_a(t) + \hat{e}(t) \to 0$ より制御誤差の零への収束性が示される。

（状態の有界性について）

ここで，信号の大きさのオーダ評価から有界性を示す簡明な解析法を示す。$\dot{\hat{\Theta}}(\cdot) \in \mathcal{L}^2$，$e_a(\cdot), \hat{b}_0(\cdot), \hat{\Theta}(\cdot) \in \mathcal{L}^\infty$，$e_a(\cdot), (\zeta(\cdot)^T G_2\zeta(\cdot))^{\frac{1}{2}}e_a(\cdot) \in \mathcal{L}^2$ に着目すると，出力誤差はつぎのように評価される。

$$e(t) = e_a(t) + \hat{e}(t) = e_a(t) + o[\sup_{t \geqq \tau}\|\omega(\tau)\|] \tag{3.79}$$

ただし，一般に $x(t), y(t), s(t)$ に対して

$$y(t) = s(t)x(t), \ s(t) \to 0 \ (t \to \infty) \quad \Leftrightarrow \quad y(t) \equiv o[x(t)] \tag{3.80}$$

と記すものとし，$H(s)$ を厳密にプロパーで安定な有理関数としたときに

3.6　モデル規範形適応制御系の構成法：入出力信号のみを用いた構成　　59

$$s(\cdot) \in \mathcal{L}^2 \quad \Rightarrow \quad y(t) = H(s)[s(t)x(t)] = o[\sup_{t \geqq \tau} |x(\tau)|]$$

が成り立つことを利用する。これより

$$v_2(t) = (sI - F_0)^{-1} g_0 y(t) = (sI - F_0)^{-1} g_0 \{y_M(t) - e(t)\}$$

$$= (sI - F_0)^{-1} g_0 \{y_M(t) - e_a(t)\} + o[\sup_{t \geqq \tau} \|\omega(\tau)\|] \qquad (3.81)$$

が得られる。式 (3.81) の $(sI - F_0)^{-1} g_0 \{y_M(t) - e_a(t)\}$ は一様有界である。ここで，もし適応系の内部状態が非有界であるとすると，適応パラメータが有界なことと不安定零点が存在しないことから，$v_2(t)$ と $\omega(t)$ は同じオーダで発散する。ところが，式 (3.81) は $v_2(t)$ が $\omega(t)$ よりも小さいオーダで発散することを示しており，ここに矛盾が生じる。よって，適応系の状態は有界となる。

なお，以上の説明とは別に，より厳密な安定性の証明法もある。これについては，8 章の後半でいくつかの数学的事項の準備を行った後に説明する。

〔2〕　方　法　**II**

方法 II では $W(s)$ は分解しない。制御入力の構成は，これまでと同じに $u(t) = \hat{\Theta}(t)^T \omega(t)$ とする。出力誤差

$$e(t) = b_0 \left\{ \Theta^T \zeta(t) - \frac{1}{W(s)} \left(\hat{\Theta}(t)^T \omega(t) \right) \right\} \qquad (3.82)$$

$$\zeta(t) \equiv \frac{1}{W(s)} \omega(t) \qquad (3.83)$$

に対して，この誤差の構造を推定する適応同定器を，つぎのように構成する。

$$\hat{e}(t) = \hat{b}_0(t) \left\{ \hat{\Theta}(t)^T \zeta(t) - \frac{1}{W(s)} \left(\hat{\Theta}(t)^T \omega(t) \right) \right\}$$

$$\equiv \hat{b}_0(t) z(t) \qquad (3.84)$$

拡張誤差 $e_a(t) \equiv e(t) - \hat{e}(t)$ を使って，パラメータの適応則を

$$\dot{\hat{b}}_0(t) = g_1 \frac{z(t)}{m(t)^2} e_a(t) \qquad (3.85)$$

$$\dot{\hat{\Theta}}(t) = \mathrm{sgn}(b_0) G_2 \frac{\zeta(t)}{m(t)^2} e_a(t) \qquad (3.86)$$

60   3. 一般的なモデル規範形適応制御

$$m(t)^2 = \lambda_0 + \zeta(t)^T \zeta(t) \qquad (\lambda_0 > 0) \tag{3.87}$$

のように定める。これは正規化法と呼ばれる適応則である。

以上の適応制御系の有効性も，これまでと同様に示される[6), 14), 15)]。正定関数

$$V(t) = \frac{\{\hat{b}_0(t) - b_0\}^2}{g_1}$$
$$+ |b_0|\{\hat{\Theta}(t) - \Theta\}^T G^{-1}\{\hat{\Theta}(t) - \Theta\} \tag{3.88}$$

の時間微分が

$$\frac{d}{dt}V(t) = -\frac{e_a(t)^2}{m(t)^2} \leqq 0 \tag{3.89}$$

のように書かれることに着目すると，$\dot{\hat{\Theta}}(\cdot) \in \mathcal{L}^2$ も考慮して，先と同様にして状態の有界性と出力誤差の零への収束性を示すことができる。

【定理 3.4】 表 3.1 の問題設定および相対次数 $n^* \geqq 2$ に対して構成された適応制御系（入出力信号のみを用いた構成; 相対次数が 2 次以上の場合）（表 3.5 の方法 I，方法 II）は有界で，制御誤差 $e(t) = y_M(t) - y(t)$ は 0 に収束する。

表 3.5 安定な適応制御系の構成（入出力信号のみを
用いた構成; 相対次数が 2 次以上の場合）

制御入力

$u(t) = \hat{\Theta}(t)^T \omega(t)$

$n - 1$ 次元の状態変数フィルタの場合

$$\begin{cases} \hat{\Theta}(t) = [\hat{\theta}_0(t), \, \hat{\theta}_1(t)^T, \, \hat{\theta}_2(t)^T, \, \hat{\theta}_3(t)]^T \\ \omega(t) = \left[W(s)y_M(t), \, v_1(t)^T, \, v_2(t)^T, \, y(t) \right]^T \end{cases}$$

n 次元の状態変数フィルタの場合

$$\begin{cases} \hat{\Theta}(t) = [\hat{\theta}_0(t), \, \hat{\theta}_1(t)^T, \, \hat{\theta}_2(t)^T]^T \\ \omega(t) = \left[W(s)y_M(t), \, v_1(t)^T, \, v_2(t)^T \right]^T \end{cases}$$

（つづく）

3.6 モデル規範形適応制御系の構成法：入出力信号のみを用いた構成　　61

表 3.5　　（つづき）

$$r(t) = W(s)y_M(t)$$
$$W(s) = (s + \lambda)\Lambda(s)$$

状態変数フィルタ

$$\begin{cases} \dfrac{d}{dt}v_1(t) = F_0 v_1(t) + g_0 u(t) \\[2mm] \dfrac{d}{dt}v_2(t) = F_0 v_2(t) + g_0 y(t) \end{cases}$$

(F_0, g_0) は $n-1$ 次元または n 次元の可制御対

方法 I（追加の項による手法）

$$\dot{\hat{b}}_0(t) = g_1 z(t)e_a(t) \quad (g_1 > 0)$$
$$\dot{\hat{\Theta}}(t) = \mathrm{sgn}(b_0)\, G_2\, \zeta(t)e_a(t) \quad (G_2 = G_2^T > 0)$$
$$e_a(t) = e(t) - \hat{e}(t)$$
$$\hat{e}(t) = \frac{1}{s + \lambda}\{\hat{b}_0(t)z(t)\} + \frac{g_1}{s + \lambda}\left\{\zeta(t)^T \Gamma_2 \zeta(t)\right\}$$
$$z(t) = \hat{\Theta}(t)^T \zeta(t) - \frac{1}{\Lambda(s)}\left\{\hat{\Theta}(t)^T \omega(t)\right\}$$
$$\zeta(t) = \frac{1}{\Lambda(s)}\omega(t)$$

方法 II（正規化法）

$$\dot{\hat{b}}_0(t) = g_1 \frac{z(t)}{m(t)^2}e_a(t) \quad (g_1 > 0)$$
$$\dot{\hat{\Theta}}(t) = \mathrm{sgn}(b_0)\, G_2\, \frac{\zeta(t)}{m(t)^2}e_a(t) \quad (G_2 = G_2^T > 0)$$
$$e_a(t) = e(t) - \hat{e}(t)$$
$$\hat{e}(t) = \hat{b}_0(t)z(t)$$
$$z(t) = \Theta(t)^T \zeta(t) - \frac{1}{W(s)}\left\{\Theta(t)^T \omega(t)\right\}$$
$$\zeta(t) = \frac{1}{W(s)}\omega(t)$$
$$m(t)^2 = \lambda_0 + \zeta(t)^T \zeta(t) \quad (\lambda_0 > 0)$$

例 3.2　**表 3.5** の適応制御系を，制御対象と規範モデルが

$$y(t) = \frac{1}{s^2 + 1.4s + 1}u(t)$$
$$y_M(t) = \frac{1}{(s + 1)^2}r(t) \qquad (W(s) = (s + 1)^2)$$

で与えられる場合に適用する．状態変数フィルタは例3.1と同じに定め，Gと$r(t)$を以下のように設定し，方法IIを適用したときの結果を図3.4に示す．

$$G = I, \quad r(t) = \sin t$$

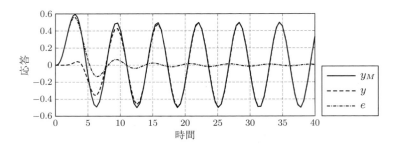

図3.4 相対次数が2次のモデル規範形適応制御の応答例（方法II）

コーヒーブレイク

3.6節，3.7節および8章後半の適応制御の安定論の確立は，Morse, Narendraのグループ，Ioannouのグループの研究成果[6),7),14),15)]に基づくが，それより数年前に拡張誤差を用いた適応制御系の構成法がMonopoliにより提案されていた[16)]．それは，表3.5の方法Iにおいて$\hat{e}(t)$の右辺第2項を除いた形式をとっていた．その後，最初の拡張誤差法の安定性の解析に（状態の有界性に関して）不完全な部分があることが指摘され[17)]，その欠点を補って現れたのが，表3.5に示した改善された拡張誤差法である．両者の違いは，後者においては誤差の同定モデル$\hat{e}(t)$に拡張誤差を含むフィードバック項を付加したり，あるいは正規化法に基づく適応則を用いたりすることで，$\dot{\hat{\Theta}}(\cdot) \in \mathcal{L}^2$となるようにした点である．最初の拡張誤差法では，$\dot{\hat{\Theta}}(\cdot) \in \mathcal{L}^2$が示されなかった．これより，誤差の同定モデル$\hat{e}(t)$の挙動に制約を与える結果となり（たとえ発散すると仮定しても，状態$\omega(t)$よりは小さいオーダで発散する），それにより適応系の有界性と出力誤差の零収束性が保証された．なお，元の拡張誤差法の安定解析は不完全であることが示されたが，本質的に不安定であることに関して，その後，新たな解析結果も発表された[18)]．本書では，本章における簡明で直感的な安定解析法[6),15)]とともに，8章後半でより厳密な安定解析法[7),14)]についても述べている．

3.7 間接法に基づくモデル規範形適応制御

これまで述べてきたモデル規範形適応制御系の構成は，制御誤差（出力誤差または拡張誤差）に基づいて制御器のパラメータを調整する**直接法**と呼ばれる方式によるものであった。それに対して，1 章でも述べたように，制御対象のパラメータを実時間で推定して，その推定パラメータをもとに制御器のパラメータを計算する**間接法**と呼ばれる適応制御方式もある。本章の最後に，この間接法に基づくモデル規範形適応制御系の構成法を紹介する[7),9)]。間接法は，制御対象の同定モデルをどのように構築するかによっていくつかの種類があるが，その中で，これまで直接法で用いられた入出力表現を使った間接法を示す。この入出力表現を用いた場合は，直接法と間接法という概念的な差異にもかかわらず，ほぼ同じ適応制御系が実現されることがわかる。

以下に示す制御対象の入出力表現に基づく間接法の適応制御系を構成する。

$$W(s)y(t) = b_0 u(t) + \phi_1^T v_1(t) + \phi_2^T v_2(t) + \phi_3 y(t) \tag{3.90}$$

$$\frac{d}{dt}v_1(t) = Fv_1(t) + gu(t),$$

$$\frac{d}{dt}v_2(t) = Fv_2(t) + gy(t) \tag{3.91}$$

$$F = \begin{bmatrix} -\lambda_{\rho-1} & -\lambda_{\rho-2} & -\lambda_{\rho-3} & \cdots & -\lambda_0 \\ 1 & 0 & 0 & \cdots & 0 \\ 0 & 1 & 0 & \cdots & 0 \\ \vdots & \ddots & \ddots & \ddots & \vdots \\ 0 & \cdots & 0 & 1 & 0 \end{bmatrix}$$

$$g = [1\, 0\, \cdots\, 0]^T$$

ただし，本節では 3.3 節の表記を用いて，$\rho = n-1$ または $\rho = n$ とする。以後は，相対次数（$W(s)$ の次数）が 1 次の場合と 2 次以上の場合に分けて論じる。

3.7.1 相対次数が 1 次の場合

このときは

$$W(s) = s + \lambda \qquad (\lambda > 0) \tag{3.92}$$

とおくことができる。これより得られる制御対象の入出力表現

$$
\begin{aligned}
\frac{d}{dt}y(t) + \lambda y(t) &= b_0 u(t) + \phi_1^T v_1(t) + \phi_2^T v_2(t) + \phi_3 y(t) \\
&\equiv \Phi^T \omega(t)
\end{aligned} \tag{3.93}
$$

に対して，つぎの同定モデルを考える。

$$
\begin{aligned}
\frac{d}{dt}\hat{y}(t) + \lambda \hat{y}(t) &= \hat{b}_0(t)u(t) + \hat{\phi}_1(t)^T v_1(t) + \hat{\phi}_2(t)^T v_2(t) + \hat{\phi}_3(t)y(t) \\
&\equiv \hat{\Phi}(t)^T \omega(t)
\end{aligned} \tag{3.94}
$$

ただし

$$\Phi = [b_0, \ \phi_1^T, \ \phi_2^T, \ \phi_3]^T$$

$$\omega(t) = [u(t), \ v_1(t)^T, \ v_2(t)^T, \ y(t)]^T$$

であり，$\hat{b}_0(t)$, $\hat{\phi}_1(t)$, $\hat{\phi}_2(t)$, $\hat{\phi}_3(t)$, $\hat{\Phi}(t)$ は，元のシステムパラメータの推定値である。同定誤差（拡張誤差）を

$$e_a(t) = \hat{y}(t) - y(t) \tag{3.95}$$

と定めて，パラメータ推定値をつぎのように調整する。

$$
\dot{\hat{b}}_0(t) =
\begin{cases}
-g_0 u(t)e_a(t), & |\hat{b}_0(t)| > \bar{b}_0 \ \text{の場合} \\
& \qquad \text{または } |\hat{b}_0(t)| = \bar{b}_0 \\
& \qquad\qquad \text{かつ } u(t)e_a(t)\text{sgn}(b_0) \leqq 0 \ \text{の場合} \\
0, & \text{その他の場合}
\end{cases}
\tag{3.96}
$$

$$\dot{\hat{\phi}}_1(t) = -G_1 v_1(t)e_a(t) \tag{3.97}$$

$$\dot{\hat{\phi}}_2(t) = -G_2 v_2(t)e_a(t) \tag{3.98}$$

$$\dot{\hat{\phi}}_3(t) = -g_3 y(t) e_a(t) \tag{3.99}$$

ただし，$\bar{b}_0$ は

$$|b_0| \geqq \bar{b}_0 > 0$$

を満たす設計変数である（$|b_0|$ の下限が既知であるとする）。制御入力は推定パラメータを用いて

$$
u(t) = \left\{ \frac{\dfrac{d}{dt} y_M(t) + \lambda y_M(t)}{\hat{b}_0(t)} \right\}
$$
$$
\quad - \left\{ \frac{\hat{\phi}_1(t)^T v_1(t) + \hat{\phi}_2(t)^T v_2(t) + \hat{\phi}_3(t) y(t)}{\hat{b}_0(t)} \right\} \tag{3.100}
$$

のように生成する。$\hat{b}_0(t)$ の初期値を $|\hat{b}_0(0)| \geqq \bar{b}_0$ のように選ぶと，つねに $|\hat{b}_0(t)| \geqq \bar{b}_0$ となるので，このように入力を発生させても $\hat{b}_0(t) = 0$ によるゼロ割の可能性はない。

以上の適応制御系の安定性と制御誤差の零収束性を示す。まず，同定誤差（拡張誤差）と推定パラメータ誤差に関して正定関数

$$V(t) = \frac{1}{2} e_a(t)^2 + \frac{1}{2} \tilde{\Phi}(t)^T G^{-1} \tilde{\Phi}(t) \tag{3.101}$$
$$\tilde{\Phi}(t) = \hat{\Phi}(t) - \Phi$$
$$G = \text{block diag}(g_0, G_1, G_2, g_3)$$

を定め[†]，同定誤差の式

$$\frac{d}{dt} e_a(t) + \lambda e_a(t) = \tilde{\Phi}(t)^T \omega(t)$$

に着目して，$V(t)$ を軌道に沿って時間微分する。

$$\dot{V}(t) = -\lambda e_a(t)^2 + e_a(t) \tilde{\Phi}(t)^T \omega(t) + \tilde{\Phi}(t)^T G^{-1} \dot{\tilde{\Phi}}(t)$$

[†]　ブロック対角行列を block diag( ) で表す。

$|\hat{b}_0(t)| > \bar{b}_0$ の場合，または $|\hat{b}_0(t)| = \bar{b}_0$ かつ $u(t)e_a(t)\mathrm{sgn}(b_0) \leqq 0$ の場合は

$$\dot{\hat{\Phi}}(t) = -G\omega(t)e_a(t)$$

より，$\dot{V}(t)$ はつぎのようになる。

$$\dot{V}(t) = -\lambda e_a(t)^2 \leqq 0$$

また，それ以外の場合（$|\hat{b}_0(t)| = \bar{b}_0$ かつ $u(t)e_a(t)\mathrm{sgn}(b_0) > 0$）は

$$\{\hat{b}_0(t) - b_0\}g_0{}^{-1}\dot{\hat{b}}_0 = 0$$

$$\{\hat{b}_0(t) - b_0\}u(t)e_a(t) \leqq 0$$

となって，けっきょく先と同じ

$$\dot{V}(t) = -\lambda e_a(t)^2 \leqq 0$$

が得られる。以上から $e_a(t) \in \mathcal{L}^\infty \cap \mathcal{L}^2$，$\hat{\Phi}(t) \in \mathcal{L}^\infty$ が示される。ここで，入力の生成式から

$$\frac{d}{dt}\hat{y}(t) + \lambda\hat{y}(t) = \frac{d}{dt}y_M(t) + \lambda y_M(t)$$

となり，したがって

$$\frac{d}{dt}e(t) + \lambda e(t) = \frac{d}{dt}y_M(t) + \lambda y_M(t) - \frac{d}{dt}y(t) - \lambda y(t)$$
$$= \frac{d}{dt}e_a(t) + \lambda e_a(t)$$

となるので，出力誤差 $e(t)$ は同定誤差（拡張誤差）$e_a(t)$ に $\exp(-\lambda t)$ のオーダで収束することがわかる。よって，$e(t) \in \mathcal{L}^\infty \cap \mathcal{L}^2$ も成立するから，$\dfrac{1}{\hat{b}_0}(t)$ の有界性も考慮すると，直接法の相対次数が 1 次の場合と同じようにして，適応制御系の有界性と出力誤差 $e(t)$ の零への収束性が導かれる。

3.7 間接法に基づくモデル規範形適応制御　　67

【定理 3.5】 表 3.1 の問題設定および相対次数 $n^* = 1$ に対して構成された適応制御系（間接法に基づく適応制御系の構成（$n^* = 1$））（**表 3.6**）は有界で，制御誤差 $e(t) = y_M(t) - y(t)$ は 0 に収束する。

表 3.6　間接法に基づく適応制御系の構成（$n^* = 1$）

制御入力

$$u(t) = \left\{ \frac{\dfrac{d}{dt} y_M(t) + \lambda y_M(t)}{\hat{b}_0(t)} \right\} - \left\{ \frac{\hat{\phi}_1(t)^T v_1(t) + \hat{\phi}_2(t)^T v_2(t) + \hat{\phi}_3(t) y(t)}{\hat{b}_0(t)} \right\}$$

$$\frac{d}{dt} v_1(t) = F v_1(t) + g u(t)$$

$$\frac{d}{dt} v_2(t) = F v_2(t) + g y(t)$$

$$F = \begin{bmatrix} -\lambda_{\rho-1} & -\lambda_{\rho-2} & -\lambda_{\rho-3} & \cdots & -\lambda_0 \\ 1 & 0 & 0 & \cdots & 0 \\ 0 & 1 & 0 & \cdots & 0 \\ \vdots & \ddots & \ddots & \ddots & \vdots \\ 0 & \cdots & 0 & 1 & 0 \end{bmatrix}$$

$$g = [1\,0\,\cdots\,0]^T$$

（$\rho = n - 1$ または $\rho = n$）

同定モデル

$$\frac{d}{dt} \hat{y}(t) + \lambda \hat{y}(t) = \hat{b}_0(t) u(t) + \hat{\phi}_1(t)^T v_1(t) + \hat{\phi}_2(t)^T v_2(t) + \hat{\phi}_3(t) y(t)$$

適応則

$$\dot{\hat{b}}_0(t) = \begin{cases} -g_0 u(t) e_a(t), & |\hat{b}_0(t)| > \bar{b}_0 \text{ の場合} \\ & \text{または } |\hat{b}_0(t)| = \bar{b}_0 \\ & \text{かつ } u(t) e_a(t) \mathrm{sgn}(b_0) \leqq 0 \text{ の場合} \\ 0, & \text{その他の場合} \end{cases}$$

（つづく）

表 3.6　（つづき）

$$\dot{\hat{\phi}}_1(t) = -G_1 v_1(t) e_a(t)$$

$$\dot{\hat{\phi}}_2(t) = -G_2 v_2(t) e_a(t)$$

$$\dot{\hat{\phi}}_3(t) = -g_3 y(t) e_a(t)$$

$$e_a(t) = \hat{y}(t) - y(t)$$

3.7.2　相対次数が 2 次以上の場合

つぎに，相対次数が 2 次以上の場合を考える。制御対象はつぎのように表される。

$$W(s)y(t) = b_0 u(t) + \phi_1^T v_1(t) + \phi_2^T v_2(t) + \phi_3 y(t) \equiv \Phi^T \omega(t)$$

これより得られる制御対象の入出力表現

$$
\begin{aligned}
y(t) &= \Phi^T \zeta(t) \\
&= b_0 u_f(t) + \phi_1^T v_{1f}(t) + \phi_2^T v_{2f}(t) + \phi_3 y_f(t)
\end{aligned}
\tag{3.102}
$$

$$
\begin{aligned}
\zeta(t) &= \frac{1}{W(s)} \omega(t) \\
&= [u_f(t),\, v_{1f}(t)^T,\, v_{2f}(t)^T,\, y_f(t)]^T
\end{aligned}
\tag{3.103}
$$

$$u_f(t) = \frac{1}{W(s)} u(t),$$

$$v_{1f}(t) = \frac{1}{W(s)} v_1(t), \quad v_{2f}(t) = \frac{1}{W(s)} v_2(t),$$

$$y_f(t) = \frac{1}{W(s)} y(t) \tag{3.104}$$

に対して，つぎの同定モデルを考える。

$$
\begin{aligned}
\hat{y}(t) &= \hat{\Phi}(t)^T \zeta(t) \\
&= \hat{b}_0(t) u_f(t) + \hat{\phi}_1(t)^T v_{1f}(t) + \hat{\phi}_2(t)^T v_{2f}(t) + \hat{\phi}_3(t) y_f(t)
\end{aligned}
$$

$$\tag{3.105}$$

3.7 間接法に基づくモデル規範形適応制御 69

同定誤差（拡張誤差）を，先と同じに

$$e_a(t) = \hat{y}(t) - y(t)$$

と定めて，パラメータ推定値をつぎのように調整する。

$$\dot{\hat{b}}_0(t) = \begin{cases} -g_0 \dfrac{u_f(t)}{m(t)} e_a(t), & |\hat{b}_0(t)| > \bar{b}_0 \text{ の場合} \\[2mm] & \text{または } |\hat{b}_0(t)| = \bar{b}_0 \\[2mm] & \qquad \text{かつ} \dfrac{u_f(t)}{m(t)} e_a(t) \text{sgn}(b_0) \leqq 0 \text{ の場合} \\[2mm] 0, & \text{その他の場合} \end{cases}$$

(3.106)

$$\dot{\hat{\phi}}_1(t) = -G_1 \frac{v_{1f}(t)}{m(t)} e_a(t) \tag{3.107}$$

$$\dot{\hat{\phi}}_2(t) = -G_2 \frac{v_{2f}(t)}{m(t)} e_a(t) \tag{3.108}$$

$$\dot{\hat{\phi}}_3(t) = -g_3 \frac{y_f(t)}{m(t)} e_a(t) \tag{3.109}$$

$$m(t) = \lambda_0 + \zeta(t)^T \zeta(t) \tag{3.110}$$

ただし，$\bar{b}_0$ は

$$|b_0| \geqq \bar{b}_0 > 0$$

を満たす設計変数である（$|b_0|$ の下限が既知であるとする）。制御入力は推定パラメータを用いて

$$W(s)y_M(t) = \hat{\Phi}(t)^T \omega(t) \tag{3.111}$$

が成立するように，あるいは

$$u(t) = \left\{ \frac{W(s)y_M(t)}{\hat{b}_0(t)} \right\} - \left\{ \frac{\hat{\phi}_1(t)^T v_1(t) + \hat{\phi}_2(t)^T v_2(t) + \hat{\phi}_3(t)y(t)}{\hat{b}_0(t)} \right\}$$

(3.112)

のように生成する。$\hat{b}_0(t)$ の初期値を $|\hat{b}_0(0)| \geqq \bar{b}_0$ のように選ぶとつねに $|\hat{b}_0(t)| \geqq$

70   3. 一般的なモデル規範形適応制御

$\bar{b}_0$ となるので，このように入力を発生させても $\hat{b}_0(t) = 0$ によるゼロ割の可能性はない。

以上の適応制御系の安定性と制御誤差の零収束性を示す。まず，推定パラメータ誤差に関して正定関数

$$V(t) = \frac{1}{2}\tilde{\Phi}(t)^T G^{-1}\tilde{\Phi}(t) \tag{3.113}$$

$$\tilde{\Phi}(t) = \hat{\Phi}(t) - \Phi$$

$$G = \text{block diag}(g_0, G_1, G_2, g_3)$$

を定め，同定誤差（拡張誤差）の式

$$e_a(t) = \hat{y}(t) - y(t) = \tilde{\Phi}(t)^T\omega(t) \tag{3.114}$$

に着目して，$V(t)$ を軌道に沿って時間微分する。

$$\dot{V}(t) = \tilde{\Phi}(t)^T G^{-1}\dot{\hat{\Phi}}(t)$$

$|\hat{b}_0(t)| > \bar{b}_0$ の場合，または $|\hat{b}_0(t)| = \bar{b}_0$ かつ $\dfrac{u_f(t)}{m(t)}e_a(t)\text{sgn}(b_0) \leqq 0$ の場合は

$$\dot{\hat{\Phi}}(t) = -G\frac{\zeta(t)}{m(t)}e_a(t)$$

より，$\dot{V}(t)$ はつぎのようになる。

$$\dot{V}(t) = -\frac{e_a(t)^2}{m(t)} \leq 0$$

また，それ以外の場合（$|\hat{b}_0(t)| = \bar{b}_0$ かつ $\dfrac{u_f(t)}{m(t)}e_a(t)\text{sgn}(b_0) > 0$）は

$$\{\hat{b}_0(t) - b_0\}g_0^{-1}\dot{\hat{b}}_0 = 0$$

$$\{\hat{b}_0(t) - b_0\}\frac{u_f(t)}{m(t)}e_a(t) \leqq 0$$

となって，けっきょく先と同じ

$$\dot{V}(t) = -\frac{e_a(t)^2}{m(t)} \leq 0$$

が得られる。以上から，$\dot{\hat{\Phi}}(t) \in \mathcal{L}^\infty$ および $e_a(t) = \tilde{\Phi}(t)^T \zeta(t)$ も考慮して，$\dfrac{e_a(t)}{m(t)^{\frac{1}{2}}} \in \mathcal{L}^\infty \cap \mathcal{L}^2$ が示される。したがって，$\dot{\hat{\Phi}}(t) \in \mathcal{L}^2$ であることもわかる。ここで，入力の生成式

$$W(s)y_M(t) = \hat{\Phi}(t)^T \omega(t)$$

から，出力誤差 $e(t)$ が以下のように書かれる。

$$\begin{aligned}
W(s)e(t) &= W(s)y_M(t) - \frac{d}{dt}y(t) - W(s)y(t) \\
&= \hat{\Phi}(t)^T \omega(t) - \Phi^T \omega(t) \\
e(t) &= \frac{1}{W(s)}\left\{\tilde{\Phi}(t)^T \omega(t)\right\}
\end{aligned} \tag{3.115}$$

一方，同定誤差（拡張誤差）$e_a(t)$ は式 (3.114) のように書かれるから

$$\begin{aligned}
e(t) - e_a(t) &= \frac{1}{W(s)}\left\{\hat{\Phi}(t)^T \omega(t)\right\} - \Phi^T \zeta(t) - \hat{\Phi}(t)^T \zeta(t) + \Phi^T \zeta(t) \\
&= -\left[\hat{\Phi}(t)^T \frac{1}{W(s)}\omega(t) - \frac{1}{W(s)}\left\{\hat{\Phi}(t)^T \omega(t)\right\}\right] \tag{3.116}
\end{aligned}$$

のように表される。よって，上記を $e(t) - e_a(t) = \hat{e}(t)$ とおいて，$e_a(t)$ を直接法の場合の $e_a(t)$ と見なすと，直接法の方法 II（正規化法）と等価になることがわかる。ただし，ここでは $\hat{b}_0(t)$ の適応則に修正を加えて，入力の合成にあたってゼロ割の危険性を排除している。よって，$\dot{\hat{\Phi}}(t) \in \mathcal{L}^2$ も考慮して，適応制御系の有界性と出力誤差 $e(t)$ の零への収束性が導かれる。

【定理 3.6】 表 3.1 の問題設定および相対次数 $n^* \geqq 2$ に対して構成された適応制御系（間接法に基づく適応制御系の構成（$n^* \geqq 2$））（**表 3.7**）は有界で，制御誤差 $e(t) = y_M(t) - y(t)$ は 0 に収束する。

72　　**3.　一般的なモデル規範形適応制御**

表 3.7　間接法に基づく適応制御系の構成（$n^* \geqq 2$）

制御入力

$$u(t) = \left\{ \frac{W(s)y_M(t)}{\hat{b}_0(t)} \right\} - \left\{ \frac{\hat{\phi}_1(t)^T v_1(t) + \hat{\phi}_2(t)^T v_2(t) + \hat{\phi}_3(t)y(t)}{\hat{b}_0(t)} \right\}$$

$$\frac{d}{dt} v_1(t) = F v_1(t) + g u(t)$$

$$\frac{d}{dt} v_2(t) = F v_2(t) + g y(t)$$

$$F = \begin{bmatrix} -\lambda_{\rho-1} & -\lambda_{\rho-2} & -\lambda_{\rho-3} & \cdots & -\lambda_0 \\ 1 & 0 & 0 & \cdots & 0 \\ 0 & 1 & 0 & \cdots & 0 \\ \vdots & \ddots & \ddots & \ddots & \vdots \\ 0 & \cdots & 0 & 1 & 0 \end{bmatrix}$$

$$g = [1\,0\,\cdots\,0]^T$$

　（$\rho = n - 1$ または $\rho = n$）

同定モデル

$$\hat{y}(t) = \hat{b}_0(t)u_f(t) + \hat{\phi}_1(t)^T v_{1f}(t) + \hat{\phi}_2(t)^T v_{2f}(t) + \hat{\phi}_3(t)y_f(t)$$

$$u_f(t) = \frac{1}{W(s)} u(t)$$

$$v_{1f}(t) = \frac{1}{W(s)} v_1(t), \quad v_{2f}(t) = \frac{1}{W(s)} v_2(t)$$

$$y_f(t) = \frac{1}{W(s)} y(t)$$

適応則

$$\dot{\hat{b}}_0(t) = \begin{cases} -g_0 \dfrac{u_f(t)}{m(t)} e_a(t), & |\hat{b}_0(t)| > \bar{b}_0 \text{ の場合} \\[2mm] & \text{または } |\hat{b}_0(t)| = \bar{b}_0 \\[2mm] & \quad\text{かつ } \dfrac{u_f(t)}{m(t)} e_a(t)\mathrm{sgn}(b_0) \leqq 0 \text{ の場合} \\[2mm] \quad 0, & \text{その他の場合} \end{cases}$$

（つづく）

表 3.7　（つづき）

$$\dot{\hat{\phi}}_1(t) = -G_1 \frac{v_{1f}(t)}{m(t)} e_a(t)$$

$$\dot{\hat{\phi}}_2(t) = -G_2 \frac{v_{2f}(t)}{m(t)} e_a(t)$$

$$\dot{\hat{\phi}}_3(t) = -g_3 \frac{y_f(t)}{m(t)} e_a(t)$$

$$m(t) = \lambda_0 + \zeta(t)^T \zeta(t)$$

$$e_a(t) = \hat{y}(t) - y(t)$$

3.7.3　考　　　察

以上，制御対象の入出力表現に基づいて，間接法のモデル規範形適応制御系の説明を行った。制御器のパラメータを直接に調整する直接法と，最初に制御対象のパラメータを推定してそれから制御器のパラメータを算出する間接法という概念的な差異があるが，結果として得られる適応制御系には，大きな違いは認められない。ただし，間接法においては，高調波ゲイン b_0 の推定値を求める際に，射影法というロバスト適応則（次章で紹介する）の一種を用いて制御器のパラメータの計算時のゼロ割の危険性を回避している点が，若干異なる。

このように直接法と間接法が結果的にきわめて似通っているのは，入出力表現が，対象の記述と同時にモデル追従制御を実現する表記にも近い（適した）形式になっているからであり（あるいは入出力表現は，自分自身を生成する制御入力の表現にもなっている点に注意），モデル追従制御が安定性に基づく適応制御解析に適合した制御方式であることを物語っている。

なお，本書では省略するが，間接法には，制御対象の伝達関数表現に基づいて伝達関数のパラメータを推定し，これを制御器のパラメータに変換するという，より間接法の概念を反映させた方法も存在する。

74   3. 一般的なモデル規範形適応制御

########## 演 習 問 題 **********

【1】 1次系の制御対象

$$\dot{y}(t) = ay(t) + bu(t)$$

の出力 y を目標信号 y_M に追従させるモデル規範形適応制御系を構成せよ。ただし，a と b は未知の定数で，$b \neq 0$ とする。

【2】 2次系の制御対象

$$\ddot{y}(t) = -a_1\dot{y}(t) - a_2y(t) + b_1\dot{u}(t) + b_2u(t)$$

の出力 y を目標信号 y_M に追従させるモデル規範形適応制御系を構成せよ。ただし，a_1, a_2, b_1, b_2 は未知の定数で，$b_1 \neq 0$ とする。

【3】 2次系の制御対象

$$\ddot{y}(t) = -a_1\dot{y}(t) - a_2y(t) + bu(t)$$

の出力 y を目標信号 y_M に追従させるモデル規範形適応制御系を構成せよ。ただし，a_1, a_2 と b は未知の定数で，$b \neq 0$ とする。

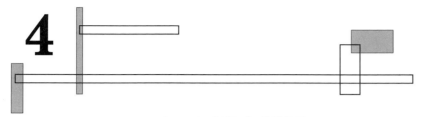

ロバスト適応制御

本章では，これまで考えてきた理想的な環境下におけるモデル規範形適応制御方式を，未知の外乱や寄生要素が存在する場合に拡張する。適応則に適切な修正を加えることで，適応制御のロバスト化が実現できることを示す。

4.1 適応制御のロバスト化

これまではモデル規範形適応制御方式を適用する際に，制御対象がすべて有限個のパラメータを有する線形モデルで表現されるような理想的な場合を考えてきた。つまり，対象の不確定性になんらかの構造（線形パラメトリックな構造）を仮定できるものとした。しかし，一般的には，そのような有限個のパラメータの線形モデルでは表現しきれない非構造的な不確定性も存在する。例えば，未知の外乱や非線形項，あるいはモデル化にあたって無視した高次のモードや干渉項（寄生要素）などである。

もし公称系のパラメータが既知であれば，モデル化誤差や外乱を無視して公称系に対して求めた制御則を採用しても，モデル化誤差の大きさ（以後，大きさを μ（> 0）で規定する）が十分小さいときには制御系の安定性は保証されるし，また，外乱や μ がそれほど大きくないときには，それに応じた有限誤差のモデル追従特性も実現される（制御系のロバスト性）。しかし，パラメータが未

知の場合に適応制御系を構成しようとすると，このようなロバスト性は期待できない．なぜなら，これまで示してきたパラメータの適応則は純粋な積分特性を有するので，小さなモデル化誤差（小さな μ）や局所的な外乱であっても，推定パラメータのドリフトが生じて，安定なフィードバック系を構成できない可能性があるからである．このような問題点に着目し，**適応制御のロバスト化**に関して多くの研究がなされた．まず，次節で，問題の発端となった簡単な例[19]を紹介する．

4.2 問題の発端

つぎのような一様有界な外乱 $d(t)$ の影響を受けるシステムを考える．

$$\dot{y}(t) + ay(t) = u(t) + d(t) \qquad (|d(t)| \leqq d_0 < \infty) \tag{4.1}$$

制御の目的は，システムの未知パラメータを推定しながら，その出力 $y(t)$ が以下の規範モデルの出力 $y_M(t)$ に追従するような適応制御系を構成することである．

$$\dot{y}_M(t) + a_M y_M(t) = r(t) \qquad (a_M > 0, \ r(t) \in \mathcal{L}^\infty) \tag{4.2}$$

図 **4.1** は，外乱 $d(t)$ の影響を受ける制御対象 $\dfrac{1}{s+a}$（未知パラメータ a）の出

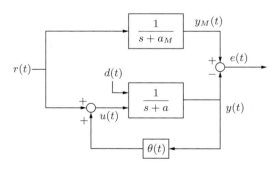

図 **4.1** ロバスト適応制御の問題の発端

力 $y(t)$ を規範モデル $\dfrac{1}{s + a_M}$ の出力 $y_M(t)$ に一致させる適応制御系の構成を示している。これまでの考察から，もし外乱が $d(t) = 0$ であれば，制御誤差 $e(t) = y_M(t) - y(t)$ に対して

$$u(t) = r(t) + \theta(t)y(t) \tag{4.3}$$

$$\dot{\theta}(t) = gy(t)e(t) \qquad (g > 0) \tag{4.4}$$

のように入力と適応則を定めることで，以下のようにして適応系の安定性と制御誤差の零収束性を示すことができる。

$$V(t) = \frac{1}{2}e(t)^2 + \frac{1}{2g}\tilde{\theta}(t)^2 \tag{4.5}$$

$$\dot{e}(t) + a_M(t)e(t)$$
$$\qquad = r(t) + (a - a_M)y(t) - u(t) - d(t) \equiv \tilde{\theta}(t)y(t) \tag{4.6}$$

$$\tilde{\theta}(t) \equiv (a - a_M) - \theta(t) = \theta^* - \theta \qquad (\theta^* \equiv a - a_M)$$

$$\dot{V}(t) = -a_M e(t)^2 + \tilde{\theta}(t)y(t)e(t) + \frac{\tilde{\theta}(t)\dot{\tilde{\theta}}(t)}{g}$$

$$\qquad = -a_M e(t)^2 \leqq 0$$

しかし，外乱が 0 でないときには，$\dot{V}(t)$ は外乱の影響で

$$\dot{V}(t) = -a_M e(t)^2 - e(t)d(t) \tag{4.7}$$

のようになり（つねに負とはならない），適応系の安定性は保証されない。実際

$$a = -1, \ r(t) = 0, \ g = 1, \ \theta(0) = -5, \ y(0) = 1$$

$$d(t) = (1 + t)^{-\frac{1}{5}}\{5 - (1 + t)^{-\frac{1}{5}} - 0.4\,(1 + t)^{-\frac{6}{5}}\} \ (\to 0)$$

のような条件のもとで，以下のように，システムの出力は 0 に収束するが，調整パラメータが $-\infty$ に発散して，適応系が不安定化することが知られている。

$$y(t) = (1 + t)^{-\frac{2}{5}} \to 0, \qquad \theta(t) = -5\,(1 + t)^{\frac{1}{5}} \to -\infty$$

【定理 4.1】 一様有界な外乱の影響を受ける適応制御系（表 4.1）の有界性は保証されない。すなわち，パラメータを含む状態量の絶対値が無限大に発散する場合がある。

表 4.1 外乱 $d(t)$ により不安定な適応制御系の例

適応制御系の構成
$\dot{y}(t) = -ay(t) + u(t) + d(t) \ (\|d(t)\| \leq d_0)$
$\dot{y}_M(t) = -a_M y_M(t) + r(t) \ (a_M > 0)$
$u(t) = r(t) + \theta(t)y(t)$
$\dot{\theta}(t) = gy(t)e(t) \ (g > 0)$ （表 4.2 の g も同じ）
$e(t) = y_M(t) - y(t)$
不安定化を生じさせるパラメータと外乱の例
$a = -1, \ r(t) = 0, \ g = 1, \ \theta(0) = -5, \ y(0) = 1$
$d(t) = (1+t)^{-\frac{1}{5}}\{5 - (1+t)^{-\frac{1}{5}} - 0.4(1+t)^{-\frac{6}{5}}\}$ $\quad (\to 0)$
$y(t) = (1+t)^{-\frac{2}{5}} \to 0$
$\theta(t) = -5(1+t)^{\frac{1}{5}} \to -\infty$

例 4.1 表 4.1 の不安定化を生じさせるパラメータと外乱における応答を図 4.2 に示す。

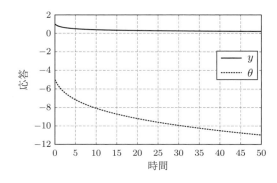

図 4.2 不安定な適応制御の応答例

4.3 ロバスト化の方針

このような非構造的な不確定性があるときに適応制御をロバスト化するためには，大きく分けてつぎの二つの方法が考えられる．

1. パラメータ適応則の感度を下げることにより推定パラメータのドリフトを小さくして，それによりモデル追従制御系（線形系）本来のロバスト性が発揮されるようにする[6),7),20),21)]

2. モデル追従制御系（線形系）のロバスト性を向上させて，推定パラメータのドリフトの影響を低減化する

このうちロバスト適応制御の分野で多く論じられてきたのは，1 の立場でのロバスト化である．

4.4 有界外乱に対するロバスト適応制御

4.2 節で述べた制御問題に対して，代表的なロバスト適応則を適用して，安定な適応制御系を構成する．

4.4.1 σ - 修 正 法

〔1〕 定数型 σ-修正法

適応則が純粋な積分特性を有することが不安定化の原因であったことから，まず考えられるのは，純粋な積分特性をつぎのような 1 次遅れに置き換えることである（**定数型 σ-修正法**）[7)]．

$$\dot{\theta}(t) = gy(t)e(t) - \sigma g\theta(t) \qquad (\sigma > 0) \tag{4.8}$$

この簡単な修正で適応系の安定性が回復することは，以下のようにして示される．まず，先と同じ正定関数 $V(t)$ の時間微分を計算すると

80 4. ロバスト適応制御

$$\dot{V}(t) = -a_M e(t)^2 + \tilde{\theta}(t)y(t)e(t) - d(t)e(t) + \frac{\tilde{\theta}(t)\dot{\tilde{\theta}}(t)}{g}$$
$$= -a_M e(t)^2 - e(t)d(t) + \sigma\tilde{\theta}(t)\theta(t) \qquad (4.9)$$

のようになる。ここで，つぎの二つの不等式

$$\sigma\tilde{\theta}(t)\theta(t) = \sigma\tilde{\theta}(t)\{-\tilde{\theta}(t) + \theta^*\}$$
$$= -\sigma\tilde{\theta}(t)^2 + \sigma\tilde{\theta}(t)\theta^*$$
$$\leqq -\frac{\sigma}{2}\tilde{\theta}(t)^2 + \frac{\sigma}{2}\theta^{*2} \qquad (4.10)$$
$$-e(t)d(t) \leqq \frac{a_M}{2}e(t)^2 + \frac{d_0^2}{2a_M} \qquad (4.11)$$

に着目して，先の $\dot{V}(t)$ に代入すると，以下の評価が得られる。

$$\dot{V}(t) \leqq -\frac{a_M}{2}e(t)^2 + \frac{d_0^2}{2a_M} - \frac{\sigma}{2}\tilde{\theta}(t)^2 + \frac{\sigma}{2}\theta^{*2}$$
$$\leqq -\delta V(t) + D \qquad (\delta > 0, \ 0 \leqq D < \infty) \qquad (4.12)$$

したがって

$$V(t) \leqq V(0)\exp(-\delta t) + \frac{D\{1 - \exp(-\delta t)\}}{\delta} \qquad (4.13)$$

より，$V(t) \in \mathcal{L}^\infty$ となって，$e(t), \tilde{\theta}(t) \in \mathcal{L}^\infty$ が示され，適応制御系の安定性が保証される。

つぎに，制御誤差の解析を行う。不等式

$$\frac{a_M}{2}e(t)^2 \leqq -\dot{V}(t) + \frac{d_0^2}{2a_M} + \frac{\sigma}{2}\theta^{*2}$$

$$\frac{\sigma}{2}\tilde{\theta}(t)^2 \leqq -\dot{V}(t) + \frac{d_0^2}{2a_M} + \frac{\sigma}{2}\theta^{*2}$$

より，出力誤差とパラメータ誤差に関して，以下の評価式が得られる。

$$\frac{1}{T}\int_t^{T+t} e(\tau)^2 d\tau \leq \frac{d_0^2}{a_M^2} + \frac{\sigma\theta^{*2}}{a_M} + \frac{2\{V(t)-V(t+T)\}}{Ta_M}$$

$$\leq \frac{d_0^2}{a_M^2} + \frac{\sigma\theta^{*2}}{a_M} + \frac{c}{Ta_M} \qquad (0 \leq c < \infty) \quad (4.14)$$

$$\frac{1}{T}\int_t^{T+t} \tilde{\theta}(\tau)^2 d\tau \leq \frac{d_0^2}{\sigma a_M} + \theta^{*2} + \frac{2\{V(t)-V(t+T)\}}{T\sigma}$$

$$\leq \frac{d_0^2}{\sigma a_M} + \theta^{*2} + \frac{c}{T\sigma} \quad (4.15)$$

これよりわかるように，この方式では $d(t) = 0$ のときに誤差 $e(t)$ が零に収束しない．この欠点を改善したのが，つぎに述べる切換型 σ-修正法である．

例 4.2 表 **4.1** の中の不安定となる例に対して，$d(t)$ を表 **4.1** に示した外乱および 0 としたときの σ-修正法（定数型）の結果を，それぞれ図 **4.3** と図 **4.4** に示す．ただし，$\sigma = 1$ とした．

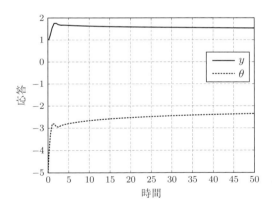

図 **4.3** σ-修正法（定数型）による安定化
（表 **4.1** の外乱の場合）

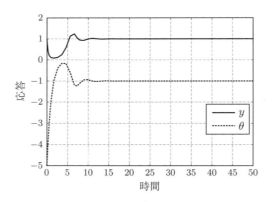

図 **4.4** σ-修正法(定数型)による安定化(外乱 $= 0$ の場合)

---

〔2〕 切換型 σ-修正法

切換型 σ-修正法とは,定数の σ の代わりに時変の $\sigma(t)$ を用い,$M_0 \geqq |\theta^*|$ となる M_0 が既知という仮定のもとで,図 **4.5** に示すいずれかの方式で $\sigma(t)$ を切り換える手法である[7]。

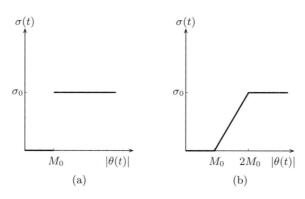

図 **4.5** 切換型 σ-修正法

$$\dot{\theta}(t) = gy(t)e(t) - \sigma(t)g\theta(t) \tag{4.16}$$

$$1)\ \sigma(t) = \begin{cases} \sigma_0, & |\theta(t)| \geqq M_0 \text{ の場合} \\ 0, & \text{その他の場合} \end{cases} \tag{4.17}$$

$$2)\ \sigma(t) = \begin{cases} \sigma_0, & |\theta(t)| \geqq 2M_0 \text{ の場合} \\ \sigma_0 \left(\dfrac{|\theta(t)|}{M_0} - 1 \right), & M_0 \leqq |\theta(t)| \leqq 2M_0 \text{ の場合} \\ 0, & |\theta(t)| \leqq M_0 \text{ の場合} \end{cases} \tag{4.18}$$

ただし，**図 4.5** の図 (a) が式 (4.17) の方式 1)，図 (b) が式 (4.18) の方式 2) に対応する。このとき，切り換えの性質からつぎの不等式が得られる。

$$\sigma(t)\tilde{\theta}(t)\theta(t) \leqq -\frac{\sigma_0}{2}\tilde{\theta}(t)^2 + \frac{\sigma_0}{2}(|\theta^*| + iM_0)^2 \tag{4.19}$$
$$\text{（方法 1), 2) にあわせて } i = 1, 2）$$

$$\sigma(t)\tilde{\theta}(t)\theta(t) \leqq 0 \tag{4.20}$$

特に，不等式 (4.20) は以下の関係から導くことができる。

$$\begin{aligned}
\sigma(t)\tilde{\theta}(t)\theta(t) &= \sigma(t)\{\theta^* - \theta(t)\}\theta(t) \\
&\leqq -\sigma(t)\theta(t)^2 + \sigma(t)|\theta^*| \cdot |\theta(t)| \\
&= -\sigma(t)|\theta(t)|\{|\theta(t)| - M_0 + M_0 - |\theta^*|\} \\
&= -\sigma(t)|\theta(t)|\{|\theta(t)| - M_0\} \\
&\quad - \sigma(t)|\theta(t)|\{M_0 - |\theta^*|\} \leqq 0
\end{aligned}$$

これをもとにして先と同じに定義された $V(t)$ を評価する。$\dot{V}(t)$ が

$$\begin{aligned}
\dot{V}(t) &= -a_M e(t)^2 - e(t)d(t) + \sigma\tilde{\theta}(t)\theta(t) \\
&\leqq -\frac{a_M}{2}e(t)^2 + \frac{d_0^2}{2a_M} - \frac{\sigma_0}{2}\tilde{\theta}(t)^2 + \frac{\sigma_0}{2}(|\theta^*| + iM_0)^2 \\
&\leqq -\delta V(t) + D \qquad (\delta > 0,\ 0 \leqq D < \infty)
\end{aligned} \tag{4.21}$$

84　　4. ロバスト適応制御

のように評価されることから，$V(t)$ は

$$V(t) \leqq V(0)\exp(-\delta t) + \frac{D\{1 - \exp(-\delta t)\}}{\delta} \tag{4.22}$$

のように表されて，$V(t) \in \mathcal{L}^\infty$，したがって $e(t),\ \tilde{\theta}(t) \in \mathcal{L}^\infty$ となり，適応制御系の安定性が示される。また，このときの制御誤差とパラメータ誤差も，つぎのように評価される。

$$\frac{1}{T}\int_t^{T+t} e(\tau)^2 d\tau$$

$$\leqq \frac{d_0^2}{a_M^2} + \frac{\sigma_0(|\theta^*| + iM_0)^2}{a_M} + \frac{2\{V(t) - V(t+T)\}}{Ta_M}$$

$$\leqq \frac{d_0^2}{a_M^2} + \frac{\sigma_0(|\theta^*| + iM_0)^2}{a_M} + \frac{c}{Ta_M} \qquad (0 \leqq c < \infty) \tag{4.23}$$

$$\frac{1}{T}\int_t^{T+t} \tilde{\theta}(\tau)^2 d\tau$$

$$\leqq \frac{d_0^2}{\sigma_0 a_M} + (|\theta^*| + iM_0)^2 + \frac{2\{V(t) - V(t+T)\}}{T\sigma}$$

$$\leqq \frac{d_0^2}{\sigma_0 a_M} + (|\theta^*| + iM_0)^2 + \frac{c}{T\sigma_0} \tag{4.24}$$

一方で，$d(t) = 0$ のときの挙動を調べると

$$\dot{V}(t) = -a_M e(t)^2 + \sigma(t)\tilde{\theta}(t)\theta(t) \leqq -a_M e(t)^2 \leqq 0 \tag{4.25}$$

となって，$e(t) \to 0$ が示され，定数型 σ-修正法の欠点が解消されることがわかる。

　例 4.3　**表 4.1** の中の不安定となる例に対して，$d(t)$ を**表 4.1** の外乱および 0 としたときの σ-修正法（切換型）の結果を，それぞれ**図 4.6** と**図 4.7** に示す。ただし，$\sigma_0 = 1$，$M_0 = 5$ として 1) の方法を採用した。

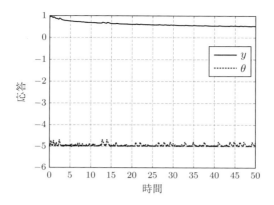

図 4.6 σ-修正法(切換型)による安定化
(表 4.1 の外乱の場合)

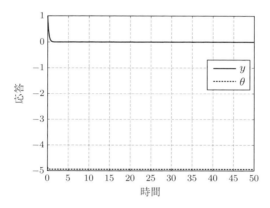

図 4.7 σ-修正法(切換型)による安定化
(外乱 $= 0$ の場合)

4.4.2 射 影 法

切換型 σ-修正法と同様の特性を持つ適応則として広く使われているのが,適応パラメータを特定の領域内に留める**射影法**である[7),20)]。図 4.8 は,直交射影の原理に基づく一般的な射影法を示している。特に 4.2 節の例に対しては,

4. ロバスト適応制御

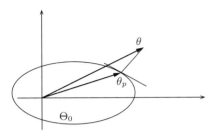

図 4.8 射　影　法

$M_0 \geqq |\theta^*|$ となる M_0 が既知という条件下で，適応則を直接的につぎのように切り換える。

$|\theta^*| \leqq M_0, \quad |\theta(0)| \leqq M_0$

$$\dot{\theta}(t) = \begin{cases} gy(t)e(t), & |\theta(t)| < M_0, \text{ または} \\ & |\theta(t)| = M_0 \text{ かつ } \theta(t)y(t)e(t) \leqq 0 \text{ の場合（ケース I）} \\ 0, & \text{その他の場合（ケース II）} \end{cases}$$

(4.26)

射影型の適応則のもとでは，$\theta(t)$ はつねに $|\theta(t)| \leqq M_0$ の領域に留まることがわかる。このとき，$\dot{V}(t)$ は

$$\dot{V}(t) = -a_M e(t)^2 + \tilde{\theta}(t)y(t)e(t) - d(t)e(t) + \frac{\tilde{\theta}(t)\dot{\tilde{\theta}}(t)}{g}$$

のようになって，ケース I において

$$\dot{V}(t) = -a_M e(t)^2 - e(t)d(t) \leqq -\frac{a_M}{2}e(t)^2 + \frac{d_0^2}{2a_M}$$

となり，また，ケース II においては

$$\begin{aligned}\dot{V}(t) &= -a_M e(t)^2 + \tilde{\theta}(t)y(t)e(t) - d(t)e(t) \\ &= -a_M e(t)^2 + \{\theta^* - \theta(t)\}y(t)e(t) - d(t)e(t) \\ &= -a_M e(t)^2 + \theta^* y(t)e(t) - M_0|y(t)| \cdot |e(t)| - d(t)e(t)\end{aligned}$$

$$\leqq -a_M e(t)^2 - e(t)d(t) \leqq -\frac{a_M}{2} e(t)^2 + \frac{d_0^2}{2a_M}$$

のように評価される。これから $|\theta(t)| \leqq M_0$ も考慮すると，ケース I, II のいずれのときも

$$\dot{V}(t) \leqq -\frac{a_M}{2} e(t)^2 - \tilde{\theta}(t)^2 + \frac{d_0^2}{2a_M} + 4M_0^2$$
$$\leqq -\delta V(t) + D \qquad (\delta > 0, \; 0 \leqq D < \infty) \qquad (4.27)$$

が成立するから，$V(t) \in \mathcal{L}^\infty$，$e(t), \tilde{\theta}(t) \in \mathcal{L}^\infty$ より，適応制御系の安定性が示される。また，出力誤差に関して

$$\frac{a_M}{2} e(t)^2 \leqq -\dot{V}(t) + \frac{d_0^2}{2a_M}$$

より，以下の評価が得られる。

$$\frac{1}{T} \int_t^{t+T} e(\tau)^2 d\tau \leqq \frac{d_0^2}{a_M^2} + \frac{2\{V(t) - V(t+T)\}}{Ta_M}$$
$$\leqq \frac{d_0^2}{a_M^2} + \frac{c}{Ta_M} \qquad (0 \leqq c < \infty) \qquad (4.28)$$

特に，$d(t) = 0$ のときは

$$\dot{V}(t) = -a_M e(t)^2 \leqq 0 \qquad (4.29)$$

より，$e(t) \to 0$ が示される。つまり，切換型 σ-修正法と同様の特性を持つことがわかる。

4.4.3 不 感 帯 法

不感帯法は，外乱に対する先験情報をもとにして適応則を切り換える方式である[7]。外乱に関して $d_0 \geqq |d(t)|$ となる d_0 が既知という条件のもとで，適応則をつぎのように定める。

$$|d(t)| \leqq d_0, \quad 0 < \delta < 1$$

4. ロバスト適応制御

$$
\dot{\theta}(t) = \begin{cases} gy(t)e(t), & (1-\delta)|e(t)| \geqq \dfrac{d_0}{a_M} \ \text{の場合 (ケース I)} \\ 0, & \text{その他の場合 (ケース II)} \end{cases} \tag{4.30}
$$

このとき，$\dot{V}(t)$ は

$$
\dot{V}(t) = -a_M e(t)^2 + \tilde{\theta}(t)y(t)e(t) - d(t)e(t) + \frac{\tilde{\theta}(t)\dot{\tilde{\theta}}(t)}{g}
$$

のように計算され，ケース I においては

$$
\dot{V}(t) = -a_M e(t)^2 - e(t)d(t) \leqq -a_M e(t)^2 + |e(t)| \cdot |d(t)|
$$

$$
\leqq -a_M e(t)^2 + |e(t)|\{(1-\delta)a_M|e(t)|\} \leqq -\delta e(t)^2
$$

のように，また，ケース II においては

$$
V(t) \leqq V(t_-)
$$

のように評価され（ただし，t_- は t 以前で最後にケース I からケース II に移行した時点とする），けっきょく，ケース I, II のいずれのときも $V(t) \in \mathcal{L}^\infty$ が示されて，$e(t), \tilde{\theta}(t) \in \mathcal{L}^\infty$ より，適応制御系の安定性が保証される。

つぎに，出力誤差の解析を行う。ケース I とケース II の時間区間を

$$
T_i \equiv [T_i^-, T_i^+] \ \text{(ケース I)}, \qquad \bar{T}_i \equiv (T_i^+, T_{i+1}^-) \ \text{(ケース II)}
$$

と定め，初期時刻と最終時刻に仮定 $t_0 \in T_0$, $T \in T_N$ をおいて，$\displaystyle \delta \int_0^T e(t)^2 dt$ を計算すると，以下のように評価される。

$$
\delta \left\{ \int_{t_0}^{T_0^+} e(t)^2 dt + \sum_{i=1}^{N-1} \int_{T_i^-}^{T_i^+} e(t)^2 dt + \int_{T_N^-}^{T} e(t)^2 dt \right\}
$$

$$
\leqq -\int_{t_0}^{T_0^+} \dot{V}(t)dt - \sum_{i=1}^{N-1} \int_{T_i^-}^{T_i^+} \dot{V}(t)dt - \int_{T_N^-}^{T} \dot{V}(t)dt
$$

$$
= V(t_0) - V(T) \tag{4.31}
$$

ただし，$V(T_i^+) = V(T_{i+1}^-)$ を考慮した．これから，制御誤差に関して不等式

$$\int_0^T N[e(t)]e(t)^2 dt < \infty \tag{4.32}$$

$$N[e(t)] = \begin{cases} 1, & (1-\delta)|e(t)| \geq \dfrac{d_0}{a_M} \text{ の場合 （ケース I）} \\ 0, & \text{その他の場合 （ケース II）} \end{cases} \tag{4.33}$$

が得られ，$e(t), \dot{e}(t) \in \mathcal{L}^\infty$, $N[e(t)]e(t) \in \mathcal{L}^2$ も考慮すると，$N[e(t)]e(t) \to 0$, したがって $e(t) \to \left\{ e : |e| < \dfrac{d_0}{a_M} \cdot \dfrac{1}{1-\delta} \right\}$ を示すことができる．ただし，定数型の σ-修正法と同様に，$d(t) \equiv 0$ であっても，制御誤差の零収束性は保証されない．

【定理 4.2】 一様有界な外乱の影響を受けるロバスト適応制御系（**表 4.2** に示す σ-修正法（定数型，切換型），射影法，不感帯法）は有界となる．特に外乱 $d(t)$ が 0 のときに，切換型の σ-修正法と射影法の適応則では制御誤差 $e(t) = y_M(t) - y(t)$ が 0 に収束するが，定数型の σ-修正法と不感帯法の適応則では，制御誤差の 0 への収束は保証されない．

表 4.2 ロバスト適応則（不安定な適応制御系を安定化）

適応制御系の構成
$\dot{y}(t) = -ay(t) + u(t) + d(t) \quad (|d(t)| \leq d_0)$
$\dot{y}_M(t) = -a_M y_M(t) + r(t) \quad (a_M > 0)$
$u(t) = r(t) + \theta(t)y(t)$
$e(t) = y_M(t) - y(t)$
σ-修正法（$\sigma(t)$ は定数型あるいは切換型）
$\dot{\theta}(t) = gy(t)e(t) - \sigma(t)g\theta(t) \quad (\sigma(t) > 0)$
定数型
$\sigma(t) = $ 定数

（つづく）

90   4. ロバスト適応制御

表 4.2　（つづき）

切換型

1)　$\sigma(t) = \begin{cases} \sigma_0, & |\theta(t)| \geqq M_0 \text{ の場合} \\ 0, & \text{その他の場合} \end{cases}$

2)　$\sigma(t) = \begin{cases} \sigma_0, & |\theta(t)| \geqq 2M_0 \text{ の場合} \\ \sigma_0\left(\dfrac{|\theta(t)|}{M_0} - 1\right), & M_0 \leqq |\theta(t)| \leqq 2M_0 \text{ の場合} \\ 0, & |\theta(t)| \leqq M_0 \text{ の場合} \end{cases}$

射影法（M_0（> 0）は適切に定めた定数）

$\dot{\theta}(t) = \begin{cases} gy(t)e(t) & \text{（ケース I）} \\ 0 & \text{（ケース II）} \end{cases}$

ケース I：$|\theta(t)| < M_0$，または

　　　　　$|\theta(t)| = M_0$ かつ $\theta(t)y(t)e(t) \leqq 0$ の場合

ケース II：その他の場合

不感帯法

$\dot{\theta}(t) = \begin{cases} gy(t)e(t) & \text{（ケース I）} \\ 0 & \text{（ケース II）} \end{cases}$

ケース I：$(1-\delta)|e(t)| \geqq \dfrac{d_0}{a_M}$　$(0 < \delta < 1)$ の場合

ケース II：その他の場合

4.5　有界外乱に対するロバスト適応制御（一般形式）

つぎに，一般の次数の場合について，有界外乱に対処するロバスト適応制御系の構成法を示す。簡単のために，次数は n 次で，相対次数は 1 次のシステムを考える。

4.5.1　システムの表現と誤差方程式の導出

有界外乱が存在する場合に，有界外乱を含むシステムの表現とそれから導かれる誤差方程式を求める。つぎのシステムを考える。

4.5 有界外乱に対するロバスト適応制御（一般形式） 91

$$y(t) = \frac{b_0 N_p(s)}{D_p(s)} u(t) + d(t) \tag{4.34}$$

これまでと同様に，$D_p(s)$ は n 次のモニックな多項式，$N_p(s)$ は $n-1$ 次の安定でモニックな多項式，b_0 は符号が既知（ここでは正とする）であるとする。また，外乱 $d(t)$ は，$d(\cdot), \dot{d}(\cdot) \in \mathcal{L}^\infty$ であるとする。外乱項が含まれるので，伝達関数や多項式に基づく表現式の導出を行う。1 次のモニックな安定多項式 $W(s)$ と $\rho\ (\geqq n-1)$ 次のモニックな安定多項式 $T(s)$ を与えると，つぎの関係を満たす $\rho+1-n$ 次のモニックな多項式 $R(s)$ と $n-1$ 次以下の多項式 $S(s)$ が，一意に定まる。

$$W(s)T(s) = D_p(s)R(s) + S(s) \tag{4.35}$$

この $W(s)T(s)$ を $y(t)$ に作用させると

$$
\begin{aligned}
W(s)T(s)y(t) &= D_p(s)R(s)y(t) + S(s)y(t) \\
&= b_0 N_p(s)R(s)u(t) + D_p(s)R(s)d(t) + S(s)y(t)
\end{aligned}
$$

となり，この両辺を $T(s)$ で割ると

$$
\begin{aligned}
W(s)y(t) &= \frac{b_0 N_p(s)R(s)}{T(s)} u(t) + \frac{S(s)}{T(s)} y(t) \\
&\quad + \frac{D_p(s)R(s)}{T(s)} d(t)
\end{aligned} \tag{4.36}
$$

が求められる。式 (4.36) の最後の項は，$D_p(s)R(s)$ が $\rho+1$ 次であるのに対して，$T(s)$ は ρ 次である。したがって，$d(\cdot), \dot{d}(\cdot) \in \mathcal{L}^\infty$ の条件のもとで

$$d_f(t) \equiv -\frac{D_p(s)R(s)}{T(s)} d(t)$$

のように定めた $d_f(\cdot)$ についても，$d_f(\cdot) \in \mathcal{L}^\infty$ となることがわかる。以上，一様有界な $d_f(t)$ が新たに加わった以外は，これまでと同じ表現であることから，特に

$$W(s) = s + \lambda \qquad (\lambda > 0)$$

92   4. ロバスト適応制御

と選ぶと，以下のような入出力表現が得られる。

$$\frac{d}{dt}y(t) + \lambda y(t) = b_0\{u(t) - \theta_1^T v_1(t) - \theta_2^T v_2(t) - \theta_3 y(t)\} - d_f(t)$$

(4.37)

ただし，$v_1(t)$, $v_2(t)$ は，これまでと同じに定義される状態変数フィルタ（$\rho = n$ または $n-1$ 次）である。

また，目標信号を $y_M(t)$ とすると，制御誤差

$$e(t) = y_M(t) - y(t)$$

に対して，つぎの誤差方程式が求められる。

$$\begin{aligned}
\frac{d}{dt}e(t) + \lambda e(t) &= \frac{d}{dt}y_M(t) + \lambda y_M(t) \\
&\quad - b_0\{u(t) - \theta_1^T v_1(t) - \theta_2^T v_2(t) - \theta_3 y(t)\} + d_f(t) \\
&= b_0\{\Theta^T \omega(t) - u(t)\} + d_f(t)
\end{aligned}$$

(4.38)

ただし，Θ, $\omega(t)$ もこれまでと同様に定義される。

4.5.2 σ - 修 正 法

〔1〕 定数型 σ-修正法

1 次系の場合と同じように，適応則が純粋な積分特性を有することが不安定化の原因であったことから，同様に純粋な積分特性を 1 次遅れに置き換える[7]（定数型 σ-修正法）。

$$u(t) = \hat{\Theta}(t)^T \omega(t) \tag{4.39}$$

$$\dot{\hat{\Theta}}(t) = G\omega(t)e(t) - \sigma G\hat{\Theta}(t) \qquad (G = G^T > 0,\ \sigma > 0) \tag{4.40}$$

この修正で 1 次系の場合と同じように適応系の安定性が回復することを，以下に示す。まず，正定関数 $V(t)$ をこれまでと同じように定義して

$$V(t) = \frac{1}{2}e(t)^2 + \frac{b_0}{2}\tilde{\Theta}(t)^T G^{-1}\tilde{\Theta}(t) \tag{4.41}$$

4.5 有界外乱に対するロバスト適応制御（一般形式） 93

$$\tilde{\Theta}(t) = \hat{\Theta}(t) - \Theta$$

とし，$V(t)$ の時間微分を計算すると

$$\dot{V}(t) = -\lambda e(t)^2 - b_0 \tilde{\Theta}(t)\omega(t)e(t) + d_f(t)e(t)$$
$$+ b_0 \tilde{\Theta}(t)\{\omega(t)e(t) - \sigma\hat{\Theta}(t)\}$$
$$= -\lambda e(t)^2 + e(t)d_f(t) - b_0\sigma\tilde{\Theta}(t)\hat{\Theta}(t) \tag{4.42}$$

が得られる。ここで，不等式

$$-b_0\sigma\tilde{\Theta}(t)\hat{\Theta}(t) = -b_0\sigma\tilde{\Theta}(t)\{\tilde{\Theta}(t) + \Theta\}$$
$$= -b_0\sigma\|\tilde{\Theta}(t)\|^2 - b_0\sigma\tilde{\Theta}(t)\Theta$$
$$\leqq -b_0\sigma\|\tilde{\Theta}(t)\|^2 + \frac{b_0\sigma}{2}\|\tilde{\Theta}(t)\|^2 + \frac{b_0\sigma}{2}\|\Theta\|^2$$
$$\leqq -\frac{b_0\sigma}{2}\|\tilde{\Theta}(t)\|^2 + \frac{b_0\sigma}{2}\|\Theta\|^2 \tag{4.43}$$

$$e(t)d_f(t) \leqq \frac{\lambda}{2}e(t)^2 + \frac{d_0^2}{2\lambda} \tag{4.44}$$

$$d_0 \geqq |d_f(t)| \tag{4.45}$$

に着目して，$\dot{V}(t)$ に代入すると，以下の評価

$$\dot{V}(t) \leqq -\frac{\lambda}{2}e(t)^2 + \frac{d_0^2}{2\lambda} - \frac{b_0\sigma}{2}\|\tilde{\Theta}(t)\|^2 + \frac{b_0\sigma}{2}\|\Theta\|^2$$
$$\leqq -\delta V(t) + D \qquad (\delta > 0, \ 0 \leqq D < \infty) \tag{4.46}$$

が得られ，したがって

$$V(t) \leqq V(0)\exp(-\delta t) + \frac{D\{1 - \exp(-\delta t)\}}{\delta} \tag{4.47}$$

より $V(t) \in \mathcal{L}^\infty$ となって，$e(t),\ \tilde{\theta}(t) \in \mathcal{L}^\infty$ が示され，これまでと同様にして適応制御系の安定性が保証される。

つぎに，制御誤差の解析を行う。不等式

$$\frac{\lambda}{2}e(t)^2 \leqq -\dot{V}(t) + \frac{d_0^2}{2\lambda} + \frac{b_0\sigma}{2}\|\Theta\|^2$$

94   4. ロバスト適応制御

$$\frac{b_0\sigma}{2}\|\tilde{\Theta}(t)\|^2 \leqq -\dot{V}(t) + \frac{d_0^2}{2\lambda} + \frac{b_0\sigma}{2}\|\Theta\|^2$$

より出力誤差とパラメータ誤差に関して，以下の評価式が得られる。

$$\frac{1}{T}\int_t^{T+t} e(\tau)^2 d\tau \leqq \frac{d_0^2}{\lambda^2} + \frac{b_0\sigma\|\Theta\|^2}{\lambda} + \frac{2\{V(t) - V(t+T)\}}{T\lambda}$$

$$\leqq \frac{d_0^2}{\lambda^2} + \frac{b_0\sigma\|\Theta\|^2}{\lambda} + \frac{c}{T\lambda} \qquad (0 \leqq c < \infty) \qquad (4.48)$$

$$\frac{1}{T}\int_t^{T+t} \|\tilde{\Theta}(\tau)\|^2 d\tau \leqq \frac{d_0^2}{b_0\sigma\lambda} + \|\Theta\|^2 + \frac{2\{V(t) - V(t+T)\}}{Tb_0\sigma}$$

$$\leqq \frac{d_0^2}{b_0\sigma\lambda} + \|\Theta\|^2 + \frac{c}{Tb_0\sigma} \qquad (4.49)$$

これより，1次系の場合と同様に，この方式では $d(t) = 0$ のときに誤差 $e(t)$ が零に収束しない。この欠点を改善したのが，つぎの切換型 σ-修正法である。

〔2〕 切換型 σ-修正法

切換型 σ-修正法においては，1次系の場合と同様に，固定の σ の代わりに時変の $\sigma(t)$ を用い，$M_0 \geqq \|\Theta\|$ となる M_0 が既知という仮定のもとで，以下のいずれかの方式で $\sigma(t)$ を切り換える[7],[22]。

$$u(t) = \hat{\Theta}(t)^T \omega(t) \qquad (4.50)$$

$$\dot{\hat{\Theta}}(t) = G\omega(t)e(t) - \sigma(t)G\hat{\Theta}(t) \qquad (4.51)$$

$$1) \ \sigma(t) = \begin{cases} \sigma_0, & \|\hat{\Theta}(t)\| \geqq M_0 \ \text{の場合} \\ 0, & \text{その他の場合} \end{cases} \qquad (4.52)$$

$$2) \ \sigma(t) = \begin{cases} \sigma_0, & \|\hat{\Theta}(t)\| \geqq 2M_0 \ \text{の場合} \\ \sigma_0\left(\dfrac{\|\hat{\Theta}(t)\|}{M_0} - 1\right), & M_0 \leqq \|\hat{\Theta}(t)\| \leqq 2M_0 \ \text{の場合} \\ 0, & \|\hat{\Theta}(t)\| \leqq M_0 \ \text{の場合} \end{cases}$$
$$(4.53)$$

このとき，切り換えの性質から以下の不等式が得られる。

$$-\sigma(t)\tilde{\Theta}(t)^T\hat{\Theta}(t) \leqq -\frac{\sigma_0}{2}\|\tilde{\Theta}(t)\|^2 + \frac{\sigma_0}{2}(\|\Theta\| + iM_0)^2 \tag{4.54}$$

（方法 1), 2) にあわせて $i = 1, 2$）

$$-\sigma(t)\tilde{\Theta}(t)^T\hat{\Theta}(t) \leqq 0 \tag{4.55}$$

不等式 (4.55) は，以下の関係から導くことができる。

$$\begin{aligned}
\sigma(t)\tilde{\Theta}(t)^T\hat{\Theta}(t) &= \sigma(t)\{\hat{\Theta}(t) - \Theta\}^T\hat{\Theta}(t) \\
&\geqq \sigma(t)\|\hat{\Theta}(t)\|^2 - \sigma(t)\|\Theta\| \cdot \|\hat{\Theta}(t)\| \\
&= \sigma(t)\|\hat{\Theta}(t)\|\{\|\hat{\Theta}(t)\| - M_0 + M_0 - \|\Theta\|\} \\
&= \sigma(t)\|\hat{\Theta}(t)\|\{\|\hat{\Theta}(t)\| - M_0\} + \sigma(t)\|\hat{\Theta}(t)\|\{M_0 - \|\Theta\|\} \\
&\geqq 0
\end{aligned}$$

これをもとにして，まず先と同じに定義された $V(t)$（式 (4.41)）を評価する。$\dot{V}(t)$ が

$$\begin{aligned}
\dot{V}(t) &= -\lambda e(t)^2 + e(t)d_f(t) - b_0\sigma(t)\tilde{\Theta}(t)^T\hat{\Theta}(t) \\
&\leqq -\frac{\lambda}{2}e(t)^2 + \frac{d_0^2}{2\lambda} - \frac{b_0\sigma_0}{2}\|\tilde{\Theta}(t)\|^2 + \frac{b_0\sigma_0}{2}(\|\Theta\| + iM_0)^2 \\
&\leqq -\delta V(t) + D \qquad (\delta > 0, \ 0 \leqq D < \infty) \tag{4.56}
\end{aligned}$$

のように書かれることから，$V(t)$ は

$$V(t) \leqq V(0)\exp(-\delta t) + \frac{D\{1 - \exp(-\delta t)\}}{\delta} \tag{4.57}$$

のように表されて，$V(t) \in \mathcal{L}^\infty$，したがって $e(t), \tilde{\theta}(t) \in \mathcal{L}^\infty$ となって，適応制御系の安定性が示される。また，このときの制御誤差とパラメータ誤差も，つぎのように評価される。

$$\begin{aligned}
\frac{1}{T}&\int_t^{T+t} e(\tau)^2 d\tau \\
&\leqq \frac{d_0^2}{\lambda^2} + \frac{b_0\sigma_0(\|\Theta\| + iM_0)^2}{\lambda} + \frac{2\{V(t) - V(t+T)\}}{T\lambda}
\end{aligned}$$

$$\leqq \frac{d_0^2}{\lambda^2} + \frac{b_0\sigma_0(\|\Theta\|+iM_0)^2}{\lambda} + \frac{c}{T\lambda} \qquad (0 \leqq c < \infty) \qquad (4.58)$$

$$\frac{1}{T}\int_t^{T+t}\|\tilde{\Theta}(\tau)\|^2 d\tau$$

$$\leqq \frac{d_0^2}{b_0\sigma_0\lambda} + (\|\Theta\|+iM_0)^2 + \frac{2\{V(t)-V(t+T)\}}{Tb_0\sigma}$$

$$\leqq \frac{d_0^2}{b_0\sigma_0\lambda} + (\|\Theta\|+iM_0)^2 + \frac{c}{Tb_0\sigma_0} \qquad (4.59)$$

つぎに，$d(t) = 0$ のときの挙動を調べると

$$\dot{V}(t) = -\lambda e(t)^2 - b_0\sigma(t)\tilde{\Theta}(t)^T\hat{\Theta}(t) \leqq -\lambda e(t)^2 \leqq 0 \qquad (4.60)$$

となって，$e(t) \to 0$ が示される．1 次系の場合と同様に，定数型 σ-修正法の欠点が解消されていることがわかる．

4.5.3 射　影　法

切換型 σ-修正法と同様の特性を持つ適応則として広く使われているのが，適応パラメータを特定の領域内に射影する**射影法**である[7),20)]．これも，$M_0 \geqq \|\Theta\|$ となる M_0 が既知という条件下で，適応則を直接につぎのように切り換える．

$$u(t) = \hat{\Theta}(t)^T\omega(t) \qquad (4.61)$$

$$\|\Theta\| \leqq M_0, \quad \|\hat{\Theta}(0)\| \leqq M_0$$

$$\dot{\hat{\Theta}}(t) = \begin{cases} G\omega(t)e(t) & (\text{ケース I}) \\ \left\{I - \dfrac{G\hat{\Theta}(t)\hat{\Theta}(t)^T}{\hat{\Theta}(t)^T G\hat{\Theta}(t)}\right\}G\omega(t)e(t) & (\text{ケース II}) \end{cases} \qquad (4.62)$$

ただし，ケース I とケース II は以下のように定めるものとする．

　　ケース I：$\|\hat{\Theta}(t)\| < M_0$，あるいは

　　　　　　　$\|\hat{\Theta}(t)\| = M_0$ かつ $\hat{\Theta}(t)^T G\omega(t)e(t) \leqq 0$ の場合

　　ケース II：その他の場合

上記の適応則のもとでは，ケース II において

4.5 有界外乱に対するロバスト適応制御（一般形式）　97

$$
\begin{aligned}
\frac{d}{dt}\|\hat{\Theta}(t)\|^2 &= 2\hat{\Theta}(t)^T\dot{\hat{\Theta}}(t) \\
&= 2\hat{\Theta}(t)^T\left\{I - \frac{G\hat{\Theta}(t)\hat{\Theta}(t)^T}{\hat{\Theta}(t)^TG\hat{\Theta}(t)}\right\}G\omega(t)e(t) = 0
\end{aligned}
$$

となる。したがって，$\|\hat{\Theta}(0)\| < M_0$ のとき，つねに $\|\hat{\Theta}(t)\| \leqq M_0$ の領域に留まることがわかる。また，ケースIにおいて

$$
\frac{d}{dt}\tilde{\Theta}(t)^TG^{-1}\tilde{\Theta}(t) = 2\tilde{\Theta}(t)^T\omega(t)e(t)
$$

が成立し，ケースIIにおいて

$$
\begin{aligned}
\frac{d}{dt}\tilde{\Theta}(t)^TG^{-1}\tilde{\Theta}(t) &= 2\tilde{\Theta}(t)^TG^{-1}\left\{I - \frac{G\hat{\Theta}(t)\hat{\Theta}(t)^T}{\hat{\Theta}(t)^TG\hat{\Theta}(t)}\right\}G\omega(t)e(t) \\
&= 2\tilde{\Theta}(t)^T\omega(t)e(t) - 2\tilde{\Theta}(t)^T\hat{\Theta}(t)\frac{\hat{\Theta}(t)^TG\omega(t)e(t)}{\hat{\Theta}(t)^TG\hat{\Theta}(t)}
\end{aligned}
$$

が得られる。特にケースIIのときには

$$
\begin{aligned}
\hat{\Theta}(t)^TG\omega(t)e(t) &> 0 \\
\tilde{\Theta}(t)^T\hat{\Theta}(t) = \{\hat{\Theta}(t) - \Theta\}^T\hat{\Theta}(t) &= \|\hat{\Theta}(t)\|^2 - \Theta^T\hat{\Theta}(t) \\
&\geqq \|\hat{\Theta}(t)\|^2 - \|\Theta\|\|\hat{\Theta}(t)\| = M_0^2 - M_0\|\Theta\| > 0
\end{aligned}
$$

が成立するから，けっきょく

$$
\frac{d}{dt}\tilde{\Theta}(t)^TG^{-1}\tilde{\Theta}(t) \leqq 2\tilde{\Theta}(t)^T\omega(t)e(t)
$$

が導かれる。これらをもとに $\dot{V}(t)$ を計算すると，ケースI，IIのいずれの場合も，つぎのような評価が得られる。

$$
\begin{aligned}
\dot{V}(t) &\leqq e(t)\{-\lambda e(t) - b_0\tilde{\Theta}(t)^T\omega(t) + d_f(t)\} + b_0\tilde{\Theta}(t)^T\omega(t)e(t) \\
&= -\lambda e(t)^2 + e(t)d_f(t) \leqq -\frac{\lambda}{2}e(t)^2 + \frac{1}{2\lambda}d_f(t)^2 \\
&\leqq -\frac{\lambda}{2}e(t)^2 - \frac{\lambda b_0}{2}\tilde{\Theta}(t)^TG^{-1}\tilde{\Theta}(t) + \frac{1}{2\lambda}d_f(t)^2 + \frac{2\lambda b_0M_0^2}{\lambda_{\min}(G)} \\
&\leqq -\lambda V(t) + D
\end{aligned}
$$

98   4. ロバスト適応制御

ただし，$\lambda_{\min}(G)$ は G の最小固有値を表すものとし，つぎの関係も利用した。

$$\frac{\lambda b_0}{2}\tilde{\Theta}(t)^T G^{-1}\tilde{\Theta}(t) \leqq \frac{\lambda b_0}{2}\frac{1}{\lambda_{\min}(G)}\{\|\hat{\Theta}(t)\| + \|\Theta\|\}^2$$

$$\leqq \frac{\lambda b_0}{2}\frac{1}{\lambda_{\min}(G)}(2M_0)^2$$

これから $V(t) \in \mathcal{L}^\infty$，したがって $e(t), \tilde{\theta}(t) \in \mathcal{L}^\infty$ となって，適応制御系の安定性が示される。また，このときの制御誤差とパラメータ誤差も，つぎのように評価される。

$$\frac{1}{T}\int_t^{T+t} e(\tau)^2 d\tau$$

$$\leqq \frac{d_0^2}{\lambda^2} + 4\frac{b_0}{\lambda_{\min}(G)}M_0^2 + \frac{2\{V(t) - V(t+T)\}}{T\lambda}$$

$$\leqq \frac{d_0^2}{\lambda^2} + 4\frac{b_0}{\lambda_{\min}(G)}M_0^2 + \frac{c}{T\lambda} \qquad (0 \leqq c < \infty) \qquad (4.63)$$

$$\frac{1}{T}\int_t^{T+t} \tilde{\Theta}(\tau)^T G^{-1}\tilde{\Theta}(\tau) d\tau$$

$$\leqq \frac{d_0^2}{b_0\lambda^2} + \frac{4}{\lambda_{\min}(G)}M_0^2 + \frac{2\{V(t) - V(t+T)\}}{Tb_0\lambda}$$

$$\leqq \frac{d_0^2}{b_0\lambda^2} + \frac{4}{\lambda_{\min}(G)}M_0^2 + \frac{c}{Tb_0\lambda} \qquad (4.64)$$

つぎに，$d(t) = 0$ のときの挙動を調べると

$$\dot{V}(t) \leqq -\lambda e(t)^2 \leqq 0 \qquad (4.65)$$

となって，$e(t) \to 0$ が示される。つまり，切換型 σ-修正法と同様の性質を持つことがわかる。

ここで，射影則の幾何学的な意味を考察する。G を $G = G^{\frac{T}{2}}G^{\frac{1}{2}}$ のように分解し，これに対して $\bar{\Theta}$ を $\Theta = G^{\frac{T}{2}}\bar{\Theta}$ のように定めると（$\hat{\bar{\Theta}}(t)$ も同様に定義）

$$\dot{\hat{\bar{\Theta}}}(t) = \begin{cases} G^{\frac{1}{2}}\omega(t)e(t) & (ケース I) \\ G^{\frac{1}{2}}\left\{I - \dfrac{G\hat{\Theta}(t)\hat{\Theta}(t)^T}{\hat{\Theta}(t)^T G\hat{\Theta}(t)}G\right\}\omega(t)e(t) & (ケース II) \end{cases} \qquad (4.66)$$

のようになる。これより

$$w_1 = G^{\frac{1}{2}}\omega(t)e(t)$$

$$w_2 = G^{\frac{1}{2}}\frac{G\hat{\Theta}(t)\hat{\Theta}(t)^T}{\hat{\Theta}(t)^T G\hat{\Theta}(t)}$$

$$w_3 = G^{\frac{1}{2}}\left\{I - \frac{G\hat{\Theta}(t)\hat{\Theta}(t)^T}{\hat{\Theta}(t)^T G\hat{\Theta}(t)}G\right\}\omega(t)e(t) = w_1 - w_2$$

のように定義すると

$$w_2^T w_3 = \left\{G^{\frac{1}{2}}\frac{G\hat{\Theta}(t)\hat{\Theta}(t)^T}{\hat{\Theta}(t)^T G\hat{\Theta}(t)}\right\}^T \left\{G^{\frac{1}{2}}\left\{I - \frac{G\hat{\Theta}(t)\hat{\Theta}(t)^T}{\hat{\Theta}(t)^T G\hat{\Theta}(t)}G\right\}\right\}$$

$$= \frac{\{\hat{\Theta}(t)^T G\omega(t)e(t)\}^2}{\hat{\Theta}(t)^T G\hat{\Theta}(t)} - \frac{\{\hat{\Theta}(t)^T G\omega(t)e(t)\}^2}{\hat{\Theta}(t)^T G\hat{\Theta}(t)} = 0 \qquad (4.67)$$

となって，w_2 と w_3 は直交することがわかる。つまり，半径を M_0 とする球を $\mathcal{B}_{M_0}$ とおくと，$\hat{\Theta}(t)$ が $\mathcal{B}_{M_0}$ 上にあって本来の適応則の向き w_1 が球の外側を向いているときに，w_1 を $\mathcal{B}_{M_0}$ 上に直交射影した w_3 を新たな適応則とするのが，射影則であることがわかる。

　最後に，連続型の射影則を紹介する。ここまでに述べた射影則は，ケース I とケース II で $\dot{\hat{\Theta}}(t)$ が不連続に変化するが，実際の応用や解析の都合から，微分値が滑らかに変化するほうが好ましい場合もある。そのようなときは，つぎのような $\dot{\hat{\Theta}}(t)$ が連続的に定義される射影則も用いられる。

$$\dot{\hat{\Theta}}(t) = \begin{cases} G\omega(t)e(t) & (\text{ケース I}) \\ \left\{I - p(\|\hat{\Theta}(t)\|)\frac{G\hat{\Theta}(t)\hat{\Theta}(t)^T}{\hat{\Theta}(t)^T G\hat{\Theta}(t)}\right\}G\omega(t)e(t) & (\text{ケース II}) \end{cases}$$

$$(4.68)$$

$$p(\|\hat{\Theta}(t)\|) = \frac{\|\hat{\Theta}(t)\|^2 - M_0^2}{\epsilon^2 + 2\epsilon M_0} \qquad (4.69)$$

ただし，ϵ は小さな正の定数とする。このとき，これまでと同様にして，$\hat{\Theta}(t)$ は

$$\|\hat{\Theta}(t)\| \leqq M_0 + \epsilon$$

の領域に拘束されることが示される。

4.5.4 不 感 帯 法

1次系の場合と同様，**不感帯法**は外乱に対する先験情報をもとにして適応則を切り換える方式である[7]。外乱に関して $d_0 \geqq |d_f(t)|$ となる d_0 が既知という条件のもとで，適応則をつぎのように定める。

$$u(t) = \hat{\Theta}(t)^T \omega(t) \tag{4.70}$$

$$|d_f(t)| \leqq d_0, \quad 0 < \delta < 1$$

$$\dot{\hat{\Theta}}(t) = \begin{cases} G\omega(t)e(t), & (1-\delta)|e(t)| \geqq \dfrac{d_0}{\lambda} \text{ の場合 （ケース I）} \\ 0, & \text{その他の場合 （ケース II）} \end{cases}$$
$$\tag{4.71}$$

このとき，$\dot{V}(t)$ は

$$\dot{V}(t) = -\lambda e(t)^2 + d_f(t)e(t) - \tilde{\Theta}(t)^T \omega(t)e(t) + \tilde{\Theta}(t)^T G^{-1}\dot{\hat{\Theta}}(t)$$

のように計算され，ケース I においては

$$\dot{V}(t) = -\lambda e(t)^2 + e(t)d_f(t) \leqq -\lambda e(t)^2 + |e(t)| \cdot |d_f(t)|$$
$$\leqq -\lambda e(t)^2 + |e(t)|\{(1-\delta)\lambda|e(t)|\} \leqq -\delta e(t)^2$$

のように，またケース II においては

$$V(t) \leqq V(t_-)$$

のように評価されて（ただし，t_- は t 以前で最後にケース I からケース II に移行した時点），けっきょく，ケース I, II のいずれのときも $V(t) \in \mathcal{L}^\infty$ が示されて，$e(t), \hat{\Theta}(t) \in \mathcal{L}^\infty$ より適応制御系の安定性が保証される。

つぎに，出力誤差の解析を行う．ケース I とケース II の時間区間を

$$T_i \equiv [T_i^-, T_i^+] \,(\text{ケース I}), \qquad \bar{T}_i \equiv (T_i^+, T_{i+1}^-) \,(\text{ケース II})$$

と定め，初期時刻と最終時刻に仮定 $t_0 \in T_0$, $T \in T_N$ をおいて，$\delta \int_0^T e(t)^2 dt$ を計算すると，以下のように評価される．

$$\delta \left\{ \int_{t_0}^{T_0^+} e(t)^2 dt + \sum_{i=1}^{N-1} \int_{T_i^-}^{T_i^+} e(t)^2 dt + \int_{T_N^-}^{T} e(t)^2 dt \right\}$$

$$\leqq - \int_{t_0}^{T_0^+} \dot{V}(t) dt - \sum_{i=1}^{N-1} \int_{T_i^-}^{T_i^+} \dot{V}(t) dt - \int_{T_N^-}^{T} \dot{V}(t) dt$$

$$= V(t_0) - V(T) \tag{4.72}$$

ただし，$V(T_i^+) = V(T_{i+1}^-)$ を考慮した．これから，制御誤差に関して不等式

$$\int_0^T N[e(t)]e(t)^2 dt < \infty \tag{4.73}$$

$$N[e(t)] = \begin{cases} 1, & (1-\delta)|e(t)| \geqq \dfrac{d_0}{\lambda} \text{ の場合　（ケース I）} \\ 0, & \text{その他の場合　（ケース II）} \end{cases} \tag{4.74}$$

が得られ，$e(t), \dot{e}(t) \in \mathcal{L}^\infty$, $N[e(t)]e(t) \in \mathcal{L}^2$ も考慮すると，$N[e(t)]e(t) \to 0$, したがって $e(t) \to \left\{ e : |e| < \dfrac{d_0}{\lambda} \cdot \dfrac{1}{1-\delta} \right\}$ を示すことができる．ただし，定数型の σ-修正法と同様に，$d(t) \equiv 0$ であっても，制御誤差の零収束性は保証されない．

【定理 4.3】 一様有界な外乱の影響を受ける一般形式のロバスト適応制御系（**表 4.3** に示す σ-修正法（定数型，切換型），射影法，不感帯法）は有界となる．特に外乱 $d(t)$ が 0 のときに，切換型の σ-修正法と射影法の適応則では制御誤差 $e(t) = y_M(t) - y(t)$ が 0 に収束するが，定数型の σ-修正法と不感帯法の適応則では，制御誤差の 0 への収束は保証されない．

---

102   4. ロバスト適応制御

表 4.3 ロバスト適応則（一般形式）

適応制御系の構成

$$y(t) = \frac{b_0 N_p(s)}{D_p(s)} u(t) + d(t)$$

$$W(s) y_M(t) = r(t), \quad W(s) = s + \lambda \quad (\lambda > 0)$$

$$u(t) = \hat{\Theta}(t)^T \omega(t)$$

$$e(t) = y_M(t) - y(t)$$

σ-修正法（$\sigma(t)$ は定数型あるいは切換型）

$$\dot{\hat{\Theta}}(t) = G\omega(t)e(t) - \sigma(t)G\Theta(t) \quad (\sigma(t) > 0)$$

定数型

$$\sigma(t) = 定数$$

切換型

$$\text{1)} \quad \sigma(t) = \begin{cases} \sigma_0, & \|\hat{\Theta}(t)\| \geqq M_0 \text{ の場合} \\ 0, & \text{その他の場合} \end{cases}$$

$$\text{2)} \quad \sigma(t) = \begin{cases} \sigma_0, & \|\hat{\Theta}(t)\| \geqq 2M_0 \text{ の場合} \\ \sigma_0 \left(\dfrac{\|\hat{\Theta}(t)\|}{M_0} - 1 \right), & M_0 \leqq \|\hat{\Theta}(t)\| \leqq 2M_0 \text{ の場合} \\ 0, & \|\hat{\Theta}(t)\| \leqq M_0 \text{ の場合} \end{cases}$$

射影法（$M\ (>0)$ は適切に定めた定数）

$$\dot{\hat{\Theta}}(t) = \begin{cases} G\omega(t)e(t) & \text{（ケース I）} \\ \left\{ I - \dfrac{G\hat{\Theta}(t)\hat{\Theta}(t)^T}{\hat{\Theta}(t)^T G\hat{\Theta}(t)} \right\} G\omega(t)e(t) & \text{（ケース II）} \end{cases}$$

ケース I：$\|\hat{\Theta}(t)\| < M_0$, あるいは
$\qquad \|\hat{\Theta}(t)\| = M_0$ かつ $\hat{\Theta}(t)^T G\omega(t)e(t) \leqq 0$ の場合
ケース II：その他の場合

不感帯法

$$\dot{\hat{\Theta}}(t) = \begin{cases} G\omega(t)e(t) & \text{（ケース I）} \\ 0 & \text{（ケース II）} \end{cases}$$

ケース I：$(1 - \delta)|e(t)| \geqq \dfrac{d_0}{\lambda} \quad (0 < \delta < 1)$ の場合
ケース II：その他の場合

4.6 有界外乱と寄生要素に対するロバスト適応制御

本章の最後に，最初に取り上げた制御対象が，有界外乱と寄生要素の影響を受ける場合を考える[7]）。

$$\dot{y}(t) + ay(t) = u(t) + \mu \Delta_m(s)u(t) + d(t) \tag{4.75}$$

ただし

$$|d(t)| \leq d_0 < \infty, \quad \|\Delta_m(s)\|_\infty < \infty \,(安定), \quad 0 \leq \mu \ll 1$$

とし，$\|\cdot\|_\infty$ は H_∞ ノルム（$\|\Delta_m(s)\|_\infty = \sup\limits_{0 \leq \omega \leq \infty} |\Delta_m(j\omega)|$）である。ここでの問題点は，有界外乱 $d(t)$ と違って，$\mu\Delta_m(s)u(t)$ の有界性があらかじめ仮定できないことにある。これに対して，先に述べた切換型 σ-修正法を用いて適応制御系を構成する。図 4.9 は，本章の最初に取り上げた適応制御の問題設定（図 4.1）に，寄生要素 $\mu\Delta_m(s)$ が加わった場合を示している。安定解析のために，まず寄生要素を，適当な F_m, g_m, h_m, d_m を用いて状態空間表示する。

$$f(t) = \mu \Delta_m(s) u(t) \tag{4.76}$$

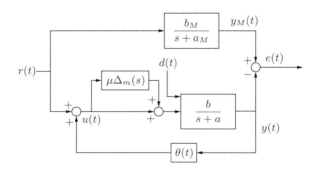

図 **4.9** 有界外乱と寄生要素

104   4. ロバスト適応制御

$$\begin{cases} \dfrac{d}{dt}v(t) = F_m v(t) + g_m u(t) \\ f(t) = \mu\{h_m^T v(t) + d_m u(t)\} \end{cases} \tag{4.77}$$

$$F_m^T P_m + P_m A_m = -2I, \quad P_m = P_m^T > 0$$

これを使うと，誤差方程式がつぎのように書かれる。

$$\dot{e}(t) + a_M(t)e(t)$$
$$= r(t) + (a - a_M)y(t) - u(t) - \mu\Delta_m(s)u(t) - d(t)$$
$$\equiv \tilde{\theta}(t)y(t) - \mu\Delta_m(s)u(t) - d(t) \tag{4.78}$$

寄生要素の項も含めて正定関数 $V(t)$ を

$$V(t) = \frac{1}{2}e(t)^2 + \frac{1}{2g}\tilde{\theta}(t)^2 + \frac{\mu}{2}v(t)^T P_m v(t) \tag{4.79}$$

と定義して，$\dot{V}(t)$ を計算する。

$$\dot{V}(t) = -a_M e(t)^2 - e(t)d(t) - e(t)\mu\{h_m^T v(t) + d_m u(t)\}$$
$$+ \sigma(t)\tilde{\theta}(t)\theta(t) - \mu\|v(t)\|^2 + \mu v(t)^T P_m g_m u(t) \tag{4.80}$$

ここで，つぎの関係式

$$u(t) = \theta(t)y(t) + r(t)$$
$$= \{\theta^* - \tilde{\theta}(t)\}\{y_M(t) - e(t)\} + r(t)$$

$$\sigma(t)\tilde{\theta}(t)\theta(t) \leqq 0$$

$$\sigma(t)\tilde{\theta}(t)\theta(t) \leqq -\frac{\sigma_0}{2}\tilde{\theta}(t)^2 + \frac{\sigma_0}{2}(|\theta^*| + iM_0)^2 \qquad (i = 1,\ 2)$$

$$e\tilde{\theta} \leqq \frac{1}{2C}e^2 + \frac{C}{2}\tilde{\theta}^2 \qquad (C > 0)$$

$$v^T P_m g_m \tilde{\theta} e \leqq \frac{1}{2C_1}\|P_m g_m\|\|v\|^2$$
$$+ \frac{C_1}{2}\|P_m g_m\|\left(\frac{1}{2C_2}\tilde{\theta}^4 + \frac{C_2}{2}e^4\right) \qquad (C_1,\ C_2 > 0)$$

を利用すると，計算の過程を経て，$\dot{V}(t)$ は以下のように評価される。

$$
\begin{aligned}
\dot{V}(t) \leqq & -\{c_1 - \mu c_2(1 + e(t)^2)\}e(t)^2 \\
& - \{c_3 - \mu c_4(1 + \tilde{\theta}(t)^2)\}\tilde{\theta}(t)^2 - c_5\mu\|v(t)\|^2 \\
& + (D_0 + \mu D_1)
\end{aligned} \tag{4.81}
$$

ただし，$c_1 \sim c_5$，$D_0, D_1 > 0$ である。このとき，$\exists \mu^*$，$\forall \mu \in (0, \mu^*]$ に対して

$$
\dot{V}(t) < -\delta_1 V(t) + \delta_2 \mu V(t)^2 + \bar{D} \tag{4.82}
$$
$$
(\delta_1, \delta_2 > 0, \quad \bar{D} = D_0 + \mu D_1)
$$

が成立する。これより $F(x)$ を

$$
F(x) \equiv -\delta_1 + \delta_2 x \qquad (x \geqq 0)
$$

のように定めると，適切に決めた δ_0（$0 < \delta_0 < \delta_1$）に対して

$$
-\delta_1 \leqq F(x) \leqq -\delta_0 < 0
$$

を満たす $x \in [0, x^*]$ が存在する。この x^* を用いると，$0 \leqq V \leqq \dfrac{x^*}{\mu}$ のときに

$$
-\delta_1 V + \delta_2 \mu V^2 \leqq -\delta_0 V
$$

となることがわかる。前出の μ^*（式 (4.82) が成立する μ^*）にさらに条件を加えて，つぎの不等式も満足する μ^* を考える。

$$
\frac{\bar{D}}{\delta_0} = \frac{D_0 + \mu D_1}{\delta_0} < \frac{x^*}{\mu}, \quad \forall \mu \in (0, \mu^*] \tag{4.83}
$$

これより，以下の有界な領域を定める。

$$
\mathcal{S}_0 \equiv \left\{ V : V \leqq \frac{\bar{D}}{\delta_0} \right\}, \quad \mathcal{S}_1 \equiv \left\{ V : V \leqq \frac{x^*}{\mu} \right\} \tag{4.84}
$$
$$
\forall \mu \in (0, \mu^*] \qquad (\mathcal{S}_0 \subset \mathcal{S}_1)
$$

適応制御系の初期条件として，$V(0) \in \mathcal{S}_1$ を満足する領域 $(e, \tilde{\theta}, v)$ を想定する．この領域内では，$\dot{V}(t)$ は

$$\dot{V}(t) < -\delta_0 V(t) + \bar{D} \tag{4.85}$$

のように評価される．したがって，特に $V(0) \in \mathcal{S}_1 \setminus \mathcal{S}_0$ のときは $\dot{V}(t) < 0$ となって，適応系は $\mathcal{S}_0$ で規定される領域に有限時間で到達し，そのまま $\mathcal{S}_0$ に留まる．また，$V(0) \in \mathcal{S}_0$ のときは引き続き $\mathcal{S}_0$ に留まる．つまり，μ が小さくなると許容される初期領域は大きくなる（特に $\mu \to 0$ のときに $\mathcal{S}_1$ は全域に収束）という意味で，初期領域に制約のある準大域的な有界性が保証される．図 **4.10** にこのような初期値依存の解軌道を示す．このとき，制御誤差はつぎのように評価される．

$$\begin{aligned}\frac{1}{T}\int_t^{T+t} e(\tau)^2 d\tau &\leqq \frac{1}{\delta_0}(D_0 + \mu D_1) + \frac{V(t) - V(t+T)}{\delta_0 T} \\ &\leqq \frac{1}{\delta_0}(D_0 + \mu D_1) + \frac{D_2}{\delta_0 T}\end{aligned} \tag{4.86}$$

また，特に寄生要素も外乱も存在しないとき（$\mu = d(t) = 0$）は

$$\dot{V}(t) = -a_M e(t)^2 + \sigma(t)\tilde{\theta}(t)\theta(t) \leqq -a_M e(t)^2 \leqq 0 \tag{4.87}$$

となるので，初期領域に依存しない大域的な有界性と制御誤差の零収束性が達成される．

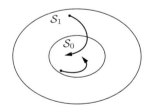

図 **4.10** ロバスト適応制御の解軌道

4.6 有界外乱と寄生要素に対するロバスト適応制御 107

本章を終える前に，固定した制御パラメータで

$$\theta \equiv a - a_M$$

$$u(t) = \theta y(t) + r(t) = (a - a_M)y(t) + r(t)$$

とおいたときの制御系のロバスト安定性を調べる。このとき，制御系は

$$\dot{y}(t) + a_M y(t) = r(t) + \mu \Delta_m(s)\{\theta y(t) + r(t)\} + d(t)$$

つまり

$$y(t) = \left(\frac{1}{1 - \dfrac{\mu\theta\Delta_m(s)}{s + a_M}} \right) \cdot \left(\frac{1}{s + a_M} \right) \{(1 + \mu\Delta(s))r(t) + d(t)\} \tag{4.88}$$

のように表される。この系のロバスト安定条件を調べると

$$\left\| \frac{\mu\theta\Delta_m(s)}{s + a_M} \right\|_\infty < 1 \tag{4.89}$$

のようになる。これより，十分小さな μ に対して安定な制御系ができること（モデル追従制御のロバスト性）と，ロバスト適応則の働きは適応則の感度を下げて適応パラメータのドリフトを制限することであることがわかる。

【定理 4.4】 一様有界な外乱と寄生要素の影響を受けるロバスト適応制御系（**表 4.4** に示す切換型 σ-修正法）は準大域的に有界となる。つまり，μ に依存して決まる初期領域から出発した適応制御系は有界領域に留まることが保証され，μ が小さくなると，許容される初期領域が大きくなる（$\mu \to 0$ で初期領域は全域に収束）。特に，外乱と寄生要素が 0 のとき（$\mu = d(t) = 0$）には，制御誤差 $e(t) = y_M(t) - y(t)$ が 0 に収束する。

---

108   4. ロバスト適応制御

表 4.4 ロバスト適応則（不安定な適応制御系を安定化）

適応制御系の構成

$\dot{y}(t) + ay(t) = u(t) + \mu\Delta_m(s)u(t) + d(t)$

$|d(t)| \leqq d_0, \ \|\Delta_m(s)\|_\infty < \infty$

$\dot{y}_M(t) = -a_M y_M(t) + r(t) \quad (a_M > 0)$

$u(t) = r(t) + \theta(t)y(t)$

$e(t) = y_M(t) - y(t)$

σ-修正法（$\sigma(t)$ は切換型）

$\dot{\theta}(t) = gy(t)e(t) - \sigma(t)g\theta(t) \quad (\sigma(t) > 0)$

切換型

1) $\sigma(t) = \begin{cases} \sigma_0, & |\theta(t)| \geqq M_0 \ \text{の場合} \\ 0, & \text{その他の場合} \end{cases}$

2) $\sigma(t) = \begin{cases} \sigma_0, & |\theta(t)| \geqq 2M_0 \ \text{の場合} \\ \sigma_0\left(\dfrac{|\theta(t)|}{M_0} - 1\right), & M_0 \leqq |\theta(t)| \leqq 2M_0 \ \text{の場合} \\ 0, & |\theta(t)| \leqq M_0 \ \text{の場合} \end{cases}$

4.7　ロバスト適応制御の考察

　本章で紹介したロバスト適応制御の契機となったのは，4.2 節で述べた一つの例であるが，その後，適応則の感度を下げる観点から，4.4 節で述べたような方法が提案された。それらの解析をもとにして，4.6 節で述べたような，寄生要素を有する対象についてのロバスト適応制御系の安定解析がなされ，初期条件に制約を加える，いわゆる準大域的な有界性が示された。一方で，正規化の手法も併用することで，初期状態に制約のない大域的な有界性が保証されるロバスト適応制御系も提案された。ただし，初期条件に関して大域的な場合も準大域的な場合も，寄生要素の大きさ μ は十分小さいことが要求される。その理由は，$\mu\Delta_m(s)u(t)$ の形式の寄生要素を考えたため，制御対象全体の相対次数や最小位相性が規定できないからである。しかし，寄生要素が存在しても，そ

れを含む全系の相対次数と最小位相性が規定できるならば，任意の大きさの寄生要素を有する対象について，初期条件に関して大域的な有界性の保証される適応制御系を構成することが可能となる[23),24)]。

＊＊＊＊＊＊＊＊＊＊　演　習　問　題　＊＊＊＊＊＊＊＊＊＊

【1】 表 4.2 で示した外乱が存在する制御対象について，射影法と不感帯法を適用した適応制御系の数値実験を行い，σ-修正法（定数型と切換型）を適用した結果と比較せよ。

【2】 表 4.4 で示したロバスト適応制御の数値実験を行い，μ の大小に伴う適応制御系の挙動の変化を確認せよ。また，この系において，大きな μ に対して制御系の安定性を維持するような適応制御手法を考案せよ。

5 離散時間適応制御

前章までは連続時間形式の適応制御を取り上げていたのに対して，本章では離散時間形式の適応制御について説明する。確定的な問題設定に加えて，確率的な適応制御問題の解法についても，予測器の概念を用いて統一的に紹介する。

5.1 離散時間形式の適応制御

これまでは連続時間形式で適応制御系の構成を論じてきたが，適応制御は一般に複雑な計算処理を実時間で行う必要があるため，コンピュータによる演算を想定して，**離散時間形式の適応制御系**の構成も適応制御研究の当初から活発に研究されてきている。また，特に離散時間形式の適応制御では，確定的な問題設定とともに，確率的な制御問題としての捉え方も多くなされているのが特徴である。

本章では，確定的な離散時間形式のモデル規範形適応制御と，確率的な問題設定で議論される**セルフチューニングコントロール**（self-tuning control; **STC**）（離散時間形式の適応制御）について紹介する。セルフチューニングコントロールは**最小分散制御**と**逐次型最小2乗法**を組み合わせた制御方式として，特に欧州を中心にモデル規範形適応制御とは独立に研究が進められ，多くの応用例もある。しかし，本章中で取り上げる確定的および確率的な予測器の概念を用い

ることで，同等のモデル規範形適応制御方式として統一的に理解することが可能になる。

5.2 モデル規範形適応制御系

連続時間形式の場合と同様に，まず安定論の立場に立った離散時間形式のモデル規範形適応制御系の構成法について述べる。確定系と確率系の整合性をとるために，予測器に基づいてモデル追従を実現する入力形式を求め，未知パラメータを逐次的に調整する適応制御系とその安定性について説明する。

5.2.1 問 題 設 定

以下の式で表される1入力1出力離散時間線形系（$t = 0, 1, 2, \cdots$）を考える。z はシフトオペレータ $zy(t) = y(t+1)$ とする。

ここに

$$D_p(z^{-1})y(t) = z^{-d}N_p(z^{-1})u(t) \tag{5.1}$$

$$(y, u \in \mathbf{R})$$

ただし

$$D_p(z^{-1}) = 1 + a_1 z^{-1} + \cdots + a_n z^{-n}$$
$$N_p(z^{-1}) = b_0 + b_1 z^{-1} + \cdots + b_m z^{-m}$$
$$(b_0 \neq 0)$$

である。この系において，システムパラメータ $\{a_1, \cdots, a_n, b_0, b_1, \cdots, b_m\}$ は時間不変で未知とする。d（システムの時間遅れ）と，式 (5.1) のように表現されるための n と m（次数の上界）は，事前に既知と仮定する。

制御の目的は，式 (5.1) の制御対象に対して任意の望ましい出力系列 $\{y_M(t)\}$（規範モデルの出力）を与えたときに，未知のシステムパラメータ $\{a_1, \cdots, a_n,$

$b_0, b_1, \cdots, b_m$} に応じて制御装置を実時間で自動調整し，漸近的に

$$y(t) \to y_M(t)$$

を実現するような制御系を構成することである．

5.2.2　d ステップ予測器

規範モデルの出力に制御対象の出力が適応的に追従するような制御系を構成する前に，まず，システムパラメータが既知の場合に同じ目的（出力の追従）を達成する制御系（モデル追従制御系）を構成する．モデル追従制御系を構成する準備として，現時刻 t までのデータ $Y_t \equiv \{y(t), y(t-1), \cdots\}$，$U_t \equiv \{u(t), u(t-1), \cdots\}$ が得られたときに d ステップ先の出力（システムの時間遅れ分の未来値）を予測する **d ステップ予測器**（d-step-ahead predictor）を構成する．図 5.1 に，データ Y_t と U_t から d ステップ先の未来値を予測する過程を示す．ただし，横軸に時刻 t を，縦軸に $y(t), y_M(t)$ と $u(t)$ をプロットしている．

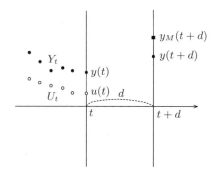

図 **5.1**　d ステップ予測器（確定系）

【定理 **5.1**】　d ステップ予測器は以下のように構成される．

$$y(t+d) = \alpha(z^{-1})y(t) + \beta(z^{-1})u(t) \tag{5.2}$$

$$\alpha(z^{-1}) = \alpha_0 + \alpha_1 z^{-1} + \cdots + \alpha_{n-1} z^{-(n-1)}$$
$$\beta(z^{-1}) = \beta_0 + \beta_1 z^{-1} + \cdots + \beta_{m+d-1} z^{-(m+d-1)}$$
$$(\beta_0 = b_0 \neq 0)$$

ただし，$\alpha(z^{-1}), \beta(z^{-1})$ は

$$F(z^{-1})D_p(z^{-1}) + z^{-d}G(z^{-1}) = 1 \tag{5.3}$$
$$F(z^{-1}) = 1 + f_1 z^{-1} + \cdots + f_{d-1} z^{-d+1}$$
$$G(z^{-1}) = g_0 + g_1 z^{-1} + \cdots + g_{n-1} z^{-n+1}$$

を満足する $G(z^{-1})$, $F(z^{-1})$（一意に存在する）から，以下のようにして求められる。

$$\alpha(z^{-1}) = G(z^{-1}) \tag{5.4}$$
$$\beta(z^{-1}) = F(z^{-1})N_p(z^{-1}) \tag{5.5}$$

証明　式 (5.1) の両辺に $F(z^{-1})$ を乗じ，式 (5.3) を利用して展開する。

$$F(z^{-1})D_p(z^{-1})y(t) = F(z^{-1})z^{-d}N_p(z^{-1})u(t)$$
$$= (1 - z^{-d}G(z^{-1}))y(t) \tag{5.6}$$

これより，求める予測器の式が得られる。

$$y(t) = z^{-d}\{G(z^{-1})y(t) + F(z^{-1})N_p(z^{-1})u(t)\} \tag{5.7}$$

$\triangle$

式 (5.3) は **Diophantine 方程式** と呼ばれ，周波数領域における制御系設計論で重要な式となる[3]。式 (5.3) の可解性（$F(z^{-1})$, $G(z^{-1})$ の存在と一意性）は，$D_p(z^{-1})$ と z^{-d} が互いに素であることにより保証される。

以後，式 (5.2) を次式のように表す。

$$y(t+d) = \theta^T \phi(t) \tag{5.8}$$

114   5. 離散時間適応制御

ただし，$\phi(t)$ と θ は，以下の状態変数ベクトルとパラメータベクトルである。

$$\phi(t) \equiv [y(t), \cdots, y(t-n+1), u(t), \cdots, u(t-m-d+1)]^T$$

$$\theta \equiv [\alpha_0, \cdots, \alpha_{n-1}, \beta_0, \cdots, \beta_{m+d-1}]^T$$

$$\equiv [\theta_1, \cdots, \theta_n, \theta_{n+1}, \cdots, \theta_{n+m+d}]^T$$

この d ステップ予測器を用いて，システムパラメータがすべて既知の場合に，任意の規範モデルの出力系列 $\{y_M(t)\}$ に制御対象の出力 $y(t)$ を追従させることを考える。ただし，現時点 t での入力 $u(t)$ を決定するのに利用できるデータは，$\{Y_t, U_{t-1}\}$ であるとする。この目的を達成するためには，d ステップ先の出力の予測値がその時点の規範モデルの出力と一致するように制御入力 $u(t)$ を定めればよい。具体的には，次式に従って $u(t)$ を決定する。

$$y_M(t+d) = \theta^T \phi(t) \tag{5.9}$$

あるいは，式 (5.9) を $u(t)$ について解いて

$$u(t) = \{-\theta_1 y(t) - \theta_2 y(t-1) - \cdots - \theta_n y(t-n+1)$$
$$- \theta_{n+2} u(t-1) - \cdots - \theta_{n+m+d} u(t-m-d+1)$$
$$+ y_M(t+d)\} / \theta_{n+1} \tag{5.10}$$
$$(\theta_{n+1} = b_0 \neq 0)$$

のようにして入力を決定する。このとき，次式が成立する。

$$e(t+d) = y(t+d) - y_M(t+d) = 0$$

ここで，式 (5.9) または式 (5.10) に従って入力を決定するために，規範モデルの出力の未来値が必要となることに注意を要する。この未来値を因果性に抵触しないように発生させるには，相対次数が d 以上の規範モデル $G_M(z^{-1})$ （強プロパーな伝達関数）を用意して

$$y_M(t) = G_M(z^{-1}) r(t) \tag{5.11}$$

のように $y_M(t)$ を作ればよい（$r(t)$ は規範モデルの入力）。このとき，$y_M(t+d)$ は

$$y_M(t+d) = z^d G_M(z^{-1})r(t) \tag{5.12}$$

となって，$z^d G_M(z^{-1})$ のプロパー性より，$r(t)$ の未来値を用いることなく生成できる。

5.2.3　モデル追従制御の別の導出法

モデル追従制御系は，d ステップ予測器によらなくても，3 章と同じように状態フィードバックに前置補償器が加わった 2 自由度制御系の一種として構成できる[14),25)]。簡単のために，$n = m + d$ とし，n が最小次数とすると，制御対象はつぎのように伝達関数と状態空間表現（可制御，可観測）により表される。

$$y(t) = \frac{b_0 z^{n-d} + b_1 z^{n-d-1} + \cdots + b_m}{z^n + a_1 z^{n-1} + \cdots + a_n} u(t) \tag{5.13}$$

$$\begin{cases} x(t+1) = Ax(t) + bu(t) \\ y(t) = c^T x(t) \end{cases} \tag{5.14}$$

$$(y(t) = c^T(zI - A)^{-1} bu(t)) \tag{5.15}$$

ただし，$x(t), b, c \in \mathbf{R}^n$, $A \in \mathbf{R}^{n \times n}$ である。ここで，以下のような状態フィードバックを行う。ただし，$r(t)\ (\in \mathbf{R})$ はあとで定める外部信号であり，$f \in \mathbf{R}^n$ である。

$$u(t) = f^T x(t) + r(t) \tag{5.16}$$

このとき，システムの可制御性より

$$\begin{aligned} y(t) &= c^T(zI - A - bf^T)^{-1} br(t) \\ &= \frac{b_0 z^{n-d} + \cdots + b_m}{z^d(b_0 z^{n-d} + \cdots + b_m)/b_0} r(t) \\ &= \frac{b_0}{z^d} r(t) \end{aligned} \tag{5.17}$$

116　　5.　離散時間適応制御

$$\left(\det(zI - A - bf^T) = \frac{z^d(b_0 z^{n-d} + \cdots + b_m)}{b_0} \right)$$

となるようなフィードバックベクトル $f \in \mathbf{R}^n$ が存在する。状態フィードバックにより極は任意に再配置できるが，零点は移動できないことに注意する。したがって，外部信号 $r(t)$ を

$$r(t) = \frac{1}{b_0} y_M(t+d) \tag{5.18}$$

$$\left(u(t) = f^T x(t) + \frac{1}{b_0} y_M(t+d) \right)$$

のように決定すると，モデル追従 $y(t) \to y_M(t)$ が実現することがわかる。ただし，式 (5.17) において，対象の零点（$z^m N_p(z^{-1}) = 0$ の根）がそれと同じ位置の極によって相殺されているので，制御系の内部安定性を保証するためには，零点がすべて複素平面の単位円内に含まれなければならない。これに対して

$$r(t) = \frac{1}{b_0} y(t+d) \tag{5.19}$$

$$\left(u(t) = f^T x(t) + \frac{1}{b_0} y(t+d) \right)$$

とおくと，これは $y(t)$ を発生させるための入力，つまり制御対象の入力そのものの表現（出力より入力を表した逆システム表現）となっていることがわかる。つぎに，式 (5.16), (5.18) を実現するために，$x(t)$ を推定することを考える。このためには，オブザーバを構成すればよい。特に最小次元オブザーバ（$n-1$ 次元）の場合は，以下のようになる。

$$v(t+1) = Dv(t) + Ey(t) + Ju(t),$$

$$\hat{x}(t) = Pv(t) + Uy(t) \tag{5.20}$$

ただし，$v(t) \in \mathbf{R}^{n-1}$，$T \in \mathbf{R}^{(n-1) \times n}$，$D \in \mathbf{R}^{(n-1) \times (n-1)}$（$D$ は安定行列），$E \in \mathbf{R}^{n-1}$，$J \in \mathbf{R}^{n-1}$，$P \in \mathbf{R}^{n \times (n-1)}$，$U \in \mathbf{R}^n$ は，以下の関係を満

たす。

$$TA - DT = Ec^T$$

$$J = Tb, \quad PT + Uc^T = I_n$$

対象が可観測であるので，D の $n-1$ 個の固有値は任意に選ぶことができる。いま，それをすべて 0（原点）とする $(\det(zI - D) = z^{n-1})$。オブザーバの推定値を用いて

$$u(t) = f^T \hat{x}(t) + \frac{1}{b_0} y_M(t + d) \tag{5.21}$$

のように入力を構成すると

$$\begin{aligned}
f^T \hat{x}(t) &= f^T P v(t) + f^T U y(t) \\
&= f^T P (zI - D)^{-1} \{Ey(t) + Ju(t)\} + f^T U y(t) \\
&= \frac{\gamma_{11} z^{n-2} + \cdots + \gamma_{1,n-2}}{z^{n-1}} y(t) + \gamma_{10} y(t) \\
&\quad + \frac{\gamma_{21} z^{n-2} + \cdots + \gamma_{2,n-2}}{z^{n-1}} u(t)
\end{aligned} \tag{5.22}$$

ただし

$$f^T P \, \mathrm{adj}(zI - D) E = \gamma_{11} z^{n-2} + \cdots + \gamma_{1,n-2}$$

$$f^T U = \gamma_{10}$$

$$f^T P \, \mathrm{adj}(zI - D) J = \gamma_{21} z^{n-2} + \cdots + \gamma_{2,n-2}$$

のようになる。こうして，式 (5.10) とまったく同じ構造の式 (5.21) と式 (5.22) が得られた。

また，モデル追従制御を実現するのに，状態フィードバックに限定せずに通常の 2 自由度制御系として，入力の一般形式を求めることもできる。その場合でも，相対次数の大小関係（規範モデルの相対次数 $\geqq$ 制御対象の相対次数）（式 (5.11), (5.12)）と，対象の零点の安定性が，モデル追従制御系を構成する条件となる。

118   5. 離散時間適応制御

5.2.4 モデル規範形適応制御系

先に求めた d ステップ予測器を用いて，制御対象のシステムパラメータが未知の場合に，任意の規範モデルの出力に制御対象の出力を追従させる適応制御系を構成する。このための基本的な考え方は，以下のとおりである。

1. 式 (5.8) の表現に基づいて未知パラメータを推定する
2. 真のパラメータの代わりに推定パラメータを用いて構成した d ステップ予測器の値が，規範モデルの出力と一致するように制御入力を定める（Certainty Equivalence の原理）[3]

まず，未知パラメータがすべてわかっているとした場合

$$y(t) = y_M(t)$$

を実現する制御入力は，式 (5.9) あるいは式 (5.10) のように表される。しかし，システムパラメータベクトル θ は実際には未知なので，式 (5.9) または式 (5.10) は実現できない。したがって，θ を時刻 t における推定値 $\hat{\theta}(t)$（θ と同次元のベクトル）で置き換える。

（制御則）

$$y_M(t+d) = \hat{\theta}(t)^T \phi(t) \tag{5.23}$$

$$
\begin{aligned}
u(t) = \{ &-\hat{\theta}_1(t)y(t) - \hat{\theta}_2(t)y(t-1) - \cdots - \hat{\theta}_n(t)y(t-n+1) \\
&- \hat{\theta}_{n+2}(t)u(t-1) - \cdots - \hat{\theta}_{n+m+d}(t)u(t-m-d+1) \\
&+ y_M(t+d) \} / \hat{\theta}_{n+1}(t)
\end{aligned}
\tag{5.24}
$$

一方，推定値 $\hat{\theta}(t)$ は，適当に初期値 $\hat{\theta}(0)$ を定めて次式に従って更新させる。

（適応則 I）

$$\hat{\theta}(t) = \hat{\theta}(t-1) + a(t)\frac{\phi(t-d)}{c + \phi(t-d)^T\phi(t-d)}\epsilon(t) \tag{5.25}$$

$$(0 < a(t) < 2, \quad c > 0)$$

$$\epsilon(t) = y(t) - \hat{\theta}(t-1)^T\phi(t-d) \tag{5.26}$$

ただし，$\hat{\theta}_{n+1}(t) \neq 0$ となるように $a(t)$ を定めるものとする。以後，つぎの仮定を置く。

《仮定 5.1》

1. d（時間遅れ）および n, m（伝達関数の分母多項式と分子多項式の次数の上界）が既知である

2. $z^m N_p(z^{-1}) = 0$ の根が複素平面上の単位円内部（境界は含まない）にのみ存在する

2 番目の仮定は，先の考察から導かれた安定なモデル追従制御系を構成するための条件である。このとき，つぎの定理が成立する。

【定理 5.2】 仮定 5.1 が成立するものとする。このとき，任意の一様有界な規範モデルの出力 $\{y_M(t)\}$ に対して，式 (5.23), (5.24) の制御則と式 (5.25), (5.26) の適応則を用いて構成された制御系において，以下の事項が成立する。

1. $\{y(t)\}$ と $\{u(t)\}$ は一様有界な系列

2. $\displaystyle\lim_{t \to \infty} \{y(t) - y_M(t)\} = 0$

3. $\displaystyle\lim_{N \to \infty} \sum_{t=0}^{N} \{y(t) - y_M(t)\}^2 < \infty$

証明 システムパラメータの推定誤差を定義する。

$$\tilde{\theta}(t) \equiv \hat{\theta}(t) - \theta \tag{5.27}$$

すると，式 (5.25), (5.26) の適応則は，以下のように書かれる。

$$\tilde{\theta}(t) = \tilde{\theta}(t-1) + a(t)\frac{\phi(t-d)}{c + \phi(t-d)^T \phi(t-d)}\epsilon(t) \tag{5.28}$$

$$\epsilon(t) = -\tilde{\theta}(t-1)^T \phi(t-d) \tag{5.29}$$

この式を使って，パラメータの推定誤差のノルムの 2 乗の変化値を 1 ステップごとに計算する。

120   5. 離散時間適応制御

$$\| \tilde{\theta}(t) \|^2 - \| \tilde{\theta}(t-1) \|^2$$

$$= -2a(t)\frac{\epsilon(t)^2}{c + \phi(t-d)^T\phi(t-d)}$$

$$+ a(t)^2\frac{\phi(t-d)^T\phi(t-d)\epsilon(t)^2}{\{c + \phi(t-d)^T\phi(t-d)\}^2}$$

$$= a(t)\left\{ -2 + a(t)\frac{\phi(t-d)^T\phi(t-d)}{c + \phi(t-d)^T\phi(t-d)} \right\}$$

$$\cdot \frac{\epsilon(t)^2}{c + \phi(t-d)^T\phi(t-d)} \tag{5.30}$$

$a(t)$ と c に関する制約 $0 < a(t) < 2,\ c > 0$ に着目すると

$$a(t)\left\{ -2 + a(t)\frac{\phi(t-d)^T\phi(t-d)}{c + \phi(t-d)^T\phi(t-d)} \right\} < 0$$

となることから

$$\| \tilde{\theta}(t) \| \leqq \| \tilde{\theta}(t-1) \| \leqq \cdots \leqq \| \tilde{\theta}(0) \|$$

が導かれる。したがって，$\| \tilde{\theta}(t) \|$ は t に関して，一様有界で単調減少（単調非増大）であることがわかる。さらに非負であることから（下に有界），一定値に収束する。よって

$$\| \tilde{\theta}(t) \|^2 = \| \tilde{\theta}(0) \|^2$$

$$+ \sum_{i=1}^{t} a(t)\left\{ -2 + a(t)\frac{\phi(i-d)^T\phi(i-d)}{c + \phi(i-d)^T\phi(i-d)} \right\}$$

$$\cdot \frac{\epsilon(i)^2}{c + \phi(i-d)^T\phi(i-d)}$$

より

$$\lim_{N\to\infty} \sum_{t=1}^{N} \frac{\epsilon(t)^2}{c + \phi(t-d)^T\phi(t-d)} < \infty \tag{5.31}$$

$$\lim_{t\to\infty} \frac{\epsilon(t)^2}{c + \phi(t-d)^T\phi(t-d)} = 0 \tag{5.32}$$

が成立する。一方

$$\lim_{N\to\infty} \sum_{t=1}^{N} \| \hat{\theta}(t) - \hat{\theta}(t-1) \|^2$$

$$
= \lim_{N \to \infty} \sum_{t=1}^{N} \frac{\phi(t-d)^T \phi(t-d)}{c + \phi(t-d)^T \phi(t-d)}
$$

$$
\cdot \frac{\epsilon(t)^2}{c + \phi(t-d)^T \phi(t-d)}
$$

$$
\| \hat{\theta}(t) - \hat{\theta}(t-k) \|^2
$$

$$
= \| \hat{\theta}(t) - \hat{\theta}(t-1) + \cdots
$$

$$
+ \hat{\theta}(t-k+1) - \hat{\theta}(t-k) \|^2
$$

$$
\leqq k \{ \| \hat{\theta}(t) - \hat{\theta}(t-1) \|^2 + \cdots
$$

$$
+ \| \hat{\theta}(t-k+1) - \hat{\theta}(t-k) \|^2 \}
$$

より

$$
\lim_{N \to \infty} \sum_{t=0}^{N} \| \hat{\theta}(t) - \hat{\theta}(t-k) \|^2 < \infty \tag{5.33}
$$

$$
\lim_{t \to \infty} \| \hat{\theta}(t) - \hat{\theta}(t-k) \|^2 = 0 \tag{5.34}
$$

が成立することもわかる $(0 \leqq k < \infty)$。ここで，出力誤差

$$
e(t) \equiv y(t) - y_M(t) \tag{5.35}
$$

と $\epsilon(t)$ の関係を調べる。

$$
\frac{-e(t)}{\{ c + \phi(t-d)^T \phi(t-d) \}^{\frac{1}{2}}}
$$

$$
= \frac{\tilde{\theta}(t-d)^T \phi(t-d)}{\{ c + \phi(t-d)^T \phi(t-d) \}^{\frac{1}{2}}}
$$

$$
= \frac{[\tilde{\theta}(t-1) + \{\tilde{\theta}(t-d) - \tilde{\theta}(t-1)\}]^T \phi(t-d)}{\{ c + \phi(t-d)^T \phi(t-d) \}^{\frac{1}{2}}}
$$

$$
= \frac{-\epsilon(t) + \{\hat{\theta}(t-d) - \hat{\theta}(t-1)\}^T \phi(t-d)}{\{ c + \phi(t-d)^T \phi(t-d) \}^{\frac{1}{2}}} \tag{5.36}
$$

式 (5.32), (5.34) に着目すると，式 (5.36) より

$$
\lim_{t \to \infty} \frac{e(t)^2}{c + \phi(t-d)^T \phi(t-d)} = 0 \tag{5.37}
$$

となることがわかる。つぎに，式 (5.37) 中の $\phi(t-d)$ の大きさを評価する。まず，$z^m N_p(z^{-1}) = 0$ の根がすべて複素平面上の単位円内に存在することから

$$|u(t-d)| \leqq M_1 + M_2 \sup_{0 \leqq \tau \leqq t} |y(\tau)|$$

$$(0 \leqq M_1 < \infty, \ 0 < M_2 < \infty)$$

が成立する。さらに，$y_M(t)$ が一様有界であることから

$$|e(t)| = |y(t) - y_M(t)|$$

$$\geqq |y(t)| - |y_M(t)| \geqq |y(t)| - M_3$$

$$(0 \leqq M_3 < \infty)$$

となることにも着目すると，$\| \phi(t-d) \|$ は最終的に以下のように評価される。

$$\| \phi(t-d) \| \leqq p\{M_1 + [\max(1, M_2)] \sup_{0 \leqq \tau \leqq t} |y(\tau)|\}$$

$$\leqq p\{M_1 + [\max(1, M_2)] \sup_{0 \leqq \tau \leqq t} (|e(\tau)| + M_3)\}$$

$$= C_1 + C_2 \sup_{0 \leqq \tau \leqq t} |e(\tau)| \tag{5.38}$$

$$(0 \leqq C_1 < \infty, \ 0 < C_2 < \infty, \ p \equiv \dim \phi(t-d))$$

式 (5.38) をもとにして式 (5.37) を解析する。つぎの二つの場合に分けて考える。

a) $\{e(t)\}$ は一様有界である

b) $\{e(t)\}$ は非有界である

a) の場合は，式 (5.37) と式 (5.38) より，ただちに事項 1（$\{y(t)\}$ と $\{u(t)\}$ は一様有界な系列）と事項 2（$\lim_{t \to \infty} \{y(t) - y_M(t)\} = 0$）が導かれる。これに対し，b) の場合は，単調増大で発散する $\{e(t)\}$ の部分列が存在する。

$$\{t_n\} \subseteq \{t = 0, 1, 2, \cdots\} \quad (部分列)$$

$$\lim_{n \to \infty} |e(t_n)| = \infty \tag{5.39}$$

$$|e(t_n)| \geqq |e(t)|, \quad t_n \geqq \forall t \tag{5.40}$$

$$(|e(t_n)| = \sup_{0 \leqq \tau \leqq t_n} |e(\tau)|)$$

このとき，式 (5.37) は

$$\frac{|e(t_n)|}{\{c + \phi(t_n-d)^T \phi(t_n-d)\}^{\frac{1}{2}}} \geqq \frac{|e(t_n)|}{c^{\frac{1}{2}} + \| \phi(t_n-d) \|}$$

$$\geqq \frac{|e(t_n)|}{c^{\frac{1}{2}} + C_1 + C_2|e(t_n)|}$$

となって

$$\lim_{n \to \infty} \frac{|e(t_n)|}{\{c + \phi(t_n - d)^T \phi(t_n - d)\}^{\frac{1}{2}}} \geqq \frac{1}{C_2} > 0 \qquad (5.41)$$

となり，式 (5.41) の結果は式 (5.37) に矛盾する。よって，b) の場合はあり得ない。したがって，a) の場合だけを考えればよいから，事項 1 と事項 2 が成立する。事項 3 の $\lim_{N \to \infty} \sum_{t=0}^{N} \{y(t) - y_M(t)\}^2 < \infty$ については

$$
\begin{aligned}
\sum_{t=0}^{N} \{y(t) - y_M(t)\}^2 &= \sum_{t=0}^{N} \{\tilde{\theta}(t-d)^T \phi(t-d)\}^2 \\
&= \sum_{t=0}^{N} [\epsilon(t)^2 + \{\hat{\theta}(t-d) - \hat{\theta}(t-1)\}^T \phi(t-d)]^2 \\
&\leqq 2 \sum_{t=0}^{N} \{\epsilon(t)^2 \\
&\quad + \| \hat{\theta}(t-d) - \hat{\theta}(t-1) \|^2 \| \phi(t-d) \|^2 \}
\end{aligned}
$$

$$(5.42)$$

より，式 (5.32), (5.33) および $\| \phi(t-d) \|$ の一様有界性に着目して，成立することがわかる。 $\triangle$

この適応制御系においては，システムパラメータの推定誤差 $\| \tilde{\theta}(t) \|^2$ がつねに減少するように制御則と適応則を定めたことが，制御系の有界性と出力誤差の 0 への収束性を保証する重要な要因になっている。この $\| \tilde{\theta}(t) \|^2$ が一種のリアプノフ関数（離散時間の擬似的なリアプノフ関数）である。

また，式 (5.37) と零点の安定性から状態の有界性と出力誤差の零収束性を導く過程は，離散時間適応制御の安定性の **Key Technical Lemma**[3), 26)] と呼ばれていて，適応制御研究の大きな成果の一つとされている。

適応則 I では，式 (5.26) で表される同定誤差，すなわち推定パラメータから構成される予測器の値と実際の出力との誤差を使ってパラメータの更新を行った。それに対して，式 (5.35) で示される規範モデルとの出力誤差を用いても，同様の適応制御系が構成できる。

124   5. 離散時間適応制御

【定理 5.3】 仮定 5.1 のもとで，適応則 I の代わりに以下の適応則 II を用いても，定理 5.2 と同様の結果（事項 1, 2, 3）が得られる。

（適応則 II）

$$\hat{\theta}(t) = \hat{\theta}(t-d) + a(t)\frac{\phi(t-d)}{c + \phi(t-d)^T\phi(t-d)}e(t) \qquad (5.43)$$
$$(0 < a(t) < 2, \ \ c > 0)$$

$$e(t) = y(t) - y_M(t)$$

証明　出力誤差は，システムパラメータの推定誤差 $\tilde{\theta}(t)$（式 (5.27)）を用いて，以下のように書かれる。

$$e(t+d) = -\tilde{\theta}(t)^T\phi(t) \qquad (5.44)$$

これから，パラメータの推定誤差のノルムの 2 乗の変化値を d ステップごとに計算する。

$$\| \tilde{\theta}(t) \|^2 - \| \tilde{\theta}(t-d) \|^2 = a(t)\left\{-2 + a(t)\frac{\phi(t-d)^T\phi(t-d)}{c + \phi(t-d)^T\phi(t-d)}\right\}$$
$$\cdot \frac{e(t)^2}{c + \phi(t-d)^T\phi(t-d)} \qquad (5.45)$$

したがって，$0 < a(t) < 2$，$c > 0$ に着目することにより

$$\| \tilde{\theta}(t) \| \leqq \| \tilde{\theta}(t-d) \| \leqq \cdots$$

が導かれる。これより，定理 5.2 の証明と同様の論法で

$$\lim_{t\to\infty} \frac{e(t)^2}{c + \phi(t-d)^T\phi(t-d)} = 0 \qquad (5.46)$$

が得られ，以降も定理 5.2 の場合とまったく同じに証明ができる。　　　△

適応則 II は，$\hat{\theta}(0) \sim \hat{\theta}(d-1)$ を適当に定めて，d 個の推定値を並行して更新する形式（$\hat{\theta}(0) \to \hat{\theta}(d) \sim \hat{\theta}(d-1) \to \hat{\theta}(2d-1)$）になっている。このような適応則は，**インターレース型**（interlace type）の適応則と呼ばれる[27]。

以上に示した適応則 I と II は，パラメータの推定誤差のノルムの 2 乗が単調

5.2 モデル規範形適応制御系 125

減少するように設定されたものであった。その意味で，パラメータ推定誤差の
2乗ノルムに対する勾配法アルゴリズムの一種と考えることができる。これに
対して，システム同定の分野で基本的な手法である**逐次型最小2乗法**も，同様
に適応則として利用できる[2),3)]。

【定理 5.4】 適応則 I, II の代わりにつぎの適応則 III を用いても，仮定
5.1 のもとで定理 5.2 と同様の結果（事項 1, 2, 3）が得られる。

（適応則 III）

$$\hat{\theta}(t) = \hat{\theta}(t-1)$$
$$+ \frac{P(t-d-1)\phi(t-d)}{1 + \phi(t-d)^T P(t-d-1)\phi(t-d)} \epsilon(t) \tag{5.47}$$

$$\epsilon(t) = y(t) - \hat{\theta}(t-1)^T \phi(t-d) \tag{5.48}$$

$$P(t-d) = P(t-d-1)$$
$$- \frac{P(t-d-1)\phi(t-d)\phi(t-d)^T P(t-d-1)}{1 + \phi(t-d)^T P(t-d-1)\phi(t-d)} \tag{5.49}$$

$$P(0) = \epsilon^* I \qquad (0 < \epsilon^* < \infty)$$

証明 まず，$P(t)$ に関する漸化式が以下のように書かれることに注意する。

$$P(t-d)^{-1} = P(t-d-1)^{-1} + \phi(t-d)\phi(t-d)^T \tag{5.50}$$

式 (5.50) は逆行列の補題を用い，時刻の表記を省略して $(P^{-1} + \phi\phi^T)^{-1} = P - \dfrac{P\phi\phi^T P}{1 + \phi^T P\phi}$ が成立することに着目すると，容易に確認できる。つぎに，システム
パラメータの推定誤差を同様に $\tilde{\theta}(t) \equiv \hat{\theta}(t) - \theta$ と定義すると，適応則 III は以下
のように表される。

$$\tilde{\theta}(t) = \tilde{\theta}(t-1) - \frac{P(t-d-1)\phi(t-d)\phi(t-d)^T \tilde{\theta}(t-1)}{1 + \phi(t-d)^T P(t-d-1)\phi(t-d)}$$
$$= \left\{ I - \frac{P(t-d-1)\phi(t-d)\phi(t-d)^T}{1 + \phi(t-d)^T P(t-d-1)\phi(t-d)} \right\} \tilde{\theta}(t-1)$$
$$= P(t-d)P(t-d-1)^{-1}\tilde{\theta}(t-1) \tag{5.51}$$

126   5. 離散時間適応制御

ここで，正値関数 $V(t)$ を

$$V(t) \equiv \tilde{\theta}(t)^T P(t-d)^{-1} \tilde{\theta}(t) \tag{5.52}$$

と定義し，パラメータ推定誤差のノルムの 2 乗ではなく，$V(t)$ の 1 ステップごとの時間変化を計算する。

$$
\begin{aligned}
&V(t) - V(t-1) \\
&= \{P(t-d)P(t-d-1)^{-1}\tilde{\theta}(t-1)\}^T P(t-d)^{-1} \\
&\quad \cdot \{P(t-d)P(t-d-1)^{-1}\tilde{\theta}(t-1)\} \\
&\quad - \tilde{\theta}(t-1)^T P(t-d-1)^{-1}\tilde{\theta}(t-1) \\
&= \tilde{\theta}(t-1)^T \{P(t-d-1)^{-1}P(t-d)P(t-d-1)^{-1} \\
&\qquad\qquad - P(t-d-1)^{-1}\}\tilde{\theta}(t-1) \\
&= \tilde{\theta}(t-1)^T \Bigg\{ P(t-d-1)^{-1} - \frac{\phi(t-d)\phi(t-d)^T}{1 + \phi(t-d)^T P(t-d-1)\phi(t-d)} \\
&\qquad\qquad - P(t-d-1)^{-1} \Bigg\} \tilde{\theta}(t-1) \\
&= -\frac{\tilde{\theta}(t-1)^T \phi(t-d)\phi(t-d)^T \tilde{\theta}(t-1)}{1 + \phi(t-d)^T P(t-d-1)\phi(t-d)} \leqq 0 \tag{5.53}
\end{aligned}
$$

したがって

$$V(t) \leqq V(t-1) \leqq \cdots \leqq V(0) \tag{5.54}$$

となる。また

$$
\begin{aligned}
V(N) &= V(0) \\
&\quad - \sum_{t=1}^{N} \frac{\tilde{\theta}(t-1)^T \phi(t-d)\phi(t-d)^T \tilde{\theta}(t-1)}{1 + \phi(t-d)^T P(t-d-1)\phi(t-d)} \\
&< \infty
\end{aligned}
$$

と表すと，$V(N)$ が非負で単調減少関数であることから

$$\lim_{N\to\infty} \sum_{t=1}^{N} \frac{\epsilon(t)^2}{1 + \phi(t-d)^T P(t-d-1)\phi(t-d)} < \infty \tag{5.55}$$

が成立する。ただし，$\epsilon(t)$ は定理 5.2 と同じ同定誤差（式 (5.26)）である。

$$\epsilon(t) = y(t) - \hat{\theta}(t-1)^T \phi(t-d)$$

$$= -\tilde{\theta}(t-1)^T \phi(t-d)$$

さらに，式 (5.50) より

$$\lambda_{\max}[P(t-d)] \leqq \lambda_{\max}[P(t-d-1)] \leqq \cdots \leqq \lambda_{\max}[P(0)] = \epsilon^*$$
$$(5.56)$$

となる（$\lambda_{\max}$ は最大固有値）ことも考慮すると

$$\lim_{N \to \infty} \sum_{t=1}^{N} \frac{\epsilon(t)^2}{1 + \epsilon^* \parallel \phi(t-d) \parallel^2} < \infty \tag{5.57}$$

$$\lim_{t \to \infty} \frac{\epsilon(t)^2}{1 + \epsilon^* \parallel \phi(t-d) \parallel^2} = 0 \tag{5.58}$$

が得られる。一方

$$\lim_{N \to \infty} \sum_{t=1}^{N} \parallel \hat{\theta}(t) - \hat{\theta}(t-1) \parallel^2$$

$$= \lim_{N \to \infty} \sum_{i=1}^{N} \frac{\phi(i-d)^T P(i-d-1)^2 \phi(i-d)}{1 + \phi(i-d)^T P(i-d-1)\phi(i-d)}$$
$$\cdot \frac{\epsilon(i)^2}{1 + \phi(i-d)^T P(i-d-1)\phi(i-d)}$$

$$\leqq \lim_{N \to \infty} \sum_{i=1}^{N} \frac{\phi(i-d)^T P(i-d-1)\phi(i-d)}{1 + \phi(i-d)^T P(i-d-1)\phi(i-d)}$$
$$\cdot \frac{\lambda_{\max}[P(0)]\epsilon(i)^2}{1 + \phi(i-d)^T P(i-d-1)\phi(i-d)}$$

$$< \infty$$

が成立するから，定理 5.2 の証明中の式 (5.33), (5.34) の導出とまったく同様に

$$\lim_{N \to \infty} \sum_{t=k}^{N} \parallel \hat{\theta}(t) - \hat{\theta}(t-k) \parallel^2 < \infty \tag{5.59}$$

$$\lim_{t \to \infty} \parallel \hat{\theta}(t) - \hat{\theta}(t-k) \parallel^2 = 0 \tag{5.60}$$

が示される。以後は，定理 5.2 と同様に定義された出力誤差 $e(t) \equiv y(t) - y_M(t)$ について

$$\frac{-e(t)}{\{c + \phi(t-d)^T \phi(t-d)\}^{\frac{1}{2}}}$$

128   5. 離散時間適応制御

$$= \frac{\tilde{\theta}(t-d)^T \phi(t-d)}{\{c + \phi(t-d)^T \phi(t-d)\}^{\frac{1}{2}}}$$

$$= \frac{-\epsilon(t) + \{\hat{\theta}(t-d) - \hat{\theta}(t-1)\}^T \phi(t-d)}{\{c + \phi(t-d)^T \phi(t-d)\}^{\frac{1}{2}}}$$

$$c = \frac{1}{\epsilon^*}$$

が成立し，式 (5.58), (5.60) も考慮して

$$\lim_{t \to \infty} \frac{e(t)^2}{\{c + \phi(t-d)^T \phi(t-d)\}} = 0 \tag{5.61}$$

となることから，同じ結論（事項 1, 2, 3）が導かれる。   △

式 (5.50) と式 (5.56) からわかるように，$P(t)^{-1}$ は t に関して行列の正定性の意味で単調増大（非減少）である。その $P(t)^{-1}$ を使って定義される $V(t)$（式 (5.52)）に対して式 (5.54) が成立するということは，適応則 I, II に対する適応則 III の $\tilde{\theta}(t)$ の収束の速さを物語っている。

また，適応則 III は，$P(t)$ の更新に関して以下の形式に拡張できる[2),27)]。

（適応則 IV）

$$P(t-d) = \frac{1}{\lambda_1(t-d)} \bigg\{ P(t-d-1)$$
$$- \frac{\lambda_2(t-d) P(t-d-1)\phi(t-d)\phi(t-d)^T P(t-d-1)}{\lambda_1(t-d) + \lambda_2(t-d)\phi(t-d)^T P(t-d-1)\phi(t-d)} \bigg\} \tag{5.62}$$

$$(0 < \lambda_1(t) \leqq 1, \ \ 0 \leqq \lambda_2(t) < 2)$$

    コーヒーブレイク

  確定的な離散時間適応制御の安定解析において，正規化項を含む信号の有界性から入出力の有界性を導く Key Technical Lemma は，多くの離散時間適応制御の安定解析の基礎となった。なお，Kanellakopoulos は対数型の正定関数を導入することでこれを発展させ，Key Technical Lemma を非線形系に拡張した結果を得ている[28)]。

特に，$\lambda_1(t) = \lambda_2(t) = 1$（適応則 III）とすると

$$J(\hat{\theta}(t)) = \sum_{i=0}^{t} \{y(i) - \hat{\theta}(t)^T \phi(i-d)\}^2 \tag{5.63}$$

に対する最小2乗推定に漸近し，$\lambda_1(t) = \lambda < 1$，$\lambda_2(t) = 1$ とすると，過去のデータに λ^{t-i} の重みを乗じた

$$J(\hat{\theta}(t)) = \sum_{i=0}^{t} \lambda^{t-i} \{y(i) - \hat{\theta}(t)^T \phi(i-d)\}^2 \tag{5.64}$$

に対する重み付き最小2乗推定に漸近する。後者の**重み付き最小2乗推定**は，パラメータ θ が変化する場合に有効であることが知られている。

離散時間モデル規範形適応制御系の問題設定，制御則，および適応則を，**表 5.1**（制御則）と**表 5.2**（適応則）にまとめる。

表 5.1 離散時間モデル規範形適応制御（制御則）

制御対象
$D_p(z^{-1})y(t) = z^{-d}N_p(z^{-1})u(t)$
$D_p(z^{-1}) = 1 + a_1 z^{-1} + \cdots + a_n z^{-n}$
$N_p(z^{-1}) = b_0 + b_1 z^{-1} + \cdots + b_m z^{-m} \quad (b_0 \neq 0)$
制御目的
$y(t) \to y_M(t)$
状態変数ベクトルとパラメータベクトル
$\phi(t) = [y(t), \cdots, y(t-n+1),\, u(t), \cdots, u(t-m-d+1)]^T$
$\theta = [\theta_1, \cdots, \theta_n,\, \theta_{n+1}, \cdots, \theta_{n+m+d}]^T$
制御則
$y_M(t+d) = \hat{\theta}(t)^T \phi(t)$
$u(t) = \{-\hat{\theta}_1(t)y(t) - \hat{\theta}_2(t)y(t-1) - \cdots - \hat{\theta}_n(t)y(t-n+1)$
$\qquad\quad -\hat{\theta}_{n+2}(t)u(t-1) - \cdots - \hat{\theta}_{n+m+d}(t)u(t-m-d+1)$
$\qquad\quad + y_M(t+d)\} / \hat{\theta}_{n+1}(t)$

130   5. 離散時間適応制御

表 5.2　離散時間モデル規範形適応制御（適応則）

適応則 I

$$\hat{\theta}(t) = \hat{\theta}(t-1) + a(t)\frac{\phi(t-d)}{c + \phi(t-d)^T\phi(t-d)}\epsilon(t)$$

$(0 < a(t) < 2, \ c > 0)$

$$\epsilon(t) = y(t) - \hat{\theta}(t-1)^T\phi(t-d)$$

適応則 II （インターレース型）

$$\hat{\theta}(t) = \hat{\theta}(t-d) + a(t)\frac{\phi(t-d)}{c + \phi(t-d)^T\phi(t-d)}e(t)$$

$(0 < a(t) < 2, \ c > 0)$

$$e(t) = y(t) - y_M(t)$$

適応則 III （最小 2 乗型）

$$\hat{\theta}(t) = \hat{\theta}(t-1) + \frac{P(t-d-1)\phi(t-d)}{1 + \phi(t-d)^T P(t-d-1)\phi(t-d)}\epsilon(t)$$

$$\epsilon(t) = y(t) - \hat{\theta}(t-1)^T\phi(t-d)$$

$$P(t-d) = P(t-d-1)$$

$$- \frac{P(t-d-1)\phi(t-d)\phi(t-d)^T P(t-d-1)}{1 + \phi(t-d)^T P(t-d-1)\phi(t-d)}$$

$$P(0) = \epsilon^* I \qquad (0 < \epsilon^* < \infty)$$

適応則 IV （重み付き最小 2 乗型）

$$\hat{\theta}(t) = \hat{\theta}(t-1) + \frac{P(t-d-1)\phi(t-d)}{1 + \phi(t-d)^T P(t-d-1)\phi(t-d)}\epsilon(t)$$

$$\epsilon(t) = y(t) - \hat{\theta}(t-1)^T\phi(t-d)$$

$$P(t-d) = \frac{1}{\lambda_1(t-d)}\left\{P(t-d-1) \right.$$

$$\left. - \frac{\lambda_2(t-d)P(t-d-1)\phi(t-d)\phi(t-d)^T P(t-d-1)}{\lambda_1(t-d) + \lambda_2(t-d)\phi(t-d)^T P(t-d-1)\phi(t-d)}\right\}$$

$$(0 < \lambda_1(t) \leqq 1, \ 0 \leqq \lambda_2(t) < 2)$$

5.3 セルフチューニングコントロール

5.3.1 基本概念

前節において，離散時間形式のモデル規範形適応制御系について述べた。そこでは，未知の対象は時間不変のパラメータにより表現され，考えている信号には未知の変動成分（外乱）は含まれないものと仮定した。しかし，実際には，制御対象は制御入力以外の未知の変動要因からも影響を受ける場合が多いし（システム雑音），また，測定した出力値にも，変動成分による観測の誤差（観測雑音）が含まれているのが通常である。そのようなときには，未知の変動成分の性質も考慮に入れて，適応制御系を構成しなければならない。もしこの未知の変動成分に確率的なモデルを当てはめるとすると，制御対象は確率的に表現された外乱を含む確率系として表現される。

この確率的な外乱の影響を受けるシステムに対する適応制御系として，モデル規範形適応制御系とは独立に研究されてきたのが，**セルフチューニングコントロール**（self-tuning control; **STC**）である。セルフチューニングコントロールは，確率的最適制御の一種である最小分散制御にシステム同定の手法を取り入れた離散時間適応制御方式として提案され，その実用的な問題設定も原因となって，多くの応用例が存在する[5),12)]。

以後では，確定的な場合との対比として，確率的な予測器を経由して最小分散制御方式を導出し，未知パラメータを逐次同定する機構を付加したセルフチューニングコントロールについて説明する[3),5),12)]。

5.3.2 問題設定

確率モデルで表現された外乱項を含む確率系としての制御対象を考える（1入力1出力離散時間系）。

$$D_p(z^{-1})y(t) = z^{-d}N_p(z^{-1})u(t) + C(z^{-1})w(t) \tag{5.65}$$

$$(y,\, u,\, w \in \mathbf{R})$$

132   5. 離散時間適応制御

ただし

$$D_p(z^{-1}) = 1 + a_1 z^{-1} + \cdots + a_n z^{-n}$$

$$N_p(z^{-1}) = b_0 + b_1 z^{-1} + \cdots + b_m z^{-m}$$

$$C(z^{-1}) = 1 + c_1 z^{-1} + \cdots + c_l z^{-l}$$

であり，$w(t)$ は未知の白色性外乱で，$t-1$ 時点までのデータ

$$Y_{t-1} \equiv \{y(t-1), y(t-2), \cdots\} \tag{5.66}$$

が与えられたときの条件付き期待値が

$$E\{w(t) \,|\, Y_{t-1}\} = 0 \tag{5.67}$$

$$E\{w(t)^2 \,|\, Y_{t-1}\} = \sigma^2 \tag{5.68}$$

で与えられる確率変数とする。この制御対象において，システムパラメータ $\{a_1, \cdots, a_n, b_0, b_1, \cdots, b_m, c_1, \cdots, c_l\}$ および σ はすべて未知とする。d（システムの時間遅れ）と式 (5.65) のように表現されるための n と m と l（次数の上界）は，既知と仮定する。

これに対して，制御の目的は，規範モデルの出力系列 $\{y_M(t)\}$ を任意に与えたときに，未知のシステムパラメータ $\{a_1, \cdots, a_n, b_0, b_1, \cdots, b_m, c_1, \cdots, c_l\}$ に応じて制御装置を自動調整し，漸近的に

$$\begin{aligned} J(t+d) &\equiv E\{[y(t+d) - y^*(t+d)]^2\} \\ &= E\{E\{[y(t+d) - y^*(t+d)]^2 \,|\, Y_t\}\} \to \min \end{aligned} \tag{5.69}$$

を実現するような制御系を構成することである。

前節の確定的なモデル規範形適応制御系の場合と比べると，確率的に表現される未知の外乱項 $w(t)$ が加わっていることと，制御目的が対象の出力と規範モデルの出力との平均 2 乗誤差を最小にすることが異なる点である。未知の確率的外乱の存在のために，誤差を完全に 0 にすることができない。

5.3.3 d ステップ予測器

確定的な場合と同様に話を進めるために，まずシステムパラメータが既知として，確定系の d ステップ予測器を**確率系の最適予測器**に拡張する．つまり，未知の変動成分の確率的な性質も考慮に入れて構成する．現時点 t までのデータ $Y_t = \{y(t), y(t-1), \cdots\}$ が得られたときの d ステップ先の出力を予測する最適な予測器 $y^o(t+d\,|\,t)$ は，次式で定義される．**図 5.2** は，データ Y_t と U_t が得られたときに確率的な平均値 $E\{y(t+d)\,|\,Y_t\}$ としての予測値を求める過程を示している．ただし，**図 5.1** と同様に，横軸に時刻 t を，縦軸に $y(t), y_M(t)$ と $u(t)$，および $y(t)$ の分布をプロットしている．

$$y^o(t+d\,|\,t) \equiv E\{y(t+d)\,|\,Y_t\} \tag{5.70}$$

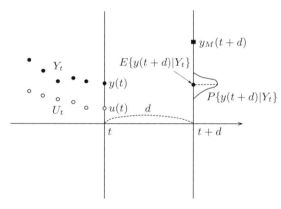

図 5.2 d ステップ予測器（確率系）

確率的な部分に対して以下の仮定をおく．

《仮定 5.2》

$z^l C(z^{-1}) = 0$ の根は，すべて複素平面上の単位円内部に含まれる

仮定 5.2 のもとで最適予測器の構成法を与えるのが，以下の定理である．

134   5. 離散時間適応制御

【定理 5.5】 仮定 5.2 のもとで, d ステップ最適予測器は以下のように構成される。

$$C(z^{-1})y^o(t+d\,|\,t) = \alpha(z^{-1})y(t) + \beta(z^{-1})u(t) \tag{5.71}$$

$$\alpha(z^{-1}) = \alpha_0 + \alpha_1 z^{-1} + \cdots + \alpha_{N-1} z^{-(N-1)}$$

$$\beta(z^{-1}) = \beta_0 + \beta_1 z^{-1} + \cdots + \beta_{m+d-1} z^{-(m+d-1)}$$

$$(\beta_0 = b_0 \neq 0)$$

$$N \equiv \max\{n,\, l\} \tag{5.72}$$

ただし, $\alpha(z^{-1})$, $\beta(z^{-1})$ は

$$F(z^{-1})D_p(z^{-1}) + z^{-d}G(z^{-1}) = C(z^{-1}) \tag{5.73}$$

$$F(z^{-1}) = 1 + f_1 z^{-1} + \cdots + f_{d-1} z^{-d+1}$$

$$G(z^{-1}) = g_0 + g_1 z^{-1} + \cdots + g_{N-1} z^{-N+1}$$

を満足する $G(z^{-1})$, $F(z^{-1})$ (一意に存在する) から, 以下のようにして求められる。

$$\alpha(z^{-1}) = G(z^{-1}) \tag{5.74}$$

$$\beta(z^{-1}) = F(z^{-1})N_p(z^{-1}) \tag{5.75}$$

また, このとき, 予測誤差の分散がつぎのように計算される。

$$\begin{aligned}
E\{[y(t+d) &- y^o(t+d\,|\,t)]^2\} \\
&= E\{E\{[y(t+d) - y^o(t+d\,|\,t)]^2\,|\,Y_t\}\} \\
&= E\{E\{[F(z^{-1})w(t)]^2\,|\,Y_t\}\} \\
&= \sigma^2 \sum_{j=0}^{d-1} f_j^2
\end{aligned} \tag{5.76}$$

5.3 セルフチューニングコントロール 135

証明 式 (5.65) の両辺に $F(z^{-1})$ を乗じ，式 (5.73)（Diophantine 方程式）を利用して展開する。

$$
\begin{aligned}
F(z^{-1})&D_p(z^{-1})y(t) \\
&= F(z^{-1})z^{-d}N_p(z^{-1})u(t) + F(z^{-1})C(z^{-1})w(t) \\
&= \{C(z^{-1}) - z^{-d}G(z^{-1})\}y(t)
\end{aligned}
$$

したがって

$$
\begin{aligned}
C(z^{-1})&\{y(t) - F(z^{-1})w(t)\} \\
&= z^{-d}\{G(z^{-1})y(t) + F(z^{-1})N_p(z^{-1})u(t)\}
\end{aligned}
\tag{5.77}
$$

となる。ここで

$$
y^o(t\,|\,t-d) \equiv y(t) - F(z^{-1})w(t)
\tag{5.78}
$$

とおくと，次式が得られる。

$$
C(z^{-1})y^o(t+d\,|\,t) = \alpha(z^{-1})y(t) + \beta(z^{-1})u(t)
\tag{5.79}
$$

式 (5.77), (5.79) から明らかなように，$y^o(t+d\,|\,t)$ は t 時点までのデータ Y_t から生成できる。また，さらに

$$
\begin{aligned}
y^o(t+d\,|\,t) &= E\{y^o(t+d\,|\,t)\,|\,Y_t\} \\
&= E\{y(t+d) - F(z^{-1})w(t+d)\,|\,Y_t\} \\
&= E\left\{y(t+d) - \sum_{j=0}^{d-1} f_j w(t+d-j)\,|\,Y_t\right\} \\
&= E\{y(t+d)\,|\,Y_t\}
\end{aligned}
\tag{5.80}
$$

となって，式 (5.77), (5.79) で定めた $y^o(t+d\,|\,t)$ が式 (5.70) の意味で最適予測器になっていることがわかる。ただし，式 (5.80) の導出にあたっては，式 (5.67) も考慮した。最後に，式 (5.76) も式 (5.68), (5.78) よりただちに導かれる。 △

確率的な予測器は，特に $C(z^{-1}) = 1$ の場合は，前節の確定的な予測器と一致することに注意する。確定系の場合は式 (5.71), (5.79) の $C(z^{-1})$ に対応する部分は任意の d 次安定多項式でよいが，確率系の場合，この部分を外乱のスペクトル特性に応じて決定しなければならない点が，大きな違いである。また，

136   5. 離散時間適応制御

式 (5.71), (5.79) に従って構成される最適予測器は，仮定 5.2 より初期誤差に対して安定である。

5.3.4 最小分散制御

本項では，制御対象のパラメータが既知の場合に，式 (5.69) の評価関数を最小化する**最小分散制御**方式を導出する。前節の確定的な場合と同様に，確率的な d ステップ予測器の値を目標値に一致させるような制御入力が，最小分散性の観点から最適入力であることが示される。

【**定理 5.6**】

$$J(t+d) \equiv E\{[y(t+d) - y_M(t+d)]^2\}$$
$$= E\{E\{[y(t+d) - y_M(t+d)]^2 \,|\, Y_t\}\} \qquad (5.81)$$

仮定 5.2 のもとでこの評価関数を最小にする最適制御入力は，d ステップ予測器を用いて以下のように表される。

$$u(t) = [z\{\beta_0 - \beta(z^{-1})\}u(t-1) + y_M(t+d)$$
$$+ \{C(z^{-1}) - 1\}y^o(t+d\,|\,t) - \alpha(z^{-1})y(t)] \,/\, \beta_0 \quad (5.82)$$
$$(y_M(t+d) = y^o(t+d\,|\,t))$$

また，このときの J の最小値は，次式で与えられる。

$$\min J(t+d) = \sigma^2 \sum_{j=0}^{d-1} f_j^2 \qquad (5.83)$$

証明 $J(t+d)$ を $y^o(t+d\,|\,t)$ を使って展開する。

$$J(t+d) = E\{E\{[y(t+d) - y_M(t+d)]^2 \,|\, Y_t\}\}$$
$$= E\{E\{[y(t+d) - y^o(t+d\,|\,t)$$
$$+ y^o(t+d\,|\,t) - y_M(t+d)]^2 \,|\, Y_t\}\}$$
$$= E\{E\{[y(t+d) - y^o(t+d\,|\,t)]^2$$

$$
\begin{aligned}
&\quad + 2[y^o(t+d\,|\,t) - y_M(t+d)]\,[y(t+d) - y^o(t+d\,|\,t)] \\
&\quad + [y^o(t+d\,|\,t) - y_M(t+d)]^2\,|\,Y_t\}\} \\
&= E\{E\{[F(z^{-1})w(t+d)]^2\,|\,Y_t\} \\
&\quad + 2[y^o(t+d\,|\,t) - y_M(t+d)]E\{[y(t+d) - y^o(t+d\,|\,t)]\,|\,Y_t\} \\
&\quad + E\{[y^o(t+d\,|\,t) - y_M(t+d)]^2\,|\,Y_t\}\} \\
&= E\{E\{[F(z^{-1})w(t+d)]^2\,|\,Y_t\} \\
&\quad + 2[y^o(t+d\,|\,t) - y_M(t+d)]E\{F(z^{-1})w(t+d)|Y_t\} \\
&\quad + E\{[y^o(t+d\,|\,t) - y_M(t+d)]^2\,|\,Y_t\}\}
\end{aligned}
\tag{5.84}
$$

ここで，式 (5.67) に着目すると，式 (5.84) の右辺第 2 項は 0 になる。また，右辺第 1 項には $u(t)$ に関する項は含まれない。したがって，第 3 項を最小にするように $u(t)$ を定めると，$J(t+d)$ 全体が最小になることがわかる。この第 3 項は 0 にすることができて

$$
\begin{aligned}
y_M(t+d) &= y^o(t+d\,|\,t) \\
&= \{1 - C(z^{-1})\}y^o(t+d\,|\,t) \\
&\quad + \alpha(z^{-1})y(t) + \beta(z^{-1})u(t)
\end{aligned}
\tag{5.85}
$$

のように $u(t)$ を決定すればよい。式 (5.85) を $u(t)$ について解くと，式 (5.82) が得られる。式 (5.83) については，式 (5.84), (5.85) および定理 5.5（式 (5.76)）より，ただちに導くことができる。　　　　　　　　　　　　　　　　　　△

後の議論のために式 (5.85) の別表現も与える。最適な制御入力は，以下の方程式を $u(t)$ について解いて得られる。

$$
y_M(t+d) = \theta^T \phi_o(t)
\tag{5.86}
$$

ただし

$$
\begin{aligned}
\phi_o(t) = [&y(t), \cdots, y(t-N+1), u(t), \cdots, u(t-m-d+1), \\
&- y^o(t+d-1\,|\,t-1), \cdots, -y^o(t+d-l\,|\,t-l)]^T
\end{aligned}
\tag{5.87}
$$

$$
\theta = [\alpha_0, \cdots, \alpha_{N-1}, \beta_0, \cdots, \beta_{m+d-1}, c_1, \cdots, c_l]^T
$$

である。

138   5. 離散時間適応制御

ここで，仮定 5.2 より，最適予測器は初期誤差に関して安定であるから，式 (5.87) 中の $y^o(t + d - i \,|\, t - i)$ の項を $y_M(t + d - i)$ に置き換えてもよい。

5.3.5 セルフチューニングコントロールの構成

前項で求めた最小分散制御を利用して，制御対象が未知のときにシステムパラメータを同定しながら同時に制御を行うセルフチューニングコントロールを構成する。

（制御則）

$$y_M(t + d) = \hat{\theta}(t)^T \phi_M(t) \tag{5.88}$$

ただし

$$\phi_M(t) = [y(t), \cdots, y(t - N + 1), u(t), \cdots, u(t - m - d + 1),$$
$$-y_M(y + d - 1), \cdots, -y_M(t + d - 1)]^T$$

$$\hat{\theta}(t) = [\hat{\alpha}_0(t), \cdots, \hat{\alpha}_{N-1}(t), \hat{\beta}_0(t), \cdots, \hat{\beta}_{m+d-1}(t),$$
$$\hat{c}_1(t), \cdots, \hat{c}_l(t)]^T$$

である。

（適応則）

$$\hat{\theta}(t) = \hat{\theta}(t - 1)$$
$$+ \frac{P(t - d - 1)\phi_M(t - d)}{1 + \phi_M(t - d)^T P(t - d - 1)\phi_M(t - d)} \epsilon(t) \tag{5.89}$$

$$\epsilon(t) = y(t) - \hat{\theta}(t - 1)^T \phi_M(t - d) \tag{5.90}$$

$$P(t - d) = P(t - d - 1)$$
$$- \frac{P(t - d - 1)\phi_M(t - d)\phi_M(t - d)^T P(t - d - 1)}{1 + \phi_M(t - d)^T P(t - d - 1)\phi_M(t - d)} \tag{5.91}$$

これは，最小分散制御に必要なシステムパラメータを逐次型最小 2 乗法で推定し，推定パラメータを使って最小分散制御を行うものである。構成としては，最小 2 乗型の適応則を用いた確定的なモデル規範形適応制御系とよく似ている

ことに注意する。ただし，外乱特性 $C(z^{-1})$ を推定する必要が生じることと，$y^o(t\,|\,t-d)$ は実際に生成できないのでそれに関する項を $y_M(t)$ で置き換えている点が大きな違いである（式 (5.88) 中で $\phi_M(t)$ を使うことは妥当性があるが，もし $y^o(t\,|\,t-d)$ が実際に生成できるのであれば，式 (5.90) 中では $\phi_M(t)$ の代わりに $\phi_o(t)$ とするのがむしろ自然である）。また，特に $y_M(t)=0$（レギュレーション）のときは，$C(z^{-1})$ の係数を推定しなくても制御系が構成できる（セルフチューニングレギュレータ）。以上のセルフチューニングコントロールの構成を表 5.3 にまとめる。

表 5.3 セルフチューニングコントロール

制御対象
$D_p(z^{-1})y(t) = z^{-d}N_p(z^{-1})u(t) + C(z^{-1})w(t)$ $D_p(z^{-1}) = 1 + a_1 z^{-1} + \cdots + a_n z^{-n}$ $N_p(z^{-1}) = b_0 + b_1 z^{-1} + \cdots + b_m z^{-m}$ $C(z^{-1}) = 1 + c_1 z^{-1} + \cdots + c_l z^{-l}$
制御目的
$y(t) \to y_M(t)$
状態変数ベクトルとパラメータベクトル
$\phi_M(t) = [y(t), \cdots, y(t-N+1), u(t), \cdots, u(t-m-d+1),$ $\qquad - y_M(y+d-1), \cdots, -y_M(t+d-1)]^T$ $\hat{\theta}(t) = [\hat{\alpha}_0(t), \cdots, \hat{\alpha}_{N-1}(t), \hat{\beta}_0(t), \cdots, \hat{\beta}_{m+d-1}(t), \hat{c}_1(t), \cdots, \hat{c}_l(t)]^T$
制御則
$y_M(t+d) = \hat{\theta}(t)^T \phi_M(t)$
適応則
$\hat{\theta}(t) = \hat{\theta}(t-1) + \dfrac{P(t-d-1)\phi_M(t-d)}{1 + \phi_M(t-d)^T P(t-d-1)\phi_M(t-d)}\epsilon(t)$ $\epsilon(t) = y(t) - \hat{\theta}(t-1)^T \phi_M(t-d)$ $P(t-d) = P(t-d-1)$ $\qquad - \dfrac{P(t-d-1)\phi_M(t-d)\phi_M(t-d)^T P(t-d-1)}{1 + \phi_M(t-d)^T P(t-d-1)\phi_M(t-d)}$ $P(0) = \epsilon^* I \quad (0 < \epsilon^* < \infty)$

140   5. 離散時間適応制御

─────── ┃ コーヒーブレイク ┃ ─────────────────────

　離散時間形式の適応制御において，セルフチューニングコントロールの研究の
当初は，モデル規範形適応制御系との関係は必ずしも明確ではなかったし，安定
解析の面でも厳密な議論はなされていなかった。その後，ODE法（常微分方程
式法）を用いた局所的な解析や[29]，モデル規範形適応制御系との制御構造上の関
係が調べられ，Martingale の概収束定理を利用して大域的な安定性が論じられる
など，現在では**確率場における離散時間モデル規範形適応制御系**の一種として体
系化が進んでいる[3),30),31)]。

──────────────────────────────────

$$* * * * * * * * * *　演　習　問　題　* * * * * * * * * *$$

【1】　1次系の制御対象

$$y(t + 1) = ay(t) + bu(t)$$

の出力 y を目標信号 y_M に追従させるモデル規範形適応制御系を構成せよ。た
だし，a と b は未知の定数で，$b \neq 0$ とする。

【2】　2次系の制御対象

$$y(t + 2) = -a_1 y(t + 1) - a_2 y(t) + bu(t)$$

の出力 y を目標信号 y_M に追従させるモデル規範形適応制御系を構成せよ。た
だし，a_1, a_2 と b は未知の定数で，$b \neq 0$ とする。

6

バックステッピング法

　　バックステッピング法とは，連続時間適応制御において相対次数が 2 次以上の場合に，拡張誤差ではなく出力誤差に基づいて適応制御系を構成する手法である。本章では，このバックステッピング法を線形系のモデル規範形適応制御に適用した場合と，非線形系の適応制御に適用した場合について説明する。

6.1　出力誤差に基づく適応制御系の構成

　　拡張誤差に基づく適応制御系の構成は，安定解析が複雑なだけでなく，制御誤差の特性に関して出力誤差の 0 への収束性以外に定量的な議論ができない，という問題点がある。相対次数が 1 次のときは，リアプノフ関数の評価を通して $e(t)$ の過渡特性（$\mathcal{L}^\infty$, $\mathcal{L}^2$ 特性）を調べることができるが，相対次数が 2 次以上の場合，リアプノフ関数の評価を通じて直接に論じることができるのは，拡張誤差 $e_a(t)$ であって，出力誤差 $e(t)$ ではない。また，この場合，適応則のゲインを大きくして制御性能を上げようとすると，関連する信号（**表 3.5** の $z(t)$）に含まれる $\hat{\Theta}(t)$ の時間変化する要素が大きくなり，結果的に $|\hat{e}(t)|$ の増大に繋がって，たとえ $e_a(t)$ の零への収束性が向上しても，$e(t) = e_a(t) + \hat{e}(t)$ の収束性が悪化することもある。

　　これに対して，**バックステッピング法**（backstepping）は，出力誤差を 1 成

分とする相対次数と同次元の階層構造のシステムを考えて,各サブシステム内に仮想的な入力と出力(入出力関係)を設定し,因果性に反しないようにその仮想入力を使って各サブシステムを安定化する適応制御系を順次構成していく手法である。バックステッピング法には,以下のような特色がある[32),33)]。

- 各サブシステムにおいて相対次数が1次となるので,拡張誤差も用いないで適応制御系が構成できる
- 出力誤差を1成分とする全サブシステムの出力を正定関数を使って評価することで,出力誤差の過渡特性($\mathcal{L}^\infty$, $\mathcal{L}^2$ 特性)を直接に評価できる

図 **6.1** にバックステッピング法の概要を示す。図中,α_i と z_i はサブシステム S_i の仮想的な入出力に対応し,$\Delta_i(z_1, \cdots, z_i)$ は $z_1 \sim z_i$ から構成される信号成分とする。この図において,伝達関数が $\dfrac{1}{s+\lambda}$ となるサブシステム $S_1 \sim S_i \sim S_r$ に対して仮想入力 $\alpha_1 \sim \alpha_i \sim \alpha_r (= u)$ を使ってそれぞれの出力 $z_1 \sim z_i \sim z_r$ を安定化する過程が,バックステッピング法に対応する。

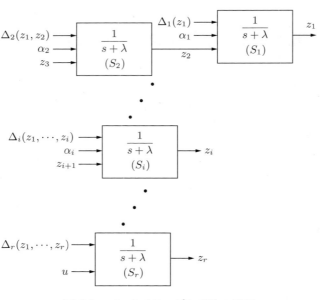

図 **6.1** バックステッピング法の概要

6.2 バックステッピング法による適応制御

6.2.1 相対次数が3次の場合

本項では，次数と相対次数がともに3次の制御対象を例として，バックステッピング法による適応制御系を構成する．図6.2に，三つの階層システムとそれぞれの入出力 $\alpha_1, \alpha_2, \alpha_3 = u, z_1 = e, z_2, z_3$ を示す．以下の制御対象を考える．

$$y(t) = \frac{b_0}{s^3 + a_1 s^2 + a_2 s + a_3} u(t) \tag{6.1}$$

この3次の対象において，$a_1 \sim a_3, b_0$ は未知パラメータで，b_0 の符号は既知とする（以後，b_0 は正とする）．$y(t)$ が目標信号 $y_M(t)$ （一様有界で3階連続微分可能）に追従するように，入力 $u(t)$ を適応的に合成する問題を考える．まず，$W(s) = (s + \lambda)^3$ （3章で設定した多項式 $W(s)$）とおくことにより，式 (6.1) の非最小表現として，つぎの表現が得られる[14),25)]。

$$(s+\lambda)^3 y(t) = \theta_0 y(t) + \theta_1^T v_1(t) + \theta_2^T v_2(t) + b_0 u(t) + \epsilon_0(t) \tag{6.2}$$

$$\frac{d}{dt} v_1(t) = F v_1(t) + g y(t),$$

$$\frac{d}{dt} v_2(t) = F v_2(t) + g u(t) \tag{6.3}$$

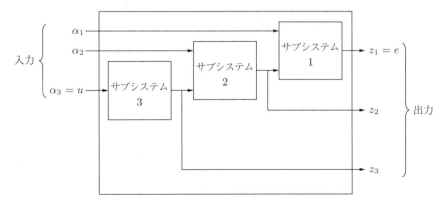

図 **6.2** バックステッピング法の概要（相対次数＝3の場合）

144   6. バックステッピング法

ただし，$\lambda > 0$ であり，F, g は 2 次元または 3 次元の行列とベクトル（F は安定行列），(F, g) は可制御対である。$\theta_0 \sim \theta_2, b_0$ は未知のシステムパラメータ（スカラまたはベクトル）であり，$\epsilon_0(t)$ は指数オーダで減衰する項である（特性多項式が $\det(sI - F)$）。この表現は，つぎのように書き換えられる。

$$(s + \lambda)y(t) = \theta^T \omega_1(t) + b_0 u_{f2}(t) + \epsilon_1(t) \tag{6.4}$$

$$\frac{d}{dt} v_{f1}(t) = F v_{f1}(t) + g y_{f2}(t),$$

$$\frac{d}{dt} v_{f2}(t) = F v_{f2}(t) + g u_{f2}(t) \tag{6.5}$$

$$y_{fi}(t) \equiv \frac{1}{(s + \lambda)^i} y(t) \qquad (i = 1, 2, \cdots) \tag{6.6}$$

$$u_{fi}(t) \equiv \frac{1}{(s + \lambda)^i} u(t) \qquad (i = 1, 2, \cdots) \tag{6.7}$$

$$\theta \equiv [\theta_1^T, \, \theta_2^T, \, \theta_0]^T$$

$$\omega_1(t) \equiv [v_{f1}(t)^T, \, v_{f2}(t)^T, \, y_{f2}(t)]^T$$

$$\frac{d}{dt} \epsilon(t) = F_0 \epsilon(t)$$

$$\epsilon_1(t) \equiv \epsilon(t) \text{ の第 1 成分}$$

ただし，F_0 は 4 次または 5 次の行列で，特性多項式は $\det(sI - F_0) = (s + \lambda)^2 \det(sI - F)$ となる。以後，3 次の相対次数に対応して 4 ステップ（$4 = 3 + 1$）で制御系を構成する。

Step 1)

出力誤差を $z_1(t)$ とおいて，それの時間微分を計算する。

$$z_1(t) \equiv y(t) - y_M(t) \tag{6.8}$$

$$\dot{z}_1(t) = -\lambda z_1(t) + \theta^T \omega_1(t) + b_0 u_{f2}(t) - Y_M(t) + \epsilon_1(t) \tag{6.9}$$

$$Y_M(t) \equiv \frac{d}{dt} y_M(t) + \lambda y_M(t) \tag{6.10}$$

式 (6.9) において，$u_{f2}(t)$ は入力 $u(t)$ と式 (6.7) によって関係付けられるが，入力そのものではない。これに対して，$u_{f2}(t)$ を再現する信号としての $\alpha_1(t)$

6.2 バックステッピング法による適応制御

と，それと実際の $u_{f2}(t)$ との偏差（状態変数）$z_2(t)$ を導入する。

$$z_2(t) \equiv u_{f2}(t) - \alpha_1(t) \tag{6.11}$$

ここで，$p \equiv \dfrac{1}{b_0}$ とおくと，式 (6.9) はつぎのようになる。

$$\begin{aligned}\dot{z}_1(t) &= -c_1 z_1(t) - d_1 z_1(t) \\ &\quad + b_0 z_2(t) + b_0 \{\alpha_1(t) + p\phi(t)\} + \epsilon_1(t)\end{aligned} \tag{6.12}$$

$$\phi(t) \equiv (c_1 - \lambda)z_1(t) + d_1 z_1(t) + \theta^T \omega_1(t) - Y_M(t) \tag{6.13}$$

ただし，c_1, d_1 はあとでわかるように，過渡特性を決定する正のパラメータ（既知）である。式 (6.12) を $z_1(t)$ が出力で入力（仮想入力）が $\alpha_1(t)$ のシステム (S_1) と見なして，図 **6.3** に示すように，$z_2(t)$ を含まないフィードバック形式 (C_1) で $\alpha_1(t)$ を構成し，システムをできるだけ安定化することを考える。

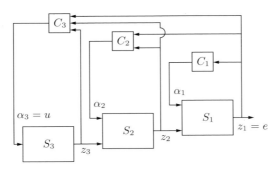

図 **6.3** サブシステム 1～3 の安定化

そのためには，もしシステムパラメータが既知ならば $\alpha_1(t) = -p\phi(t)$ とおくとよいことがわかるが，実際には未知パラメータ p と θ のために，このようにおくことはできない。したがって，Certainty Equivalence の原理に従って，それぞれ推定パラメータで置き換え，つぎのように $\alpha_1(t)$ を決定する。

$$\alpha_1(t) = -\hat{p}(t)\hat{\phi}(t) \tag{6.14}$$

$$\hat{\phi}(t) \equiv (c_1 - \lambda)z_1(t) + d_1 z_1(t) + \hat{\theta}(t)^T \omega_1(t) - Y_M(t) \tag{6.15}$$

146   6. バックステッピング法

これに関連して正定関数 $V_1(t)$ を定める。

$$V_1(t) \equiv \frac{1}{2}z_1(t)^2 + \frac{b_0}{2g_1}\{p - \hat{p}(t)\}^2$$
$$+ \frac{1}{2}\{\theta - \hat{\theta}(t)\}^T G_2^{-1}\{\theta - \hat{\theta}(t)\} + \frac{\epsilon(t)^T P_0 \epsilon(t)}{d_1} \tag{6.16}$$

ただし

$$g_1 > 0, \quad G_2 = G_2^T > 0$$
$$P_0 = P_0^T > 0, \quad P_0 F_0 + F_0^T P_0 = -I$$

である。$V_1(t)$ を $z_1(t)$ の軌道に沿って時間微分すると，以下のようになる。

$$\dot{V}_1(t) = -c_1 z_1(t)^2 - d_1 z_1(t)^2 + b_0 z_1(t)z_2(t)$$
$$+ \frac{b_0}{g_1}\{p - \hat{p}(t)\}\{g_1\hat{\phi}(t)z_1(t) - \dot{\hat{p}}(t)\}$$
$$+ \{\theta - \hat{\theta}(t)\}^T G_2^{-1}\{G_2\omega_1(t)z_1(t) - \dot{\hat{\theta}}(t)\}$$
$$+ \epsilon_1(t)z_1(t) - \frac{\|\epsilon(t)\|^2}{d_1} \tag{6.17}$$

ここで，式 (6.17) の $\dot{\hat{p}}(t)$ に関する項から，$\dot{\hat{p}}(t)$ を

$$\dot{\hat{p}}(t) = g_1\hat{\phi}(t)z_1(t) \tag{6.18}$$

と定め，また，関係式

$$\epsilon_1(t)z_1(t) \leqq d_1 z_1(t)^2 + \frac{\epsilon_1(t)^2}{4d_1} \tag{6.19}$$

にも着目すると，$\dot{V}_1(t)$ は以下のように評価される。

$$\dot{V}_1(t) \leqq -c_1 z_1(t)^2 + b_0 z_1(t)z_2(t)$$
$$+ \{\theta - \hat{\theta}(t)\}^T G_2^{-1}\{\tau_{\theta 1}(t) - \dot{\hat{\theta}}(t)\} - \frac{1}{d_1}\Omega(\epsilon) \tag{6.20}$$

ただし

$$\tau_{\theta 1}(t) \equiv G_2\omega_1(t)z_1(t) \tag{6.21}$$
$$\Omega(\epsilon) \equiv \|\epsilon\|^2 - \frac{\epsilon_1(t)^2}{4} \quad (> 0) \tag{6.22}$$

とおいた。なお，$\hat{\theta}(t)$ の調整則は Step 3) で決定する。

Step 2)

Step 1) で定めた $z_2(t)$ の時間微分を計算する。

$$
\begin{aligned}
\dot{z}_2(t) &= -\lambda u_{f2}(t) + u_{f1}(t) - \dot{\alpha}_1(t) \\
&= u_{f1}(t) + \beta_2(t) \\
&\quad - \frac{\partial \alpha_1}{\partial z_1}\{\theta^T \omega_1(t) + b_0 u_{f2}(t) + \epsilon_1(t)\} - \frac{\partial \alpha_1}{\partial \hat{\theta}}\dot{\hat{\theta}}(t) \quad (6.23)
\end{aligned}
$$

$$
\begin{aligned}
\beta_2(t) &\equiv -\lambda u_{f2}(t) - \frac{\partial \alpha_1}{\partial z_1}\{-\lambda z_1(t) - Y_M(t)\} \\
&\quad - \frac{\partial \alpha_1}{\partial Y_M}\dot{Y}_M(t) - \frac{\partial \alpha_1}{\partial \hat{p}}\dot{\hat{p}}(t) - \frac{\partial \alpha_1}{\partial \omega_1}\dot{\omega}_1(t) \quad (6.24)
\end{aligned}
$$

右辺の偏微分や時間微分は，すべて解析的に計算できることに注意する。具体的な計算結果も書けるが，一般的な表現を求めるためにこのような表記を採用した。また，特に $\beta_2(t)$ は既知の信号である。ここで，Step 1) と同様に，実際の入力とは異なる $u_{f1}(t)$ に対して，それを再現する信号として $\alpha_2(t)$ を定め，$u_{f1}(t)$ と $\alpha_2(t)$ の偏差（状態変数）$z_3(t)$ を導入する。

$$
z_3(t) \equiv u_{f1}(t) - \alpha_2(t) \quad (6.25)
$$

すると，式 (6.23) は以下のようになる。

$$
\begin{aligned}
\dot{z}_2(t) &= -c_2 z_2(t) - d_2\left(\frac{\partial \alpha_1}{\partial z_1}\right)^2 z_2(t) + z_3(t) + \alpha_2(t) \\
&\quad + c_2 z_2(t) + d_2\left(\frac{\partial \alpha_1}{\partial z_1}\right)^2 z_2(t) \\
&\quad + \beta_2(t) - \frac{\partial \alpha_1}{\partial z_1}\{\theta^T \omega_1(t) + b_0 u_{f2}(t) + \epsilon_1(t)\} \\
&\quad - \frac{\partial \alpha_1}{\partial \hat{\theta}}\dot{\hat{\theta}}(t) \quad (6.26)
\end{aligned}
$$

上記のシステム (S_2) において，これも Step 1) と同様に，図 **6.3** に示したように，$z_2(t)$ を出力，$\alpha_2(t)$ を（仮想）入力と見なし，$z_3(t)$ を含まないフィードバック形式 (C_2) で $\alpha_2(t)$ を構成して，システムをできる限り安定化する。ただし，c_2, d_2 は，Step 1) と同じく，システムの過渡特性に関係する正のパラ

148   6. バックステッピング法

メータ（既知）である。望ましい形式の $\alpha_2(t)$ の未知パラメータを推定パラメータで置き換えることにより（Certainty Equivalence の原理），実際の $\alpha_2(t)$ は以下のように決定される。

$$\alpha_2(t) = -c_2 z_2(t) - d_2 \left(\frac{\partial \alpha_1}{\partial z_1}\right)^2 z_2(t) - \beta_2(t) + \frac{\partial \alpha_1}{\partial z_1}\hat{\theta}(t)^T \omega_1(t)$$
$$+ \hat{b}_0(t)\left\{\frac{\partial \alpha_1}{\partial z_1}u_{f2}(t) - z_1(t)\right\} + \frac{\partial \alpha_1}{\partial \hat{\theta}}\tau_{\theta 2}(t) \quad (6.27)$$

ただし，$-\hat{b}_0(t)z_1(t)$ は，Step 1) の式 (6.20) で残った $b_0 z_1(t)z_2(t)$ に対する補償項である。また，$\tau_{\theta 2}(t)$ は Step 2) における $\dot{\hat{\theta}}(t)$ の近似値であり，このあとで決定する。

以上のシステムに対応して正定関数 $V_2(t)$ を

$$V_2(t) \equiv V_1(t) + \frac{1}{2}z_2(t)^2 + \frac{1}{2g_3}(b_0 - \hat{b}_0(t))^2 + \frac{\epsilon(t)^T P_0 \epsilon(t)}{d_2} \quad (6.28)$$
$$(g_3 > 0)$$

と定め，つぎの関係式

$$\frac{\partial \alpha_1}{\partial z_1}\epsilon_1(t)z_2(t) \leqq d_2 \left(\frac{\partial \alpha_1}{\partial z_1}\right)^2 z_2(t)^2 + \frac{\epsilon_1(t)^2}{4d_2} \quad (6.29)$$

にも着目すると，$\tau_{\theta 2}(t)$, $\tau_{b2}(t)$ を

$$\tau_{\theta 2}(t) \equiv \tau_{\theta 1}(t) - G_2\frac{\partial \alpha_1}{\partial z_1}\omega_1(t)z_2(t) \quad (6.30)$$

$$\tau_{b2}(t) \equiv g_3\left\{z_1(t) - \frac{\partial \alpha_1}{\partial z_1}u_{f2}(t)\right\}z_2(t) \quad (6.31)$$

と定めることで，$\dot{V}_2(t)$ が以下のように評価される。

$$\dot{V}_2(t) \leqq -\sum_{i=1}^{2}c_i z_i(t)^2 - \sum_{i=1}^{2}\frac{1}{d_i}\Omega(\epsilon) + z_2(t)z_3(t)$$
$$+ \{\theta - \hat{\theta}(t)\}^T G_2^{-1}\{\tau_{\theta 2}(t) - \dot{\theta}(t)\}$$
$$+ z_2(t)\frac{\partial \alpha_1}{\partial \hat{\theta}}\{\tau_{\theta 2}(t) - \dot{\hat{\theta}}(t)\}$$
$$+ \frac{\{b_0 - \hat{b}_0(t)\}\{\tau_{b2}(t) - \dot{\hat{b}}_0(t)\}}{g_3} \quad (6.32)$$

Step 3)

Step 2) で定めた $z_3(t)$ の時間微分を計算する。

$$
\begin{aligned}
\dot{z}_3(t) &= -\lambda u_{f1}(t) + u(t) - \dot{\alpha}_2(t) \\
&= u(t) + \beta_3(t) - \gamma_2(t)\{\theta^T \omega_1(t) + b_0 u_{f2}(t) + \epsilon_1(t)\} \\
&\quad - \gamma_{\theta 2}(t)\dot{\hat{\theta}}(t) - \frac{\partial \alpha_2}{\partial \hat{b}_0}\dot{\hat{b}}_0(t)
\end{aligned} \tag{6.33}
$$

$$
\begin{aligned}
\beta_3(t) &= -\lambda u_{f1}(t) - \frac{\partial \alpha_2}{\partial z_1}\{-\lambda z_1(t) - Y_M(t)\} \\
&\quad - \frac{\partial \alpha_2}{\partial z_2}\{u_{f1}(t) + \beta_2(t)\} \\
&\quad - \sum_{i=0}^{1} \frac{\partial \alpha_2}{\partial Y_M^{(i)}} Y_M^{(i+1)}(t) - \frac{\partial \alpha_2}{\partial \omega_2}\dot{\omega}_2(t) - \frac{\partial \alpha_2}{\partial \hat{p}}\dot{\hat{p}}(t)
\end{aligned} \tag{6.34}
$$

$$
\omega_2(t) \equiv [\omega_1(t)^T,\, y_{f1}(t),\, u_{f2}(t)]^T
$$

$$
\gamma_2(t) \equiv \frac{\partial \alpha_2}{\partial z_1} - \frac{\partial \alpha_2}{\partial z_2}\frac{\partial \alpha_1}{\partial z_1} \tag{6.35}
$$

$$
\gamma_{\theta 2}(t) \equiv \frac{\partial \alpha_2}{\partial \hat{\theta}} - \frac{\partial \alpha_1}{\partial \hat{\theta}}\frac{\partial \alpha_2}{\partial z_2} \tag{6.36}
$$

ここでは，仮想入力ではなく実際の入力 $u(t)$ が式 (6.33) に現れることに着目し，図 6.3 に示したように $z_3(t)$ を出力と見なした以下のシステム（S_3）

$$
\begin{aligned}
\dot{z}_3(t) &= -c_3 z_3(t) - d_3 \gamma_2(t)^2 z_3(t) + u(t) \\
&\quad + c_3 z_3(t) + d_3 \gamma_2(t)^2 z_3(t) + \beta_3(t) \\
&\quad - \gamma_2(t)\{\theta^T \omega_1(t) + b_0 u_{f2}(t) + \epsilon_1(t)\} \\
&\quad - \gamma_{\theta 2}(t)\dot{\hat{\theta}}(t) - \frac{\partial \alpha_2}{\partial \hat{b}_0}\dot{\hat{b}}_0(t)
\end{aligned} \tag{6.37}
$$

を安定化するように $u(t)$ を決定する。今度も c_3, d_3 は過渡応答に関係する正のパラメータ（既知）であり，$\beta_3(t)$ は既知の信号である。未知パラメータを推定値に置き換えて，$u(t)$ をつぎのように定める。

$$
u(t) = -c_3 z_3(t) - d_3 \gamma_2(t)^2 z_3(t) - \beta_3(t)
$$

$$
+ \gamma_2(t)\hat{\theta}(t)^T \omega_1(t) + \hat{b}_0(t)\gamma_2(t)u_{f2}(t)
$$
$$
+ \gamma_{\theta2}(t)\tau_{\theta3}(t) + \frac{\partial \alpha_2}{\partial \hat{b}_0}\tau_{b3}(t) - z_2(t) + \tilde{\alpha}_3(t) \tag{6.38}
$$

ただし，$\tau_{\theta3}(t)$, $\tau_{b3}(t)$ は，このあとで定める $\hat{\theta}(t)$, $\hat{b}_0(t)$ の調整則である（$\dot{\hat{\theta}}(t)$, $\dot{\hat{b}}_0(t)$ の値）。また，$\tilde{\alpha}_3(t)$ はあとで定める補助信号である。

以上のシステムに関連して，$V_3(t)$ を

$$
V_3(t) \equiv V_2(t) + \frac{1}{2}z_3(t)^2 + \frac{\epsilon(t)^T P_0 \epsilon(t)}{d_3} \tag{6.39}
$$

のように定め，以下の関係

$$
\gamma_2(t)z_3(t)\epsilon_1(t) \leqq d_3\gamma_3(t)^2 z_3(t)^2 + \frac{\epsilon_1(t)^2}{4d_3} \tag{6.40}
$$

に着目すると，$\hat{\theta}(t)$, $\hat{b}_0(t)$ の調整則（$\dot{\hat{\theta}}(t)$, $\dot{\hat{b}}_0(t)$ の値）と $\tau_{\theta3}(t)$, $\tau_{b3}(t)$ を

$$
\dot{\hat{\theta}}(t) = \tau_{\theta3}(t) \tag{6.41}
$$
$$
\dot{\hat{b}}_0(t) = \tau_{b3}(t) \tag{6.42}
$$
$$
\tau_{\theta3}(t) = \tau_{\theta2}(t) - G_2\gamma_2(t)\omega_1(t)z_3(t) \tag{6.43}
$$
$$
\tau_{b3}(t) = \tau_{b2}(t) - g_3\gamma_2(t)u_{f2}(t)z_3(t) \tag{6.44}
$$

のように決定することにより，$\dot{V}_3(t)$ の評価を得る。

$$
\begin{aligned}
\dot{V}_3(t) \leqq & -\sum_{i=1}^{3} c_i z_i(t)^2 - \sum_{i=1}^{3} \frac{1}{d_i}\Omega(\epsilon) \\
& + \{\theta - \hat{\theta}(t)\}^T G_2^{-1}\{\tau_{\theta3}(t) - \dot{\hat{\theta}}(t)\} \\
& + \frac{\{b_0 - \hat{b}_0(t)\}\{\tau_{b3}(t) - \dot{\hat{b}}(t)\}}{g_3} \\
& + z_2(t)\frac{\partial \alpha_1}{\partial \hat{\theta}}\{\tau_{\theta2}(t) - \dot{\hat{\theta}}(t)\} + z_3(t)\gamma_{\theta2}(t)\{\tau_{\theta3}(t) - \dot{\hat{\theta}}(t)\} \\
& + z_3(t)\frac{\partial \alpha_2}{\partial \hat{b}_0}\{\tau_{b3}(t) - \dot{\hat{b}}_0(t)\} + \tilde{\alpha}_3(t)z_3(t) \\
= & -\sum_{i=1}^{3} c_i z_i(t)^2 - \sum_{i=1}^{3} \frac{1}{d_i}\Omega(\epsilon)
\end{aligned}
$$

$$+ z_2(t)\frac{\partial \alpha_1}{\partial \hat{\theta}}\{\tau_{\theta 2}(t) - \tau_{\theta 3}(t)\} + \tilde{\alpha}_3(t)z_3(t) \tag{6.45}$$

Step 4) （補助信号の決定と安定解析）

未定の $\tilde{\alpha}_3(t)$ は，式 (6.45) の右辺の最後の 2 項の和が零になるように決定する。

$$\tilde{\alpha}_3(t) = -z_2(t)\frac{\partial \alpha_1}{\partial \hat{\theta}}G_2\gamma_2(t)\omega_1(t) \tag{6.46}$$

すると，$\dot{V}_3(t)$ はつぎのように評価できる。

$$\dot{V}_3(t) \leqq -\sum_{i=1}^{3} c_i z_i(t)^2 - \sum_{i=1}^{3}\frac{1}{d_i}\Omega(\epsilon) \leqq 0 \tag{6.47}$$

これから，ただちに $V_3(t)$ の有界性と，$z_1(t) \sim z_3(t)$ および $\hat{p}(t)$, $\hat{\theta}(t)$, $\hat{b}_0(t)$ の有界性，そして

$$\int_0^{\infty} z_i(t)^2 dt < \infty \qquad (1 \leqq i \leqq 3) \tag{6.48}$$

が導かれる。$z_1(t)$ と $y_M(t)$ の有界性から $y(t)$ の有界性が示され，これより $y_{fi}(t)$ $(i = 1, 2, \cdots)$ と $v_{f1}(t)$ の有界性も保証される。一方

$$G_0(s) \equiv \frac{s^3 + a_1 s^2 + a_2 s + a_1}{b_0(s + \lambda)^3} \tag{6.49}$$

がプロパーで安定であることと

$$u_{f3}(t) = G_0(s)y(t) \tag{6.50}$$

より，$u_{f3}(t)$ の有界性も示され，これから

$$v_{f2}(t) = (sI + \lambda I)(sI - F)^{-1}g u_{f3}(t) \tag{6.51}$$

と $(sI + \lambda I)(sI - F)^{-1}g$ がプロパーで安定な伝達関数行列であることにより，$v_{f2}(t)$ も有界となる。以上から $\omega_1(t)$ の有界性がいえるから，$\alpha_1(t)$ の有界性が導かれ（式 (6.14), (6.15)），$u_{f2}(t) = z_2(t) + \alpha_1(t)$ より $u_{f2}(t)$ の有界性，これより $\alpha_2(t)$ の有界性（式 (6.27)）がいえ，$u_{f1}(t) = z_3(t) + \alpha_2(t)$ より $u_{f1}(t)$

も有界となって，けっきょく $u(t)$ の有界性が示される。すなわち，式 (6.38) より $u(t)$ を構成するすべての信号の有界性が示される。これで適応系内部の信号の有界性がすべて示された。このとき，$\dot{z}_i(t)$ $(1 \leqq i \leqq 3)$ が有界であることもいえるから，式 (6.48) も考慮して

$$\lim_{t \to \infty} z_i(t) = 0 \tag{6.52}$$

が導かれる。特に $z_1(t) = e(t) = y(t) - y_M(t)$ であることに注意する。仮想入力と実際の入力による各サブシステムの安定化と，各信号（仮想/実入力，状態変数）の関係について，それぞれ図 **6.3**（各サブシステムの入力 $\alpha_1, \alpha_2, \alpha_3 = u$ をフィードバック制御器 $C_1 \sim C_3$ で生成する仕組み）と図 **6.4**（信号 $u, u_{f1} \sim u_{f3}, \alpha_1, \alpha_2, z_2, z_3$ の相互の関係）に示している。全体の構成は，図 **6.3**，図 **6.4** とともに図 **6.1** を参照されたい。

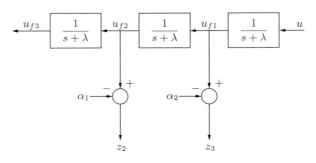

図 **6.4** 各信号の関係

【定理 6.1】 表 6.1 の問題設定において，特に 3 次の線形系に対して構成されたバックステッピング法に基づく適応制御系（**表 6.2**）は有界で，制御誤差 $e(t) = y(t) - y_M(t) = z_1(t)$ を含む状態変数 $z_i(t)$ $(1 \leqq i \leqq 3)$ は 0 に収束する。

6.2 バックステッピング法による適応制御 153

表 **6.1** モデル規範形適応制御の問題設定

制御対象（1入力1出力線形系）
$\dfrac{d}{dt}x(t) = Ax(t) + bu(t)$ $y(t) = c^T x(t)$
制御対象の条件
可制御・可観測   零点が安定   次数 n と相対次数 n^* が既知
制御目的
$e(t) = y(t) - y_M(t)$ $e(t) \to 0$

表 **6.2** バックステッピング法（3次の場合）

制御対象と非最小表現
$y(t) = \dfrac{b_0}{s^3 + a_1 s^2 + a_2 s + a_3} u(t)$ $\dfrac{d}{dt}y(t) + \lambda y(t) = \theta^T \omega_1(t) + b_0 u_{f2}(t) + \epsilon_1(t)$ $\omega_1(t) = [v_{f1}(t)^T,\, v_{f2}(t)^T,\, y_{f2}(t)]^T$ $\dfrac{d}{dt}v_{f1}(t) = F v_{f1}(t) + g y_{f2}(t)$ $\dfrac{d}{dt}v_{f2}(t) = F v_{f2}(t) + g u_{f2}(t)$ $y_{fi}(t) = \dfrac{1}{(s+\lambda)^i} y(t)$ $u_{fi}(t) = \dfrac{1}{(s+\lambda)^i} u(t)$
制御誤差と状態変数
$z_1(t) = y(t) - y_M(t)$ $z_2(t) = u_{f2}(t) - \alpha_1(t)$ $z_3(t) = u_{f1}(t) - \alpha_2(t)$ $(z(t) = [z_1(t),\, z_2(t),\, z_3(t)]^T)$

（つづく）

154   6. バックステッピング法

表 6.2　（つづき）

仮想入力と実入力

$$\alpha_1(t) = -\hat{p}(t)\{(c_1 - \lambda)z_1(t) + d_1 z_1(t) + \hat{\theta}(t)^T \omega_1(t) - Y_M(t)\}$$

$$\alpha_2(t) = -c_2 z_2(t) - d_2 \left(\frac{\partial \alpha_1}{\partial z_1}\right)^2 z_2(t) - \beta_2(t) + \frac{\partial \alpha_1}{\partial z_1}\hat{\theta}(t)^T \omega_1(t)$$

$$+ \hat{b}_0(t)\left\{\frac{\partial \alpha_1}{\partial z_1}u_{f2}(t) - z_1(t)\right\} + \frac{\partial \alpha_1}{\partial \hat{\theta}}\tau_{\theta2}(t)$$

$$u(t) = -c_3 z_3(t) - d_3 \gamma_2(t)^2 z_3(t) - \beta_3(t)$$

$$+ \gamma_2(t)\hat{\theta}(t)^T \omega_1(t) + \hat{b}_0(t)\gamma_2(t)u_{f2}(t)$$

$$+ \gamma_{\theta2}(t)\tau_{\theta3}(t) + \frac{\partial \alpha_2}{\partial \hat{b}_0}\tau_{b3}(t) - z_2(t) + \tilde{\alpha}_3(t)$$

適応則

$$\dot{\hat{p}}(t) = g_1 \hat{\phi}(t)z_1(t)$$

$$\dot{\hat{\theta}}(t) = \tau_{\theta3}(t)$$

$$\dot{\hat{b}}_0(t) = \tau_{b3}(t)$$

信号の定義

$$\tau_{\theta1}(t) = G_2 \omega_1(t)z_1(t)$$

$$\tau_{\theta2}(t) = \tau_{\theta1}(t) - G_2 \frac{\partial \alpha_1}{\partial z_1}\omega_1(t)z_2(t)$$

$$\tau_{\theta3}(t) = \tau_{\theta2}(t) - G_2 \gamma_2(t)\omega_1(t)z_3(t)$$

$$\tau_{b2}(t) = g_3 \left\{z_1(t) - \frac{\partial \alpha_1}{\partial z_1}u_{f2}(t)\right\} z_2(t)$$

$$\tau_{b3}(t) = \tau_{b2}(t) - g_3 \gamma_2(t)u_{f2}(t)z_3(t)$$

$$\tilde{\alpha}_3(t) = -z_2(t)\frac{\partial \alpha_1}{\partial \hat{\theta}}G_2 \gamma_2(t)\omega_1(t)$$

6.2.2　一　般　形　式

相対次数が n^*（$\geqq 2$）次の制御対象について，適応制御系を構成する[32), 33)]。先に求めた対象の入出力表現で，$W(s) = (s + \lambda)^{n^*}$（$\lambda > 0$）（3 章で設定した多項式 $W(s)$）とおくと，つぎの式が得られる。

$$(s + \lambda)^{n^*}y(t) = \theta_0 y(t) + \theta_1^T v_1(t) + \theta_2^T v_2(t)$$

$$+ b_0 u(t) + \epsilon_0(t) \tag{6.53}$$

ただし, $v_1(t)$, $v_2(t)$ は n または $n-1$ 次の状態変数フィルタであり, $\epsilon_0(t)$ は先と同じに定義される指数減衰項である。また, このあとの議論の都合上, θ_0, θ_1, θ_2 は, あらためて設定している。この表現はつぎのように書き換えられる。

$$(s + \lambda)y(t) = \theta_0 y(t) + \theta^T \omega_1(t) + b_0 u_{fn^*-1}(t) + \epsilon_1(t) \tag{6.54}$$

$$\omega_1(t) \equiv [v_{f1}(t)^T, \, v_{f2}(t)^T, \, y_{fn^*-1}(t)]^T$$

$$\frac{d}{dt}v_{f1}(t) = Fv_{f1}(t) + gy_{fn^*-1}(t),$$

$$\frac{d}{dt}v_{f2}(t) = Fv_{f2}(t) + gu_{fn^*-1}(t) \tag{6.55}$$

$$y_{fi}(t) \equiv \frac{1}{(s+\lambda)^i}y(t) \qquad (i = 1, \, 2, \, \cdots) \tag{6.56}$$

$$u_{fi}(t) \equiv \frac{1}{(s+\lambda)^i}u(t) \qquad (i = 1, \, 2, \, \cdots) \tag{6.57}$$

$$\theta \equiv [\theta_1^T, \, \theta_2^T, \, \theta_0]^T$$

$$\frac{d}{dt}\epsilon(t) = F_0\epsilon(t)$$

$$\epsilon_1(t) \equiv \epsilon(t) \text{ の第 1 成分} \tag{6.58}$$

バックステッピング法では指数減衰項の影響も考慮するため, 特に指数減衰項の状態変数モデルを式 (6.58) のように規定した。以後, n^* 次の相対次数に対応して n^* ステップで制御系を構成する。

Step 1)

出力誤差を $z_1(t)$ とおいて, 時間微分を計算する。

$$z_1(t) \equiv y(t) - y_M(t) \tag{6.59}$$

$$\dot{z}_1(t) = -\lambda z_1(t) + \theta^T \omega_1(t) + b_0 u_{fn^*-1}(t) - Y_M(t) + \epsilon_1(t) \tag{6.60}$$

$$Y_M(t) \equiv \frac{d}{dt}y_M(t) + \lambda y_M(t)$$

式 (6.60) において, $u_{fn^*-1}(t)$ は入力 $u(t)$ を積分して得られる信号であるが, 入力そのものではない。これに対して, $u_{fn^*-1}(t)$ を再現する信号として $\alpha_1(t)$,

156   6. バックステッピング法

および，それと実際の $u_{fn^*-1}(t)$ との偏差（状態変数）$z_2(t)$ を導入する。

$$z_2(t) \equiv u_{fn^*-1}(t) - \alpha_1(t) \tag{6.61}$$

ここで，$p \equiv \dfrac{1}{b_0}$ とおくと，式 (6.60) はつぎのようになる。

$$\dot{z}_1(t) = -c_1 z_1(t) - d_1 z_1(t) + b_0 z_2(t)$$
$$+ b_0\{\alpha_1(t) + p\phi(t)\} + \epsilon_1(t) \tag{6.62}$$

$$\phi(t) \equiv (c_1 - \lambda)z_1(t) + d_1 z_1(t) + \theta^T \omega_1(t) - Y_M(t) \tag{6.63}$$

ただし，c_1, d_1 はあとでわかるように，過渡特性を決定する正のパラメータ（既知の設計変数）である。式 (6.62) を出力が $z_1(t)$ で入力（仮想入力）が $\alpha_1(t)$ のシステムと見なし，$z_2(t)$ を含まずに $\alpha_1(t)$ を構成して，$z_2(t)$ 以外の要素についてシステムを安定化することを考える。それにはシステムパラメータが既知ならば $\alpha_1(t) = -p\phi(t)$ とおくとよいが，実際には未知パラメータ p と θ のために，このようにおくことはできない。したがって，それぞれ推定パラメータで置き換えて，つぎのように $\alpha_1(t)$ を決定する。

$$\alpha_1(t) = -\hat{p}(t)\hat{\phi}(t) \tag{6.64}$$

$$\hat{\phi}(t) \equiv (c_1 - \lambda)z_1(t) + d_1 z_1(t) + \hat{\theta}(t)^T \omega_1(t) - Y_M(t) \tag{6.65}$$

これに関連して正定関数 $V_1(t)$ を

$$V_1(t) \equiv \frac{1}{2}z_1(t)^2 + \frac{b_0}{2g_1}\{p - \hat{p}(t)\}^2$$
$$+ \frac{1}{2}\{\theta - \hat{\theta}(t)\}^T G_2^{-1}\{\theta - \hat{\theta}(t)\} + \frac{\epsilon(t)^T P_0 \epsilon(t)}{d_1} \tag{6.66}$$
$$g_1 > 0, \quad G_2 = G_2^T > 0$$
$$P_0 = P_0^T > 0, \quad P_0 F_0 + F_0^T P_0 = -I$$

と定め，$V_1(t)$ を $z_1(t)$ の軌道に沿って時間微分すると，以下のようになる。

$$\dot{V}_1(t) = -c_1 z_1(t)^2 - d_1 z_1(t)^2 + b_0 z_1(t) z_2(t)$$

$$
+ \frac{b_0}{g_1}\{p - \hat{p}(t)\}\{g_1\hat{\phi}(t)z_1(t) - \dot{\hat{p}}(t)\}
$$
$$
+ \{\theta - \hat{\theta}(t)\}^T G_2^{-1}\{G_2\omega_1(t)z_1(t) - \dot{\hat{\theta}}(t)\}
$$
$$
+ \epsilon_1(t)z_1(t) - \frac{\|\epsilon(t)\|^2}{d_1} \tag{6.67}
$$

ここで，式 (6.67) の $\dot{\hat{p}}(t)$ に関する項から，$\dot{\hat{p}}(t)$ を

$$
\dot{\hat{p}}(t) = g_1\hat{\phi}(t)z_1(t) \tag{6.68}
$$

と定め，また，つぎの関係式

$$
\epsilon_1(t)z_1(t) \leqq d_1z_1(t)^2 + \frac{\epsilon_1(t)^2}{4d_1}
$$

にも着目すると，$\dot{V}_1(t)$ は以下のように評価される。

$$
\dot{V}_1(t) \leqq -c_1z_1(t)^2 + b_0z_1(t)z_2(t)
$$
$$
+ \{\theta - \hat{\theta}(t)\}^T G_2^{-1}\{\tau_{\theta 1}(t) - \dot{\hat{\theta}}(t)\} - \frac{1}{d_1}\Omega(\epsilon) \tag{6.69}
$$

ただし，以下のようにおいた。

$$
\tau_{\theta 1}(t) \equiv G_2\omega_1(t)z_1(t) \tag{6.70}
$$
$$
\Omega(\epsilon) \equiv \|\epsilon\|^2 - \frac{\epsilon_1(t)^2}{4} \quad (> 0) \tag{6.71}
$$

なお，$\hat{\theta}(t)$ の調整則は，最後のステップで決定する。

Step 2)

Step 1) で定めた $z_2(t)$ の時間微分を計算する。

$$
\dot{z}_2(t) = -\lambda u_{fn^*-1}(t) + u_{fn^*-2}(t) - \dot{\alpha}_1(t)
$$
$$
= u_{fn^*-2}(t) + \beta_2(t)
$$
$$
- \gamma_1(t)\{\theta^T\omega_1(t) + b_0 u_{fn^*-1}(t) + \epsilon_1(t)\} - \gamma_{\theta 1}(t)\dot{\hat{\theta}}(t) \tag{6.72}
$$
$$
\beta_2(t) \equiv -\lambda u_{fn^*-1}(t) - \gamma_1(t)\{-\lambda z_1(t) - Y_M(t)\}
$$

$$-\frac{\partial \alpha_1}{\partial Y_M}\dot{Y}_M(t) - \frac{\partial \alpha_1}{\partial \hat{p}}\dot{p}(t) - \frac{\partial \alpha_1}{\partial \omega_1}\dot{\omega}_1(t) \tag{6.73}$$

$$\gamma_1(t) = \frac{\partial \alpha_1}{\partial z_1} \tag{6.74}$$

$$\gamma_{\theta 1}(t) = \frac{\partial \alpha_1}{\partial \hat{\theta}} \tag{6.75}$$

特に，$\beta_2(t)$ は既知の信号である。ここで，Step 1) と同様に，実際の入力とは異なる $u_{fn^*-2}(t)$ に対して，それを再現する信号として $\alpha_2(t)$ を定め，$u_{fn^*-2}(t)$ と $\alpha_2(t)$ の偏差（状態変数）$z_3(t)$ を定義する。

$$z_3(t) \equiv u_{fn^*-2}(t) - \alpha_2(t) \tag{6.76}$$

すると，式 (6.72) は以下のようになる。

$$\begin{aligned}
\dot{z}_2(t) &= -c_2 z_2(t) - d_2 \gamma_1(t)^2 z_2(t) + z_3(t) + \alpha_2(t) \\
&\quad + c_2 z_2(t) + d_2 \gamma_1(t)^2 z_2(t) + \beta_2(t) \\
&\quad - \gamma_1(t)\{\theta^T \omega_1(t) + b_0 u_{fn^*-1}(t) + \epsilon_1(t)\} - \gamma_{\theta 1}(t)\dot{\hat{\theta}}(t)
\end{aligned} \tag{6.77}$$

ただし，c_2, d_2 は，Step 1) と同じく，システムの過渡特性に関係する正のパラメータ（既知の設計変数）である。上記のシステムにおいて，これも Step 1) のように，$z_2(t)$ を出力，$\alpha_2(t)$ を（仮想）入力と見なし，$z_3(t)$ を含まずに $\alpha_2(t)$ を構成して，$z_3(t)$ 以外について $z_1(t)$ と $z_2(t)$ を出力とするシステムを安定化する。未知パラメータを推定パラメータで置き換えることにより，$\alpha_2(t)$ は以下のように決定される。

$$\begin{aligned}
\alpha_2(t) &= -c_2 z_2(t) - d_2 \gamma_1(t)^2 z_2(t) - \beta_2(t) \\
&\quad + \gamma_1(t)\hat{\theta}(t)^T \omega_1(t) + \hat{b}_0(t)\{\gamma_1(t)u_{fn^*-1}(t) - z_1(t)\} \\
&\quad + \gamma_{\theta 1}(t)\tau_{\theta 2}(t)
\end{aligned} \tag{6.78}$$

ただし，$\tau_{\theta 2}(t)$ は Step 2) における $\dot{\hat{\theta}}(t)$ の近似値であり，このあとで決定する。また，近似の誤差の影響は，最後に補助信号を導入して対応する。

以上のシステムに対応して正定関数 $V_2(t)$ を

$$V_2(t) \equiv V_1(t) + \frac{1}{2}z_2(t)^2 + \frac{1}{2g_3}(b_0 - \hat{b}_0(t))^2$$
$$+ \frac{\epsilon(t)^T P_0 \epsilon(t)}{d_2} \qquad (g_3 > 0) \tag{6.79}$$

と定め，つぎの関係式

$$\gamma_1(t)\epsilon_1(t)z_2(t) \leqq d_2\gamma_1(t)^2 + \frac{\epsilon_1(t)^2}{4d_2}$$

にも着目すると，$\tau_{\theta 2}(t)$, $\tau_{b2}(t)$ を

$$\tau_{\theta 2}(t) \equiv \tau_{\theta 1}(t) - G_2\gamma_1(t)\omega_1(t)z_2(t) \tag{6.80}$$

$$\tau_{b2}(t) \equiv g_3\{z_1(t) - \gamma_1(t)u_{fn^*-1}(t)\}z_2(t) \tag{6.81}$$

のように定めることで，$\dot{V}_2(t)$ が以下のように評価される。

$$\dot{V}_2(t) \leqq -\sum_{i=1}^{2} c_i z_i(t)^2 - \sum_{i=1}^{2} \frac{1}{d_i}\Omega(\epsilon) + z_2(t)z_3(t)$$
$$+ \{\theta - \hat{\theta}(t)\}^T G_2^{-1}\{\tau_{\theta 2}(t) - \dot{\theta}(t)\}$$
$$+ \frac{\{b_0 - \hat{b}_0(t)\}\{\tau_{b2}(t) - \dot{\hat{b}}_0(t)\}}{g_3}$$
$$+ z_2(t)\gamma_{\theta 1}(t)\{\tau_{\theta 2}(t) - \dot{\hat{\theta}}(t)\} \tag{6.82}$$

Step i) $(3 \leqq i \leqq n^* - 1)$

Step $i-1$) で定めた $z_i(t)$ の時間微分を計算する。

$$z_i(t) = u_{fn^*-i+1}(t) - \alpha_{i-1}(t) \tag{6.83}$$

$$\dot{z}_i(t) = -\lambda u_{fn^*-i+1}(t) + u_{fn^*-i}(t) - \dot{\alpha}_{i-1}(t)$$
$$= u_{fn^*-i}(t) + \beta_i(t)$$
$$- \gamma_{i-1}(t)\{\theta^T\omega_1(t) + b_0 u_{fn^*-1}(t) + \epsilon_1(t)\}$$
$$- \gamma_{\theta i-1}(t)\dot{\hat{\theta}}(t) - \gamma_{bi-1}(t)\dot{\hat{b}}_0(t) \tag{6.84}$$

$$\beta_i(t) = -\lambda u_{fn^*-i+1}(t) - \frac{\partial \alpha_{i-1}}{\partial z_1}\{-\lambda z_1(t) - Y_M(t)\}$$

$$-\sum_{j=2}^{i-1}\frac{\partial \alpha_{i-1}}{\partial z_j}\{u_{fn^*-j}(t) + \beta_j(t)\}$$

$$-\sum_{j=0}^{i-2}\frac{\partial \alpha_{i-1}}{\partial Y_M^{(j)}}Y_M^{(j+1)}(t) - \frac{\partial \alpha_{i-1}}{\partial \omega_{i-1}}\dot{\omega}_{i-1}(t)$$

$$-\frac{\partial \alpha_{i-1}}{\partial \hat{p}}\dot{\hat{p}}(t) \tag{6.85}$$

$$\omega_{i-1}(t) = [\omega_{i-2}(t)^T,\, y_{fn^*-i+1}(t),\, u_{fn^*-i+2}(t)]^T \tag{6.86}$$

$$\gamma_{i-1}(t) = \frac{\partial \alpha_{i-1}}{\partial z_1} - \sum_{j=2}^{i-1}\frac{\partial \alpha_{i-1}}{\partial z_j}\gamma_{j-1}(t) \tag{6.87}$$

$$\gamma_{\theta i-1}(t) = \frac{\partial \alpha_{i-1}}{\partial \hat{\theta}} - \sum_{j=2}^{i-1}\gamma_{\theta j-1}(t)\frac{\partial \alpha_{i-1}}{\partial z_j} \tag{6.88}$$

$$\gamma_{bi-1}(t) = \frac{\partial \alpha_{i-1}}{\partial \hat{b}_0} - \sum_{j=3}^{i-1}\gamma_{bj-1}(t)\frac{\partial \alpha_{i-1}}{\partial z_j} \tag{6.89}$$

$$\gamma_{b1}(t) = 0, \qquad \gamma_{b2}(t) = \frac{\partial \alpha_2}{\partial \hat{b}_0} \tag{6.90}$$

同様に，実際の入力とは異なる $u_{fn^*-i}(t)$ に対して，それを再現する信号として $\alpha_i(t)$ を定め，$u_{fn^*-i}(t)$ と $\alpha_i(t)$ の偏差（状態変数）$z_{i+1}(t)$ を定義する。

$$z_{i+1}(t) = u_{fn^*-i}(t) - \alpha_i(t) \tag{6.91}$$

すると，式 (6.84) はつぎのように書かれる。

$$\dot{z}_i(t) = -c_i z_i(t) - d_i \gamma_{i-1}(t)^2 z_i(t) + z_{i+1}(t) + \alpha_i(t)$$

$$+ c_i z_i(t) + d_i \gamma_{i-1}(t)^2 z_i(t) + \beta_i(t)$$

$$- \gamma_{i-1}(t)\{\theta^T \omega_1(t) + b_0 u_{fn^*-1}(t) + \epsilon_1(t)\}$$

$$- \gamma_{\theta i-1}(t)\dot{\hat{\theta}}(t) - \gamma_{bi-1}(t)\dot{\hat{b}}_0(t) \tag{6.92}$$

今度も c_i, d_i は過渡応答に関係する正のパラメータ（既知の設計変数）であり，$\beta_i(t)$ は既知の信号である。これまでと同じように，$z_i(t)$ を出力，$\alpha_i(t)$ を（仮

想）入力と見なし，$z_{i+1}(t)$ を含まずに $\alpha_i(t)$ を構成して，$z_{i+1}(t)$ 以外の $z_1(t)$ 〜$z_i(t)$ を出力とするシステムを安定化する。このような $\alpha_i(t)$ は，以下のように決定される。

$$
\begin{aligned}
\alpha_i(t) = & -c_i z_i(t) - d_i \gamma_{i-1}(t)^2 z_i(t) - \beta_i(t) - z_{i-1}(t) \\
& + \gamma_{i-1}(t) \hat{\theta}(t)^T \omega_1(t) + \hat{b}_0(t) \gamma_{i-1}(t) u_{fn^*-1}(t) \\
& + \gamma_{\theta i-1}(t) \tau_{\theta i}(t) + \gamma_{bi-1}(t) \tau_{bi}(t) + \tilde{\alpha}_i(t)
\end{aligned}
\tag{6.93}
$$

ただし，$\tau_{\theta i}(t)$，$\tau_{bi}(t)$ は Step i) における $\dot{\hat{\theta}}(t)$, $\dot{\hat{b}}_0(t)$ の推定値である。また，$\tilde{\alpha}_i(t)$ は後に定める補助信号である。

以上のシステムに関連して $V_i(t)$ を

$$
V_i(t) \equiv V_{i-1}(t) + \frac{1}{2} z_i(t)^2 + \frac{\epsilon(t)^T P_0 \epsilon(t)}{d_i}
\tag{6.94}
$$

のように定め，以下の関係

$$
\gamma_{i-1}(t) z_i(t) \epsilon_1(t) \leqq d_i \gamma_{i-1}(t)^2 z_i(t)^2 + \frac{\epsilon_1(t)^2}{4 d_i}
$$

に着目すると，$\tau_{\theta i}(t)$，$\tau_{bi}(t)$ を

$$
\tau_{\theta i}(t) = \tau_{\theta i-1}(t) - G_2 \gamma_{i-1}(t) \omega_1(t) z_i(t)
\tag{6.95}
$$

$$
\tau_{bi}(t) = \tau_{bi-1}(t) - g_3 \gamma_{i-1}(t) u_{fn^*-1}(t) z_i(t)
\tag{6.96}
$$

のように定めることにより，$\dot{V}_i(t)$ の評価を得る。

$$
\begin{aligned}
\dot{V}_i(t) \leqq & -\sum_{j=1}^{i} c_j z_j(t)^2 - \sum_{j=1}^{i} \frac{1}{d_j} \Omega(\epsilon) \\
& + \{\theta - \hat{\theta}(t)\}^T G_2^{-1} \{\tau_{\theta i}(t) - \dot{\hat{\theta}}(t)\} \\
& + \frac{\{b_0 - \hat{b}_0(t)\}\{\tau_{bi}(t) - \dot{\hat{b}}(t)\}}{g_3} \\
& + \sum_{j=2}^{i} z_j(t) \gamma_{\theta j-1}(t) \{\tau_{\theta j}(t) - \dot{\hat{\theta}}(t)\}
\end{aligned}
$$

$$+ \sum_{j=3}^{i} z_j(t) \gamma_{bj-1}(t) \{ \tau_{bj}(t) - \dot{\hat{\theta}}(t) \}$$

$$+ \sum_{j=3}^{i} \tilde{\alpha}_j(t) z_j(t) \tag{6.97}$$

Step n^*)

Step n^*-1) で定めた $z_{n^*}(t)$ の時間微分を計算する。

$$z_{n^*}(t) = u_{f1}(t) - \alpha_{n^*-1}(t) \tag{6.98}$$

$$\begin{aligned}
\dot{z}_{n^*}(t) &= -\lambda u_{f1}(t) + u(t) - \dot{\alpha}_{n^*-1}(t) \\
&= u(t) + \beta_{n^*}(t) \\
&\quad - \gamma_{n^*-1}(t) \{ \theta^T \omega_1(t) + b_0 u_{fn^*-1}(t) + \epsilon_1(t) \} \\
&\quad - \gamma_{\theta n^*-1}(t) \dot{\hat{\theta}}(t) - \gamma_{bn^*-1}(t) \dot{\hat{b}}_0(t) \tag{6.99}
\end{aligned}$$

各変数は Step i) と同じに定義される。ここでは，仮想入力ではなく実際の入力 $u(t)$ が式 (6.99) に現れることに着目し，$z_{n^*}(t)$ を出力と見なした以下のシステム

$$\begin{aligned}
\dot{z}_{n^*}(t) &= -c_r z_{n^*}(t) - d_{n^*} \gamma_{n^*-1}(t)^2 z_{n^*}(t) + u(t) \\
&\quad + c_{n^*} z_{n^*}(t) + d_{n^*} \gamma_{n^*-1}(t)^2 z_{n^*}(t) + \beta_{n^*}(t) \\
&\quad - \gamma_{n^*-1}(t) \{ \theta^T \omega_1(t) + b_0 u_{fn^*-1}(t) + \epsilon_1(t) \} \\
&\quad - \gamma_{\theta n^*-1}(t) \dot{\hat{\theta}}(t) - \gamma_{bn^*-1}(t) \dot{\hat{b}}_0(t) \tag{6.100}
\end{aligned}$$

を安定化するように $u(t)$ を決定する。今度も c_{n^*}, d_{n^*} は過渡応答に関係する正のパラメータ（既知の設計変数）であり，$\beta_{n^*}(t)$ は既知の信号である。$u(t)$ をつぎのように定める。

$$\begin{aligned}
u(t) &= -c_{n^*} z_{n^*}(t) - d_{n^*} \gamma_{n^*-1}(t)^2 z_{n^*}(t) - \beta_{n^*}(t) - z_{n^*-1}(t) \\
&\quad + \gamma_{n^*-1}(t) \hat{\theta}(t)^T \omega_1(t) + \hat{b}_0(t) \gamma_{n^*-1}(t) u_{fn^*-1}(t)
\end{aligned}$$

$$+ \gamma_{\theta n^*-1}(t)\tau_{\theta r}(t) + \gamma_{bn^*-1}(t)\tau_{bn^*}(t) + \tilde{\alpha}_{n^*}(t) \tag{6.101}$$

ただし，$\tau_{\theta n^*}(t)$, $\tau_{bn^*}(t)$ は，このあとで定める $\hat{\theta}(t)$, $\hat{b}_0(t)$ の調整則である（$\dot{\hat{\theta}}(t)$, $\dot{\hat{b}}_0(t)$ の値）。また，$\tilde{\alpha}_{n^*}(t)$ はあとで定める補助信号である。

以上のシステムに関連して $V_{n^*}(t)$ を

$$V_{n^*}(t) \equiv V_{n^*-1}(t) + \frac{1}{2}z_{n^*}(t)^2 + \frac{\epsilon(t)^T P_0 \epsilon(t)}{d_i} \tag{6.102}$$

のように定め，以下の関係

$$\gamma_{n^*-1}(t)z_{n^*}(t)\epsilon_1(t) \leqq d_{n^*}\gamma_{n^*-1}(t)^2 z_{n^*}(t)^2 + \frac{\epsilon_1(t)^2}{4d_{n^*}}$$

に着目すると，$\hat{\theta}(t)$, $\hat{b}_0(t)$ の調整則と $\tau_{\theta n^*}(t)$, $\tau_{bn^*}(t)$, および補助信号 $\tilde{\alpha}_i(t)$ を

$$\dot{\hat{\theta}}(t) = \tau_{\theta n^*}(t) \tag{6.103}$$

$$\dot{\hat{b}}_0(t) = \tau_{bn^*}(t) \tag{6.104}$$

$$\tau_{\theta n^*}(t) = \tau_{\theta n^*-1}(t) - G_2\gamma_{n^*-1}(t)\omega_1(t)z_{n^*}(t) \tag{6.105}$$

$$\tau_{bn^*}(t) = \tau_{bn^*-1}(t) - g_3\gamma_{n^*-1}(t)u_{fn^*-1}(t)z_{n^*}(t) \tag{6.106}$$

$$\begin{aligned}
\tilde{\alpha}_i(t) = &-\sum_{j=2}^{i-1} z_j(t)\gamma_{\theta j-1}(t)G_2\gamma_{i-1}(t)\omega_1(t) \\
&-\sum_{j=3}^{i-1} z_j(t)\gamma_{bj-1}(t)g_3\gamma_{i-1}(t)u_{fn^*-1}(t) \\
&(3 \leqq i \leqq n^*)
\end{aligned} \tag{6.107}$$

のように定めることにより，$\dot{V}_{n^*}(t)$ の評価を得る。

$$\dot{V}_{n^*}(t) \leqq -\sum_{j=1}^{n^*} c_j z_j(t)^2 - \sum_{j=1}^{n^*} \frac{1}{d_j}\Omega(\epsilon) \leqq 0 \tag{6.108}$$

以上の n^* ステップから構成される適応制御系の安定性を解析する。最後に求められた $V_{n^*}(t)$ の評価より，$V_{n^*}(t) \in \mathcal{L}^\infty$, $z_1(t) \sim z_{n^*}(t)$, $\hat{p}(t)$, $\hat{\theta}(t)$, $\hat{b}_0(t) \in \mathcal{L}^\infty$ と，$z_i(t) \in \mathcal{L}^2$ ($1 \leqq i \leqq n^*$) が導かれる。$z_1(t)$, $y_M(t) \in \mathcal{L}^\infty$ から $y(t) \in \mathcal{L}^\infty$ が示され，これより $y_{fi}(t)$ ($i = 1, 2, \cdots$), $v_{f1}(t) \in \mathcal{L}^\infty$ も保証される。一

方, $u_{fn^*}(t) = G_0(s)y(t)$ $\left(G_0(s) \equiv \dfrac{1}{c^T(sI-A)^{-1}b\cdot(s+\lambda)^{n^*}}\right.$ がプロパー

で安定$\Big)$ から $u_{fn^*}(t)$ の有界性も示され, これより $v_{f2}(t) = (sI+\lambda I)(sI-F)^{-1}g u_{fn^*}(t)$ および $(sI+\lambda I)(sI-F)^{-1}g$ がプロパーで安定であることから

$v_{f2}(t) \in \mathcal{L}^\infty$ となる。以上から $\omega_1(t) \in \mathcal{L}^\infty$ がいえるため $\alpha_1(t) \in \mathcal{L}^\infty$ が導か

れ, $u_{fn^*-1}(t) = z_2(t) + \alpha_1(t)$ より $u_{fn^*-1}(t) \in \mathcal{L}^\infty$, これから $\alpha_2(t) \in \mathcal{L}^\infty$,

$u_{fn^*-2}(t) = z_3(t) + \alpha_2(t)$ より $u_{fn^*-2}(t) \in \mathcal{L}^\infty$, 以後同様の手順を繰り返すこ

とで, $\alpha_3(t) \sim \alpha_{n^*-1}(t) \in \mathcal{L}^\infty$, $u_{fn^*-3}(t) \sim u_{f1}(t) \in \mathcal{L}^\infty$, $u(t) \in \mathcal{L}^\infty$ が示され

る。以上で適応系内部の信号の有界性がすべて示された。このとき, $\dot{z}_i(t) \in \mathcal{L}^\infty$

$(1 \leqq i \leqq n^*)$ であることもいえるから, $z_i(t) \in \mathcal{L}^2$ も考慮して

$$\lim_{t\to\infty} z_i(t) = 0 \tag{6.109}$$

が導かれる。特に $z_1(t) = e(t) = y(t) - y_M(t)$ であることに注意する。

【定理 6.2】 表 **6.1** の問題設定において, n 次の線形系に対して構成さ

れたバックステッピング法に基づく適応制御系(**表 6.3**)は有界で, 制御

誤差 $e(t) = y(t) - y_M(t) = z_1(t)$ を含む状態変数 $z_i(t)$ $(1 \leqq i \leqq n^*)$ は 0

に収束する。

表 **6.3** バックステッピング法(一般の相対次数 n^* の場合)

制御対象と非最小表現

$y(t) = G(s)u(t)$

$\dfrac{d}{dt}y(t) + \lambda y(t) = \theta^T \omega_1(t) + b_0 u_{fn^*-1}(t) + \epsilon_1(t)$

$\omega_1(t) = [v_{f1}(t)^T,\ v_{f2}(t)^T,\ y_{fn^*-1}(t)]^T$

$\dfrac{d}{dt}v_{f1}(t) = Fv_{f1}(t) + gy_{fn^*-1}(t)$

$\dfrac{d}{dt}v_{f2}(t) = Fv_{f2}(t) + gu_{fn^*-1}(t)$

(つづく)

$$\frac{6.2 \quad \text{バックステッピング法による適応制御}}{} \quad 165$$

表 **6.3** （つづき）

$$y_{fi}(t) = \frac{1}{(s+\lambda)^i}y(t)$$

$$u_{fi}(t) = \frac{1}{(s+\lambda)^i}u(t)$$

制御誤差と状態変数

$$z_1(t) = y(t) - y_M(t)$$

$$z_i(t) = u_{fn^*-i+1}(t) - \alpha_{i-1}(t) \quad (2 \leqq i \leqq n^*)$$

仮想入力と実入力

$$\alpha_1(t) = -\hat{p}(t)\{(c_1 - \lambda)z_1(t) + d_1 z_1(t) + \hat{\theta}(t)^T\omega_1(t) - Y_M(t)\}$$

$$\alpha_2(t) = -c_2 z_2(t) - d_2\gamma_1(t)^2 z_2(t) - \beta_2(t) + \gamma_1(t)\hat{\theta}(t)^T\omega_1(t)$$
$$\qquad + \hat{b}_0(t)\{\gamma_1(t)u_{fn^*-1}(t) - z_1(t)\} + \gamma_{\theta 1}(t)\tau_{\theta 2}(t)$$

$$\alpha_i(t) = -c_i z_i(t) - d_i\gamma_{i-1}(t)^2 z_i(t) - \beta_i(t) - z_{i-1}(t)$$
$$\qquad + \gamma_{i-1}(t)\hat{\theta}(t)^T\omega_1(t) + \hat{b}_0(t)\gamma_{i-1}(t)u_{fn^*-1}(t)$$
$$\qquad + \gamma_{\theta i-1}(t)\tau_{\theta i}(t) + \gamma_{bi-1}(t)\tau_{bi}(t) + \tilde{\alpha}_i(t) \quad (3 \leqq i \leqq n^*)$$

$$u(t) = \alpha_{n^*}(t)$$

適応則

$$\dot{\hat{p}}(t) = g_1\hat{\phi}(t)z_1(t)$$

$$\dot{\hat{\theta}}(t) = \tau_{\theta n^*}(t)$$

$$\dot{\hat{b}}_0(t) = \tau_{bn^*}(t)$$

信号の定義

$$\tau_{\theta 1}(t) = G_2\omega_1(t)z_1(t)$$

$$\tau_{\theta i}(t) = \tau_{\theta i-1}(t) - G_2\gamma_{i-1}(t)\omega_1(t)z_i(t) \quad (2 \leqq i \leqq n^*)$$

$$\tau_{b2}(t) = g_3\{z_1(t) - \gamma_1(t)u_{fn^*-1}(t)\}z_2(t)$$

$$\tau_{bi}(t) = \tau_{bi-1}(t) - g_3\gamma_{i-1}(t)u_{fn^*-1}(t)z_i(t) \quad (3 \leqq i \leqq n^*)$$

$$\tilde{\alpha}_i(t) = -\sum_{j=2}^{i-1} z_j(t)\gamma_{\theta j-1}(t)G_2\gamma_{i-1}(t)\omega_1(t)$$
$$\qquad - \sum_{j=3}^{i-1} z_j(t)\gamma_{bj-1}(t)g_3\gamma_{i-1}(t)u_{fn^*-1}(t) \quad (3 \leqq i \leqq n^*)$$

例 6.1 **表 6.3** の適応制御系を，制御対象と規範モデルが

$$y(t) = \frac{1}{s^2 + 1.4s + 1}u(t)$$

$$y_M(t) = \frac{1}{(s+1)^2}r(t) \qquad (W(s) = (s+1)^2)$$

で与えられる場合に適用する。状態変数フィルタなどは

$$F = \begin{bmatrix} -1 & 0 \\ 0 & -2 \end{bmatrix}, \qquad g = \begin{bmatrix} 1 \\ 1 \end{bmatrix}$$

$$\lambda = 1$$

とおき，G と $r(t)$ を以下のように設定したときの結果を図 **6.5** に示す。

$$G = 10I, \qquad r(t) = \sin t$$

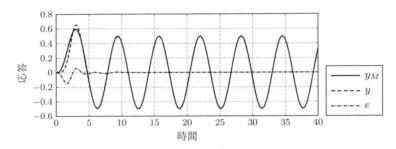

図 **6.5** 相対次数が 2 次のバックステッピング適応制御の応答例

コーヒーブレイク

バックステッピング法は何人かの研究者によって活発に研究されてきたが[34]，その原点はバックステッピング法に先立つ文献[25]の中にすでに存在するという主張もある。両者の手法はともに入力形式 $\hat{\Theta}(t)^T \omega(t)$ に補助信号を加えるという点が共通している。もしこの主張が正しいとすると，バックステッピング法は，相対次数に応じた階層的な構造を考えることで，単に $\hat{\Theta}(t)^T \omega(t)$ だけでない入力の生成則をより直感的かつ簡明に導出し表現する手続きを与えたことに，その成果があると見なせる。

バックステッピング法には，その構成にいくつかのバリエーションがある。本書では最も標準的な tuning function approach に基づいて解説し，さらに overparameterization（パラメータの個数が多くなりすぎること）を防ぐ方法を述べている。また，バックステッピング法は可観測正準系を直接に利用することで，より少ないパラメータ数で適応制御系を構成できる[34]。しかし本書では，拡張誤差法との繋がりから，従来のシステム表現に基づいて説明している[33]。

6.3　バックステッピング法と正実化

バックステッピング法とは，誤差システムの入出力関係を正実化できないときに，新しい入出力関係（仮想システム）を階層的に接続して，全体の系が**正実システム**になるようにする技巧の一つと考えることができる。6.2.1項の3次系の例について，このことを確認する。まず，全体の系を書き下すと，つぎのようになる。

$$\dot{z}(t) = A(t,z)z(t) + b_1(t,z)\tilde{\theta}(t)^T\omega_1(t) + b_2(t,z)\tilde{b}_0(t)$$
$$+ b_3(t,z)\tilde{p}(t) + b_1(t,z)\epsilon_1(t) \tag{6.110}$$

$$\dot{\tilde{\theta}}(t) = -G_2\omega_1(t)b_1(t,z)^Tz(t) \tag{6.111}$$

$$\dot{\tilde{b}}_0(t) = -g_3b_2(t,z)^Tz(t) \tag{6.112}$$

$$\dot{\tilde{p}}(t) = -g_1b_3(t,z)^T\frac{z(t)}{b_0} \tag{6.113}$$

ただし

$$A(t,z) = \begin{bmatrix} -c_1 - d_1 & \hat{b}_0(t) & 0 \\ -\hat{b}_0(t) & -c_2 - d_2\gamma_1(t)^2 & 1 + \sigma_{23}(t)\omega_1(t) \\ 0 & -1 - \sigma_{23}(t)\omega_1(t) & -c_3 - d_3\gamma_2(t)^2 \end{bmatrix}$$

$$b_1(t,z) = \begin{bmatrix} 1 \\ -\gamma_1(t) \\ -\gamma_2(t) \end{bmatrix}$$

$$b_2(t, z) = \begin{bmatrix} z_2(t) \\ -\gamma_1(t)u_{f2}(t) \\ -\gamma_2(t)u_{f2}(t) \end{bmatrix}$$

$$b_3(t, z) = \begin{bmatrix} b_0\hat{\phi}(t) \\ 0 \\ 0 \end{bmatrix}$$

$$\tilde{\theta}(t) = \theta - \hat{\theta}(t) \tag{6.114}$$

$$\tilde{b}_0(t) = b_0 - \hat{b}_0(t) \tag{6.115}$$

$$\tilde{p}(t) = p - \hat{p}(t) \tag{6.116}$$

$$\sigma_{23}(t) = \frac{\partial\alpha_1}{\partial\hat{\theta}}G_2\gamma_2(t) \tag{6.117}$$

である。ここで，$A(t, z)$ の非対角項が歪対称の関係（符号が逆）にあることと，$A(t, z) + A(t, z)^T < 0$ となることに着目すると，式 (6.19), (6.29), (6.40) を考慮し，以下のような評価ができる。

$$\begin{aligned}
\frac{d}{dt}\left\{\frac{1}{2}\|z(t)\|^2\right\} &= \frac{1}{2}z(t)^T\{A(t, z) + A(t, z)^T\}z(t) \\
&\quad + z(t)^T\{b_1(t, z)\tilde{\theta}(t)^T\omega_1(t) \\
&\quad + b_2(t, z)\tilde{b}_0(t) + b_3(t, z)\tilde{p}(t) + b_1(t, z)\epsilon_1(t)\} \\
&\leqq -\sum_{k=1}^3 c_k z_k(t)^2 + z(t)^T\{b_1(t, z)\tilde{\theta}(t)^T\omega_1(t) \\
&\quad + b_2(t, z)\tilde{b}_0(t) + b_3(t, z)\tilde{p}(t)\} \\
&\quad + \sum_{k=1}^3 \frac{1}{4d_k}\epsilon_1(t)^2 \tag{6.118}
\end{aligned}$$

以上の各信号の関係は，図 **6.6** に示す非線形フィードバック系と捉えることができ，式 (6.118) より図 **6.6** 中のシステム H_1 の入出力関係を考えたとき，つぎのような不等式が導かれる。

6.3 バックステッピング法と正実化

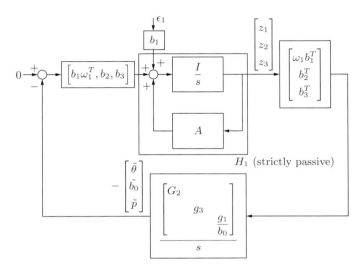

図 **6.6** 非線形フィードバック系（バックステッピング法の場合）

$$\int_0^t z(\tau)^T \{b_1(\tau,z)\tilde{\theta}(\tau)^T\omega_1(\tau) + b_2(\tau,z)\tilde{b}_0(\tau) + b_3(\tau,z)\tilde{p}(\tau)\}d\tau$$
$$\geqq \int_0^t \sum_{k=1}^3 c_k z_k(\tau)^2 d\tau + \frac{1}{2}\{\|z(t)\|^2 - \|z(0)\|^2\}$$
$$-\sum_{k=1}^3 \frac{1}{4d_k}\int_0^\infty \epsilon_1(\tau)^2 d\tau > -\infty \quad (6.119)$$

これは，非線形系 H_1 が **strictly passive**[1),6),34]，すなわち入出力の積（ベクトルの場合は内積）の時間積分が下から有界となっていることを示している。これに対して，通常の適応系では，誤差あるいは拡張誤差（同定誤差）システムがつぎのように表されるように，適応パラメータと制御則を決定する[6),14)~16),25),35]。

$$e_a(t) = W(s)\{\tilde{\theta}(t)^T\omega(t)\} \quad (6.120)$$
$$\dot{\tilde{\theta}}(t) = -G\omega(t)e_a(t) \quad (6.121)$$
$$G = G^T > 0$$

ただし，$e_a(t)$ は拡張誤差（あるいは同定誤差），$W(s)$ は強正実な伝達関数で，$\omega(t)$ は問題に応じて決められる状態変数ベクトルである．また，システムパラメータと適応パラメータ θ, $\hat{\theta}(t)$ も適切に設定される（$\tilde{\theta}(t)$ の定義は式 (6.114) を参照）．簡単のため，減衰する項 $\epsilon_1(t)$ は省略した．このような系に対しても同様のフィードバック系，すなわち図 6.7 に示す誤差システムとパラメータ調整機構の関係を考えることができるが，図 6.7 の誤差システムの強正実性に図 6.6 のシステム H_1 が strictly passive（強正実性の拡張概念）であることを対応させると，両者がまったく同じ性質の要素からフィードバック系を構成していることがわかる．実際のところ，どちらも超安定の条件を満足する非線形フィードバック系となっている[1]．

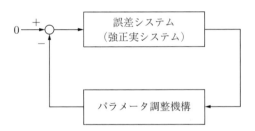

図 **6.7** 適応系を安定化する超安定ループ

以上から，繰り返しとなるが，以下のことがいえる．通常の適応制御系では，出力誤差システムを正実化できないときに，同定誤差や拡張誤差を導入してそれの入出力関係を正実化し，図 6.7 のような超安定ループを構成して適応系の安定性を保証するのに対し，バックステッピング法では，元の出力誤差を含む相対次数分の個数（次元）の階層システムを考えて，それぞれを仮想的な入力を使って正実化し安定化することで，全体としても正実化されるようにして超安定ループを構成している（図 6.6）．正実システムの構造は異なるが，全体として，どちらも同じ形式の超安定ループを構成していることがわかる．

【定理 6.3】 バックステッピング法より構成される適応系は，超安定の特性を有する非線形フィードバック系としての通常の適応系と同じ構造を持つ（図 **6.6** と図 **6.7**）。

6.4 非適応化システムのロバスト性と κ-補償

バックステッピング法では，各システムについて，仮想入力を使ってハイゲインフィードバック的な作用をする補償も加えている。本節では，このような性質を十分に活用することで，適応パラメータを調整しなくてもある条件のもとで系全体の有界性が達成されることを，6.2.1 項の 3 次系の場合について示す。全体の系をあらためて書き下すと，つぎのようになる。

$$\frac{d}{dt}z(t) = A(t,z)z(t) + b_1(t,z)\{\tilde{\theta}(t)^T\omega_1(t) + \tilde{b}_0(t)u_{f2}(t) + \epsilon_1(t)\}$$
$$+ e_1\{1 - \hat{p}(t)\hat{b}_0(t)\}\hat{\phi}(t) \qquad (6.122)$$
$$e_1 \equiv [1\ \ 0\ \ 0]^T \qquad (6.123)$$

ここで $\hat{\theta}(t), \hat{b}_0(t), \hat{p}(t)$ のチューニングを途中でやめてしまった場合（$\hat{\theta}(T)$, $\hat{b}_0(T)$, $\hat{p}(T)$ で固定）を考える。各仮想入力において，つぎのような修正を加える。

$$d_1 z_1(t) \Rightarrow [d_1 + \kappa_1\{\hat{\phi}(t)^2 + \|\omega(t)\|^2\}]z_1(t)$$
$$d_2 \gamma_1(t)^2 z_2(t) \Rightarrow \{d_2 + \kappa_2\|\omega(t)\|^2\}\gamma_1(t)^2 z_2(t)$$
$$d_3 \gamma_2(t)^2 z_3(t) \Rightarrow \{d_3 + \kappa_3\|\omega(t)\|^2\}\gamma_2(t)^2 z_3(t)$$
$$(\kappa_1 \sim \kappa_3 > 0)$$

ただし

$$\omega(t) \equiv [\omega_1(t)^T,\ u_{f2}(t)]^T$$

である。この修正を **κ-補償** と呼ぶ。このとき，$\|z(t)\|^2$ は以下のように評価される。

$$
\begin{aligned}
\frac{d}{dt}\left\{\frac{1}{2}\|z(t)\|^2\right\} =& -\sum_{k=1}^{3} c_k z_k(t)^2 - \sum_{k=1}^{3} d_k \gamma_{k-1}(t)^2 z_k(t)^2 \\
& -\sum_{k=1}^{3} z_k(t)\gamma_{k-1}(t)\{\tilde{\theta}(T)^T \omega_1(t) \\
& \qquad + \tilde{b}_0(T)u_{f2}(t) + \epsilon_1(t)\} \\
& + z_1(t)\{1 - \hat{p}(T)\hat{b}_0(T)\}\hat{\phi}(t) \\
& - \kappa_1\{\hat{\phi}(t)^2 + \|\omega(t)\|^2\}z_1(t)^2 \\
& - \sum_{k=2}^{3} \kappa_k\|\omega(t)\|^2\gamma_{k-1}(t)^2 z_k(t)^2 \\
\leqq& -\sum_{k=1}^{3} c_k z_k(t)^2 + \sum_{k=1}^{3} \frac{1}{4d_k}\epsilon_1(t)^2 \\
& + \sum_{k=1}^{3} \frac{1}{4\kappa_k}\|\tilde{\bar{\theta}}(T)\|^2 \\
& + \frac{1}{4\kappa_1}\{1 - \hat{p}(T)\hat{b}_0(T)\}^2
\end{aligned}
\tag{6.124}
$$

ただし

$$
\tilde{\bar{\theta}}(T) \equiv [\tilde{\theta}(T)^T, \tilde{b}_0(T)]^T
$$

$$
\gamma_0(t) \equiv -1
$$

であり，式 (6.19), (6.29), (6.40) と同様の評価を行った。したがって，$z(t)$ が漸近的につぎの領域に収束することが示される。

$$
z(t) \to S(\kappa_k, \tilde{\bar{\theta}}(T), \hat{p}(T))
\tag{6.125}
$$

$$
\begin{aligned}
& S(\kappa_k, \tilde{\bar{\theta}}(t), \hat{p}(t)) \\
& \equiv \left[z \,:\, \|z\|^2 \leqq \frac{1}{c_0}\left\{\sum_{k=1}^{3}\frac{1}{4\kappa_k}\|\tilde{\bar{\theta}}(T)\|^2 + \frac{1}{4\kappa_1}\{1 - \hat{p}(T)\hat{b}_0(T)\}^2\right\}\right]
\end{aligned}
\tag{6.126}
$$

$$c_0 \equiv \min_{1 \leqq k \leqq 3} c_k \tag{6.127}$$

つまり，任意の正の定数 $\kappa_1 \sim \kappa_3$ に対して，$z(t)$ が一様有界になることが示される。

以上の結果を定理 6.4 と**表 6.4** にまとめる。

【定理 6.4】 6.2.1 項および 6.2.2 項のバックステッピング法に基づく適応制御系において，κ-補償項を加えると，$\hat{\theta}(t)$, $\hat{b}_0(t)$, $\hat{p}(t)$ の調整を途中でやめても適応系の有界性が保証される。その場合，正のパラメータ c_k, κ_k を大きくとることで，$\|z(t)\|$ の最終的な大きさを任意に小さく（ただし，> 0）することができる。

表 **6.4** κ-補償（3 次の場合）

制御対象と非最小表現
$y(t) = \dfrac{b_0}{s^3 + a_1 s^2 + a_2 s + a_3} u(t)$ $\dfrac{d}{dt}y(t) + \lambda y(t) = \theta^T \omega_1(t) + b_0 u_{f2}(t) + \epsilon_1(t)$ $\omega_1(t) = [v_{f1}(t)^T, v_{f2}(t)^T, y_{f2}(t)]^T$ $\dfrac{d}{dt}v_{f1}(t) = F v_{f1}(t) + g y_{f2}(t)$ $\dfrac{d}{dt}v_{f2}(t) = F v_{f2}(t) + g u_{f2}(t)$ $y_{fi}(t) = \dfrac{1}{(s+\lambda)^i} y(t)$ $u_{fi}(t) = \dfrac{1}{(s+\lambda)^i} u(t)$
制御誤差と状態変数
$z_1(t) = y(t) - y_M(t)$ $z_2(t) = u_{f2}(t) - \alpha_1(t)$ $z_3(t) = u_{f1}(t) - \alpha_2(t)$

（つづく）

174   6. バックステッピング法

表 6.4 （つづき）

仮想入力と実入力

$$\alpha_1(t) = -\hat{p}(t)\{(c_1 - \lambda)z_1(t) + \bar{d}_1(t)z_1(t) + \hat{\theta}(t)^T\omega_1(t) - Y_M(t)\}$$

$$\alpha_2(t) = -c_2 z_2(t) - \bar{d}_2(t)\left(\frac{\partial\alpha_1}{\partial z_1}\right)^2 z_2(t) - \beta_2(t) + \frac{\partial\alpha_1}{\partial z_1}\hat{\theta}(t)^T\omega_1(t)$$

$$\qquad + \hat{b}_0(t)\left\{\frac{\partial\alpha_1}{\partial z_1}u_{f2}(t) - z_1(t)\right\} + \frac{\partial\alpha_1}{\partial\hat{\theta}}\tau_{\theta2}(t)$$

$$u(t) = -c_3 z_3(t) - \bar{d}_3(t)\gamma_2(t)^2 z_3(t) - \beta_3(t)$$

$$\qquad + \gamma_2(t)\hat{\theta}(t)^T\omega_1(t) + \hat{b}_0(t)\gamma_2(t)u_{f2}(t)$$

$$\qquad + \gamma_{\theta2}(t)\tau_{\theta3}(t) + \frac{\partial\alpha_2}{\partial\hat{b}_0}\tau_{b3}(t) - z_2(t) + \tilde{\alpha}_3(t)$$

κ-補償

$$\bar{d}_1(t) = [d_1 + \kappa_1\{\hat{\phi}(t)^2 + \|\omega(t)\|^2\}]$$

$$\bar{d}_2(t) = \{d_2 + \kappa_2\|\omega(t)\|^2\}$$

$$\bar{d}_3(t) = \{d_3 + \kappa_3\|\omega(t)\|^2\}$$

$$\omega(t) = [\omega_1(t)^T, u_{f2}(t)]^T$$

信号の定義 （$g_1 = 0,\ G_2 = 0,\ g_3 = 0$ も含む）

$$\tau_{\theta1}(t) = G_2\omega_1(t)z_1(t)$$

$$\tau_{\theta2}(t) = \tau_{\theta1}(t) - G_2\frac{\partial\alpha_1}{\partial z_1}\omega_1(t)z_2(t)$$

$$\tau_{\theta3}(t) = \tau_{\theta2}(t) - G_2\gamma_2(t)\omega_1(t)z_3(t)$$

$$\tau_{b2}(t) = g_3\left\{z_1(t) - \frac{\partial\alpha_1}{\partial z_1}u_{f2}(t)\right\}z_2(t)$$

$$\tau_{b3}(t) = \tau_{b2}(t) - g_3\gamma_2(t)u_{f2}(t)z_3(t)$$

$$\tilde{\alpha}_3(t) = -z_2(t)\frac{\partial\alpha_1}{\partial\hat{\theta}}G_2\gamma_2(t)\omega_1(t)$$

6.5　バックステッピング法による非線形系の安定化

　バックステッピング法は，本来は非線形系の安定化のための実践的な計算法として発展してきた。一例として，次式のような **strict-feedback form** [36] で表現される非線形系の安定化問題を考える。

$$\dot{x}_1(t) = x_2(t) + \theta^T \phi_1(x_1(t)),$$

$$\dot{x}_2(t) = x_3(t) + \theta^T \phi_2(x_1(t), x_2(t)),$$

$$\dot{x}_3(t) = \sigma(x(t))u(t) + \theta^T \phi_3(x_1(t), x_2(t), x_3(t)) \tag{6.128}$$

ただし，$\sigma(x(t))$ は任意の $x(t)$ に対して非零で既知とし，θ は未知のシステム
パラメータベクトルで，$\phi_k(x_1(t), \cdots, x_k(t))$ は既知の非線形項，また，簡単の
ため，状態 $x_1(t) \sim x_3(t)$ はすべて既知とする。このような非線形系を安定化す
るために，以下のような状態変数を新たに定める。

$$z_1(t) = x_1(t),$$

$$z_2(t) = x_2(t) - \alpha_1(z_1(t), \hat{\theta}(t)),$$

$$z_3(t) = x_3(t) - \alpha_2(z_1(t), z_2(t), \hat{\theta}(t)) \tag{6.129}$$

$$\sigma(x(t))u(t) = \alpha_3(z_1(t), z_2(t), z_3(t), \hat{\theta}(t)) \tag{6.130}$$

線形と非線形の違いはあるが，バックステッピング法に基づいて，これまでと
同様に適応制御系を構成することができる。以下に，κ-補償項も含めた構成法
を示す。

Step 1)

状態変数 $z_1(t)$ の時間微分を計算する。

$$\begin{aligned}
\dot{z}_1(t) &= x_2(t) + \theta^T \phi_1(x_1(t)) \\
&= z_2(t) + \alpha_1(t) + \theta^T \phi_1(x_1(t))
\end{aligned} \tag{6.131}$$

これより $\alpha_1(t)$ を出力 $z_1(t)$ に対する仮想入力と考えて，$\alpha_1(z_1(t), \hat{\theta}(t))$ のよう
なフィードバック形式で，$z_1(t)$ をできるだけ安定化するように定める。

$$\alpha_1(t) = -c_1 z_1(t) - \hat{\theta}(t)^T \phi_1(x_1(t)) - \kappa_1 \|\phi_1(x_1(t))\|^2 z_1(t) \tag{6.132}$$

これに関連して正定関数 $V_1(t)$ を

176   6. バックステッピング法

$$V_1(t) \equiv \frac{1}{2}z_1(t)^2 + \frac{1}{2}\{\theta - \hat{\theta}(t)\}^T G^{-1}\{\theta - \hat{\theta}(t)\} \tag{6.133}$$
$$(G = G^T > 0)$$

と定め，$V_1(t)$ を $z_1(t)$ の軌道に沿って時間微分すると，以下のようになる。

$$\dot{V}_1(t) = -c_1 z_1(t)^2 - \kappa_1 \|\phi_1(x_1(t))\|^2 z_1(t)^2 + z_1(t)z_2(t)$$
$$+ \{\theta - \hat{\theta}(t)\}^T G^{-1}\{\tau_1(t) - \dot{\hat{\theta}}(t)\} \tag{6.134}$$

ただし，$\tau_1(t)$ はつぎのように定義される。

$$\tau_1(t) = G\phi_1(t)z_1(t) \tag{6.135}$$

Step 2)

つぎに，$z_2(t)$ の時間微分を計算する。

$$\dot{z}_2(t) = x_3(t) + \theta^T \phi_2(x_1(t), x_2(t)) - \dot{\alpha}_1(t)$$
$$= z_3(t) + \alpha_2(t) + \theta^T \phi_2(x_1(t), x_2(t))$$
$$- \frac{\partial \alpha_1}{\partial x_1}\{x_2(t) + \theta^T \phi_1(x_1(t))\} - \frac{\partial \alpha_1}{\partial \hat{\theta}}\dot{\hat{\theta}}(t) \tag{6.136}$$

今度も $\alpha_2(t)$ を出力 $z_2(t)$ に対する仮想入力と見なして，$\alpha_2(z_1(t), z_2(t), \hat{\theta}(t))$ のようなフィードバック形式で，$z_2(t)$ をできるだけ安定化するように定める。

$$\alpha_2(t) = -c_2 z_2(t) + \frac{\partial \alpha_1}{\partial x_1}x_2(t) - z_1(t)$$
$$- \hat{\theta}(t)^T \left\{ \phi_2(x_1(t), x_2(t)) - \frac{\partial \alpha_1}{\partial x_1}\phi_1(x_1(t)) \right\}$$
$$+ \frac{\partial \alpha_1}{\partial \hat{\theta}}\tau_2(t) - \kappa_2 \left\| \phi_2(x_1(t), x_2(t)) - \frac{\partial \alpha_1}{\partial x_1}\phi_1(x_1(t)) \right\|^2 z_2(t) \tag{6.137}$$

以上のシステムに対応して正定関数 $V_2(t)$ を

$$V_2(t) \equiv V_1(t) + \frac{1}{2}z_2(t)^2 \tag{6.138}$$

と定め，先と同じように $\tau_2(t)$ を

$$\tau_2(t) \equiv \tau_1(t) + G\left\{\phi_2(x_1(t), x_2(t)) - \frac{\partial \alpha_1}{\partial x_1}\phi_1(x_1(t))\right\} z_2(t) \quad (6.139)$$

とおくことで，$\dot{V}_2(t)$ が以下のように評価される。

$$\begin{aligned}
\dot{V}_2(t) = & -\sum_{i=1}^{2} c_i z_i(t)^2 - \kappa_1 \|\phi_1(x_1(t))\|^2 z_1(t)^2 \\
& - \kappa_2 \left\|\phi_2(x_1(t), x_2(t)) - \frac{\partial \alpha_1}{\partial x_1}\phi_1(x_1(t))\right\|^2 z_2(t)^2 \\
& + \{\theta - \hat{\theta}(t)\}^T G^{-1}\{\tau_2(t) - \dot{\hat{\theta}}(t)\} + z_2(t)z_3(t) \\
& + z_2(t)\frac{\partial \alpha_1}{\partial \hat{\theta}}\{\tau_2(t) - \dot{\hat{\theta}}(t)\}
\end{aligned} \quad (6.140)$$

Step 3)

最後に，$z_3(t)$ の時間微分を計算する。

$$\begin{aligned}
\dot{z}_3(t) = & \sigma(x(t))u(t) + \theta^T \phi_3(x_1(t), x_2(t), x_3(t)) - \dot{\alpha}_2(t) \\
= & \sigma(x(t))u(t) + \theta^T \phi_3(x_1(t), x_2(t), x_3(t)) \\
& - \frac{\partial \alpha_2}{\partial x_1}\{x_2(t) + \theta^T \phi_1(x_1(t))\} \\
& - \frac{\partial \alpha_2}{\partial x_2}\{x_3(t) + \theta^T \phi_2(x_1(t), x_2(t))\} - \frac{\partial \alpha_2}{\partial \hat{\theta}}\dot{\hat{\theta}}(t)
\end{aligned} \quad (6.141)$$

ここでは，仮想入力ではなく実際の入力 $u(t)$ が現れることに着目し，出力 $z_3(t)$ を安定化する入力として，$\alpha_3(t) = \alpha_3(z_1(t), z_2(t), z_3(t), \hat{\theta}(t)) = \sigma(x(t))u(t)$ を定める。

$$\begin{aligned}
\sigma(x(t))u(t) = & -c_3 z_3(t) + \sum_{j=1}^{2} \frac{\partial \alpha_2}{\partial x_j}x_{j+1}(t) - z_2(t) \\
& - \hat{\theta}(t)^T \left(\phi_3(x_1(t), x_2(t), x_3(t)) - \sum_{j=1}^{2} \frac{\partial \alpha_2}{\partial x_j}\phi_j(t)\right) \\
& + \frac{\partial \alpha_2}{\partial \hat{\theta}}\tau_3(t)
\end{aligned}$$

$$
\begin{aligned}
&- \kappa_3 \left\| \phi_3(x_1(t), x_2(t), x_3(t)) - \sum_{j=1}^{2} \frac{\partial \alpha_2}{\partial x_j} \phi_j(t) \right\|^2 z_3(t) \\
&+ \tilde{\alpha}_3(t)
\end{aligned}
\tag{6.142}
$$

以上のシステムに関連して，$V_3(t)$ を

$$
V_3(t) \equiv V_2(t) + \frac{1}{2} z_3(t)^2
\tag{6.143}
$$

のように定め，$\tau_3(t)$ と $\hat{\theta}(t)$ の調整則，および $\tilde{\alpha}_3(t)$ を

$$
\tau_3(t) = \tau_2(t) + G \left\{ \phi_3(x_1(t), x_2(t), x_3(t)) - \sum_{j=1}^{2} \frac{\partial \alpha_2}{\partial x_j} \phi_j(t) \right\} z_3(t)
\tag{6.144}
$$

$$
\dot{\hat{\theta}}(t) = \tau_3(t)
\tag{6.145}
$$

$$
\tilde{\alpha}_3(t) = z_2(t) \frac{\partial \alpha_1}{\partial \hat{\theta}} G \left\{ \phi_3(x_1(t), x_2(t), x_3(t)) - \sum_{j=1}^{2} \frac{\partial \alpha_2}{\partial x_j} \phi_j(t) \right\}
\tag{6.146}
$$

のように決定することにより，$\dot{V}_3(t)$ の評価を得る。

$$
\begin{aligned}
\dot{V}_3(t) &\leqq - \sum_{i=1}^{3} c_i z_i(t)^2 \\
&- \sum_{i=1}^{3} \kappa_j \left\| \phi_j(t) - \sum_{l=1}^{j-1} \frac{\partial \alpha_{j-1}}{\partial x_l} \phi_l(t) \right\|^2 z_j(t)^2 \leqq 0
\end{aligned}
\tag{6.147}
$$

これより

$$
z(t) \equiv [z_1(t),\, z_2(t),\, z_3(t)]^T \to 0
\tag{6.148}
$$

$$
x_1(t) \equiv z_1(t) \to 0
\tag{6.149}
$$

が導かれる。また，特に $\kappa_1 \sim \kappa_3$ を正にとると，適応パラメータ $\hat{\theta}(t)$ を途中で固定（$\hat{\theta}(T)$ で固定）しても，制御系の有界性は保証されて，$z(t)$ が漸近的につ

6.5 バックステッピング法による非線形系の安定化　　179

ぎの領域に収束することが示される。

$$z(t) \to S(\kappa, \tilde{\hat{\theta}}(T)) \tag{6.150}$$

$$S(\kappa, \tilde{\theta}(t)) \equiv \left[z : \|z\|^2 \leqq \frac{1}{c_0} \left\{ \sum_{k=1}^{3} \frac{1}{4\kappa_k} \|\tilde{\theta}(T)\|^2 \right\} \right] \tag{6.151}$$

$$c_0 \equiv \min_{1 \leqq k \leqq 3} c_k \tag{6.152}$$

$$\tilde{\theta}(t) = \theta - \hat{\theta}(t) \tag{6.153}$$

以上の結果を定理 6.5 と表 6.5 にまとめる。

【定理 6.5】　表 6.5 で示される非線形系の安定化制御において，状態変数 $z_i(t)$ $(1 \leqq i \leqq 3)$ は 0 に収束する。特に $\kappa_1 \sim \kappa_3$ を正にとると，適応パラメータ $\hat{\theta}(t)$ を途中で固定（$\hat{\theta}(T)$ で固定）しても（$G = 0$），制御系の有界性は保証されて，$z(t)$ は有界な領域に収束する。

表 6.5 非線形系の安定化

制御対象
$\dot{x}_1(t) = x_2(t) + \theta^T \phi_1(x_1(t))$
$\dot{x}_2(t) = x_3(t) + \theta^T \phi_2(x_1(t), x_2(t))$
$\dot{x}_3(t) = \sigma(x(t))u(t) + \theta^T \phi_3(x_1(t), x_2(t), x_3(t))$

状態変数
$z_1(t) = x_1(t)$
$z_2(t) = x_2(t) - \alpha_1(z_1(t), \hat{\theta}(t))$
$z_3(t) = x_3(t) - \alpha_2(z_1(t), z_2(t), \hat{\theta}(t))$

仮想入力と実入力
$\alpha_1(t) = -c_1 z_1(t) - \hat{\theta}(t)^T \phi_1(x_1(t)) - \kappa_1 \|\phi_1(x_1(t))\|^2 z_1(t)$
$\alpha_2(t) = -c_2 z_2(t) + \dfrac{\partial \alpha_1}{\partial x_1} x_2(t) - z_1(t)$
$\qquad - \hat{\theta}(t)^T \left\{ \phi_2(x_1(t), x_2(t)) - \dfrac{\partial \alpha_1}{\partial x_1} \phi_1(x_1(t)) \right\}$
$\qquad + \dfrac{\partial \alpha_1}{\partial \hat{\theta}} \tau_2(t) - \kappa_2 \left\| \phi_2(x_1(t), x_2(t)) - \dfrac{\partial \alpha_1}{\partial x_1} \phi_1(x_1(t)) \right\|^2 z_2(t)$

（つづく）

180   6. バックステッピング法

表 6.5　（つづき）

$$\sigma(x(t))u(t) = -c_3 z_3(t) + \sum_{j=1}^{2} \frac{\partial \alpha_2}{\partial x_j} x_{j+1}(t) - z_2(t)$$

$$- \hat{\theta}(t)^T \left(\phi_3(x_1(t), x_2(t), x_3(t)) - \sum_{j=1}^{2} \frac{\partial \alpha_2}{\partial x_j} \phi_j(t) \right)$$

$$+ \frac{\partial \alpha_2}{\partial \hat{\theta}} \tau_3(t)$$

$$- \kappa_3 \left\| \phi_3(x_1(t), x_2(t), x_3(t)) - \sum_{j=1}^{2} \frac{\partial \alpha_2}{\partial x_j} \phi_j(t) \right\|^2 z_3(t) + \tilde{\alpha}_3(t)$$

適応則

$$\dot{\hat{\theta}}(t) = \tau_3(t)$$

信号の定義（$G = 0$ も含む）

$$\tau_1(t) = G\phi_1(t)z_1(t)$$

$$\tau_2(t) = \tau_1(t) + G \left\{ \phi_2(x_1(t), x_2(t)) - \frac{\partial \alpha_1}{\partial x_1} \phi_1(x_1(t)) \right\} z_2(t)$$

$$\tau_3(t) = \tau_2(t) + G \left\{ \phi_3(x_1(t), x_2(t), x_3(t)) - \sum_{j=1}^{2} \frac{\partial \alpha_2}{\partial x_j} \phi_j(t) \right\} z_3(t)$$

$$\tilde{\alpha}_3(t) = z_2(t) \frac{\partial \alpha_1}{\partial \hat{\theta}} G \left\{ \phi_3(x_1(t), x_2(t), x_3(t)) - \sum_{j=1}^{2} \frac{\partial \alpha_2}{\partial x_j} \phi_j(t) \right\}$$

　なお，同様の正準系に対して仮想的な入力を考えて制御系を構成する議論が文献[37]でも論じられており，本章で述べたようなバックステッピング法と関連が深いと考えられる。

6.6　バックステッピング法の考察

　バックステッピング法と拡張誤差を用いた手法を比較すると，バックステッピング法においては，オブザーバやフィルタの初期誤差による減衰項や調整パラメータの時間変化も考慮して，出力誤差を1成分とする n^* 個の状態変数を，同じく n^* 個の入力（$n^* - 1$ 個の仮想入力と1個の実入力）を使って動的に安

6.6 バックステッピング法の考察   181

定化していることがわかる。このことを反映して，最後に求めたリアプノフ関数 $(V_{n^*}(t))$ の微分値の評価式を積分すると，適応制御系の状態変数の過渡特性 $(\mathcal{L}^\infty, \mathcal{L}^2$ 特性）を，設計変数を使って明瞭に規定することができる。これに対して，拡張誤差法では，過渡的な特性よりも調整パラメータが収束したときの状況を考慮して，制御則やパラメータの推定機構（拡張誤差の形式）を定め，適応系を構成している。したがって，拡張誤差の過渡特性 $(\mathcal{L}^\infty, \mathcal{L}^2$ 特性）は議論できるが，出力誤差については直接に対応する特性を論じることができない。また，そのような相違点から派生して，証明の過程は，バックステッピング法のほうがはるかに直接的で短い。

バックステッピング法の特徴の一つとして，出力誤差を直接的に取り扱えることが挙げられ，これにより，ロバスト適応制御の場合もより簡明な解析が可能となる。この性質を使うと，先に述べたような全系の相対次数と最小位相性が規定できるときに，任意の大きさの寄生要素を有する対象について，初期条件に関して大域的な有界性が保証される適応制御系を構成することができる[23),24)]。さらに，安定性と相対次数構造の関係がより鮮明となって，相対次数のある範囲の変動に対して，大域的に安定な適応制御系を導出することも可能である[38)~43)]

本章で述べた超安定ループとしてのバックステッピング法と従来の適応制御系との関係から明らかなように，バックステッピング法が相対次数と正実化の概念に新しい関係を築いたことは重大な成果であり，これまで相対次数の壁に阻まれて正実化も安定化もできなかった（または，そのための明瞭な条件を求めることが困難だった）あるクラスの非線形制御問題，適応制御問題に与えた影響は大きい。バックステッピング法に基づく適応制御が，代表的な文献[44)] で述べられているように適応制御の A New Generation となったかどうかは，人によって評価が異なるかもしれないが，少なくとも，相対次数と正実化の問題に対処するための代替可能な道筋を切り開いたことは事実のようである。

182   6.　バックステッピング法

＊＊＊＊＊＊＊＊＊＊　演 習 問 題　＊＊＊＊＊＊＊＊＊＊

【1】　2 次系の制御対象

$$\ddot{y}(t) = -a_1\dot{y}(t) - a_2 y(t) + b_0 u(t)$$

の出力 y を目標信号 y_M に追従させるモデル規範形適応制御系を，バックステッピング法を用いて構成せよ。ただし，a_1, a_2 と b_0 は未知の定数で，$b \neq 0$（> 0）とする。

【2】　非線形系

$$\dot{x}_1(t) = x_2(t) + \theta_0 + \theta_1 x_1(t)^2$$
$$\dot{x}_2(t) = \{1 + x_1(t)^2 + x_2(t)^2\}u(t) + \theta_1 x_1(t) + \theta_2 x_2(t)^3$$

を安定化（$x_1, x_2 \to 0$）させる適応制御系を構成せよ。ただし，$\theta_0, \theta_1, \theta_2$ は未知の定数とする。

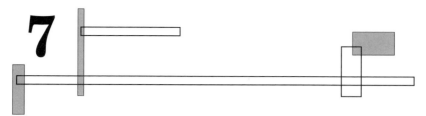

逆最適適応制御

適応制御の安定解析で用いるリアプノフ関数（正定関数）と最適制御の Hamilton-Jacobi 方程式の解を同一視することで，ある種の評価関数に対して最適な適応制御系を導出することができる．この逆最適性に基づく適応制御系の実現を簡単な例で確認する．

7.1 適応制御と最適性

バックステッピング法以降の適応制御の特長は，従来の適応制御では制御誤差の 0 への収束性の議論だけだったのを，制御誤差について $\mathcal{L}^\infty$, $\mathcal{L}^2$ 特性などの過渡特性を含んで制御性能を議論できるようにしたところにある．しかし，利点はそれだけではなく，安定解析で用いるリアプノフ関数（正定関数）を最適制御問題の解法で利用する **Hamilton-Jacobi 方程式の解**と同一視できる条件を求めることで，意味のある評価関数に対して最適な適応制御系を導出することができる[45]．このように Hamilton-Jacobi 方程式の解から逆に最適制御問題と関係する評価関数と制御系を求める手法を，**逆最適性**に基づく設計と呼ぶ．本章では，簡単な例を用いて，この逆最適性に基づく設計で最適な適応制御系が実現されることを確認する．

184　　7. 逆最適適応制御

7.2　2次形式評価関数に対して最適な適応制御系

以下に示す1次元の線形系（θ は未知パラメータ）の出力を0に収束させる制御問題を考える。

$$\frac{d}{dt}x(t) = \theta x(t) + u(t) \qquad (x,\, u \in \mathbf{R}) \tag{7.1}$$

いままでの手法では

$$\dot{\hat{\theta}}(t) = gx(t)^2, \ \ u(t) = -\hat{\theta}(t)x(t) - kx(t) \tag{7.2}$$

のようにすればよい。ただし，g と k は任意の正の定数である。実際，リアプノフ関数（正定関数）$V(t)$ を

$$V(t) = \frac{1}{2}x(t)^2 + \frac{1}{2g}\{\hat{\theta}(t) - \theta\}^2 \tag{7.3}$$

とおいて，適応系の軌道に沿って $V(t)$ の時間微分を計算すると

$$\dot{V}(t) = -kx(t)^2 \leqq 0 \tag{7.4}$$

となって，$x(t) \in \mathcal{L}^\infty \cap \mathcal{L}^2$，$\hat{\theta}(t) \in \mathcal{L}^\infty$ より $e(t) \to 0$ が示される。

つぎに，以下の方程式を満足するような正値の $r(\hat{\theta})$, $h(\hat{\theta})$ を考える（図 **7.1** (a) を参照）。

$$\hat{\theta} - \frac{1}{4r(\hat{\theta})} + h(\hat{\theta}) = 0 \tag{7.5}$$

$\hat{\theta}(t)$ の調整則は先と同じものを用い，制御則は未定のままで，式 (7.5) に注意して再び $V(t)$ の時間微分を評価する。

$$\begin{aligned}
\frac{d}{dt}V(t) &= x(t)\{\hat{\theta}(t)x(t) + u(t)\} \\
&\quad + \{\theta - \hat{\theta}(t)\}x(t)^2 + \{\hat{\theta}(t) - \theta\}\dot{\hat{\theta}}(t) \\
&= \frac{1}{4r(\hat{\theta}(t))}x(t)^2 - h(\hat{\theta}(t))x(t)^2 + x(t)u(t)
\end{aligned}$$

7.2 2次形式評価関数に対して最適な適応制御系

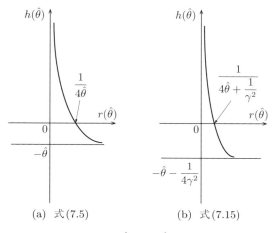

(a) 式(7.5) (b) 式(7.15)

図 **7.1** $h(\hat{\theta})$ と $r(\hat{\theta})$ の関係

$$
\begin{aligned}
&= r(\hat{\theta}(t))\left\{\frac{x(t)}{2r(\hat{\theta}(t))} + u(t)\right\}^2 - r(\hat{\theta}(t))u(t)^2 \\
&\quad - h(r(\hat{\theta}(t)))x(t)^2
\end{aligned}
$$

このとき，つぎの関係式

$$
\begin{aligned}
J(T) &\equiv \frac{1}{2}x(T)^2 + \frac{1}{2g}\{\hat{\theta}(T) - \theta\}^2 \\
&\quad + \int_0^T \{h(r(\hat{\theta}(t)))x(t)^2 + r(\hat{\theta}(t))u(t)^2\}dt \\
&= \frac{1}{2}x(0)^2 + \frac{1}{2g}\{\hat{\theta}(0) - \theta\}^2 \\
&\quad + \int_0^T r(\hat{\theta}(t))\left\{\frac{x(t)}{2r(\hat{\theta}(t))} + u(t)\right\}^2 dt \quad (7.6)
\end{aligned}
$$

が得られ（T は任意の時刻），評価関数 $J(T)$ の最小値 $\min_u J \equiv J_{\min}(T)$ と，それを実現する制御入力 $u^*(t)$ が，任意の $T\;(>0)$ に対して以下のように求められる。

$$
J_{\min}(T) = \frac{1}{2}x(0)^2 + \frac{1}{2g}\{\hat{\theta}(0) - \theta\}^2 \quad (7.7)
$$

186   7. 逆最適適応制御

$$u^*(t) = -\frac{x(t)}{2r(\hat{\theta}(t))} \tag{7.8}$$

また，これらの結果を $T \to \infty$ に拡張すると，$x(\infty) \to 0$, $\hat{\theta}(\infty) \in \mathcal{L}^\infty$ も考慮して

$$\begin{aligned}
\min_u J &= \min_u \left[\frac{1}{2g}\{\hat{\theta}(\infty) - \theta\}^2 \right. \\
&\left. \qquad + \int_0^\infty \{h(r(\hat{\theta}(t)))x(t)^2 + r(\hat{\theta}(t))u(t)^2\}dt \right] \\
&= \frac{1}{2}x(0)^2 + \frac{1}{2g}\{\hat{\theta}(0) - \theta\}^2 \tag{7.9}
\end{aligned}$$

$$u^*(t) = -\frac{x(t)}{2r(\hat{\theta}(t))} \tag{7.10}$$

が成立することがわかる。式 (7.5) を満たす正値の $r(\hat{\theta})$, $h(\hat{\theta})$ は，例えば

$$r(\hat{\theta}) = h(\hat{\theta}) = \frac{1}{2\left\{\hat{\theta}(t) + \sqrt{\hat{\theta}(t)^2 + 1}\right\}} \tag{7.11}$$

があり，これに対応する評価関数と最適制御則は，つぎのようになる。

$$J = \frac{1}{2g}\{\hat{\theta}(\infty) - \theta\}^2$$

表 7.1 2 次形式評価関数に対して最適な適応制御

制御問題：以下の対象の安定化 $(x(t) \to 0)$
$\dot{x}(t) = \theta x(t) + u(t)$ （θ：未知パラメータ）
適応則
$\dot{\hat{\theta}}(t) = gx(t)^2$ （$g > 0$）
評価関数
$J = \dfrac{1}{2g}\{\hat{\theta}(\infty) - \theta\}^2 + \displaystyle\int_0^\infty \dfrac{x(t)^2 + u(t)^2}{2\left\{\hat{\theta}(t) + \sqrt{\hat{\theta}(t)^2 + 1}\right\}} dt$
最適制御入力 u^*（J を最小化）
$u^*(t) = -\left\{\hat{\theta}(t) + \sqrt{\hat{\theta}(t)^2 + 1}\right\} x(t)$

$$+ \int_0^\infty \frac{x(t)^2 + u(t)^2}{2\left\{\hat{\theta}(t) + \sqrt{\hat{\theta}(t)^2 + 1}\right\}} dt \tag{7.12}$$

$$u^*(t) = -\left\{\hat{\theta}(t) + \sqrt{\hat{\theta}(t)^2 + 1}\right\} x(t) \tag{7.13}$$

以上の結果を表 **7.1** にまとめる。

例 7.1 表 **7.1** の制御問題で

$$\theta = 1, \quad g = 1, \quad x(0) = 1$$

とおいたときの結果を図 **7.2** に示す。

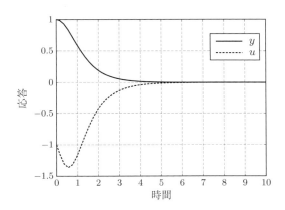

図 7.2 2 次形式評価関数に対して最適な適応制御

7.3 外乱を含む評価関数に対して最適な適応制御系

つぎに，同じ 1 次元の線形系に外乱 $d(t)$ $(\in \mathcal{L}^2)$ が加わった場合を考える。

$$\frac{d}{dt}x(t) = \theta x(t) + u(t) + d(t) \qquad (x, u, d \in \mathbf{R}) \tag{7.14}$$

このような場合でも，先の適応制御方式の式 (7.2) をそのまま適用することで，

188　　7. 逆最適適応制御

$\hat{\theta}(t) \in \mathcal{L}^\infty$ と $x(t) \to 0$ が保証される。

先の関係式 (7.5) に対して，ここでは以下の方程式を満足するような正値の $r(\hat{\theta}), h(\hat{\theta}), \gamma$ を考える（図 **7.1** (b) を参照）。

$$\hat{\theta} - \frac{1}{4r(\hat{\theta})} + \frac{1}{4\gamma^2} + h(\hat{\theta}) = 0 \tag{7.15}$$

$\hat{\theta}(t)$ の調整則は先と同じものを用い，制御則は未定のままで，式 (7.15) に注意して再び $V(t)$ の時間微分を評価する。

$$
\begin{aligned}
\frac{d}{dt}V(t) =\ & x(t)\{\hat{\theta}(t)x(t) + u(t) + d(t)\} \\
& + \{\theta - \hat{\theta}(t)\}x(t)^2 + \{\hat{\theta}(t) - \theta\}\dot{\hat{\theta}}(t) \\
=\ & \left\{ \frac{1}{4r(\hat{\theta}(t))} - \frac{1}{4\gamma^2} \right\} x(t)^2 \\
& - h(\hat{\theta}(t))x(t)^2 + x(t)\{u(t) + d(t)\} \\
=\ & r(\hat{\theta}(t)) \left\{ \frac{x(t)}{2r(\hat{\theta}(t))} + u(t) \right\}^2 \\
& - \gamma^2 \left\{ d(t) - \frac{1}{2\gamma^2}x(t) \right\}^2 \\
& - r(\hat{\theta}(t))u(t)^2 - h(r(\hat{\theta}(t)))x(t)^2 + \gamma^2 d(t)^2
\end{aligned}
$$

これより，つぎの関係式

$$
\begin{aligned}
J(T) \equiv\ & \frac{1}{2}x(T)^2 + \frac{1}{2g}\{\hat{\theta}(T) - \theta\}^2 \\
& + \int_0^T \{h(r(\hat{\theta}(t)))x(t)^2 + r(\hat{\theta}(t))u(t)^2\}dt \\
& - \gamma^2 \int_0^T d(t)^2 dt \\
=\ & \frac{1}{2}x(0)^2 + \frac{1}{2g}\{\hat{\theta}(0) - \theta\}^2 \\
& + \int_0^T r(\hat{\theta}(t)) \left\{ \frac{x(t)}{2r(\hat{\theta}(t))} + u(t) \right\}^2 dt
\end{aligned}
$$

$$- \int_0^T \gamma^2 \left\{ d(t) - \frac{1}{2\gamma^2} x(t) \right\}^2 dt \tag{7.16}$$

が得られ（T は任意の時刻），評価関数 $J(T)$ に対して $\inf\limits_u \sup\limits_{d \in \mathcal{L}^2} J$ の値とそれを実現する制御入力 $u^*(t)$，外乱 $d^*(t)$ が，任意の T（> 0）に対して以下のように求められる。

$$\inf_u \sup_{d \in \mathcal{L}^2} J(T) = \frac{1}{2} x(0)^2 + \frac{1}{2g} \{ \hat{\theta}(0) - \theta \}^2 \tag{7.17}$$

$$u^*(t) = -\frac{x(t)}{2r(\hat{\theta}(t))} \tag{7.18}$$

$$d^*(t) = \frac{1}{2\gamma^2} x(t) \tag{7.19}$$

このとき，不等式

$$\int_0^T \{ h(r(\hat{\theta}(t))) x(t)^2 + r(\hat{\theta}(t)) u^*(t)^2 \} dt$$

$$\leqq \frac{1}{2} x(0)^2 + \frac{1}{2g} \{ \hat{\theta}(0) - \theta \}^2 + \gamma^2 \int_0^T d(t)^2 dt \tag{7.20}$$

が成立するから，初期誤差の影響を除いて考えると，外乱 $d(t)$ から出力 $z(t) = \{ h(r(\hat{\theta}(t))) x(t)^2 + r(\hat{\theta}(t)) u^*(t)^2 \}^{\frac{1}{2}}$ への $\mathcal{L}^2$ 誘導ノルムの大きさを γ 以下にする，一種の非線形 H_∞ 制御が実現されていることがわかる。式 (7.15) を満たす正値の $r(\hat{\theta})$, $h(\hat{\theta})$ は，例えば

$$r(\hat{\theta}) = h(\hat{\theta}) = \frac{1}{2 \left\{ f(\hat{\theta}(t)) + \sqrt{f(\hat{\theta}(t))^2 + 1} \right\}} \tag{7.21}$$

$$f(\hat{\theta}(t)) = \hat{\theta}(t) + \frac{1}{4\gamma^2} \tag{7.22}$$

があり，対応する評価関数と最適制御則は，つぎのようになる。

$$J = \frac{1}{2g} \{ \hat{\theta}(T) - \theta \}^2$$

$$+ \int_0^T \frac{x(t)^2 + u(t)^2}{2 \left\{ f(\hat{\theta}(t)) + \sqrt{f(\hat{\theta}(t))^2 + 1} \right\}} dt$$

190   7. 逆最適適応制御

$$- \gamma^2 \int_0^T d(t)^2 dt \tag{7.23}$$

$$u^*(t) = - \left\{ f(\hat{\theta}(t)) + \sqrt{f(\hat{\theta}(t))^2 + 1} \right\} x(t) \tag{7.24}$$

$d(t) \in \mathcal{L}^2$ より，$T \to \infty$ としても，先と同様の議論ができる。また，$d(t) \in \mathcal{L}^2$ でないときは，$\hat{\theta}(t)$ に射影則などのロバスト適応則を適用することで，類似の結果を導出できる。

以上の結果を**表7.2** にまとめる。

表7.2　外乱を含む2次形式評価関数に対して最適な適応制御

制御問題：以下の対象の安定化（$x(t) \to 0$）
$\dot{x}(t) = \theta x(t) + u(t) + d(t)$　（θ：未知パラメータ，$d(\cdot) \in \mathcal{L}^2$）
適応則
$\dot{\hat{\theta}}(t) = gx(t)^2$　（$g > 0$）
評価関数
$J = \dfrac{1}{2g}\{\hat{\theta}(\infty) - \theta\}^2 + \displaystyle\int_0^\infty \dfrac{x(t)^2 + u(t)^2}{2\left\{ f(\hat{\theta}(t)) + \sqrt{f(\hat{\theta}(t)^2) + 1} \right\}} dt - \gamma^2 \int_0^\infty d(t)^2 dt$
最適制御入力 u^* （$\sup_{d \in \mathcal{L}^2} J$ を最小化）
$u^*(t) = - \left\{ f(\hat{\theta}(t)) + \sqrt{f(\hat{\theta}(t)^2) + 1} \right\} x(t)$
$f(\hat{\theta})$ の定義
$f(\hat{\theta}) = \hat{\theta} + \dfrac{1}{4\gamma^2}$

例7.2　**表7.2** の制御問題で

$$\theta = 1, \ \ g = 1, \ \ \gamma = 1, \ \ d(t) = \exp(-t), \ \ x(0) = 1$$

とおいたときの結果を**図7.3** に示す。

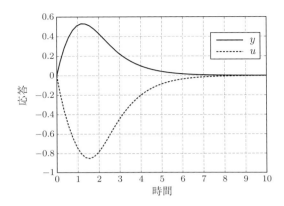

図 7.3 外乱を含む 2 次形式評価関数
に対して最適な適応制御

7.4　最適な適応制御系の考察

7.2 節と 7.3 節で説明した最適な適応制御系の導出，特に式 (7.5) と式 (7.15) の意味について考察する。

式 (7.5) と式 (7.15) は，式 (7.1) または式 (7.14) の θ を推定値 $\hat{\theta}$ で置き換えたシステムに対して，それぞれ式 (7.6) または式 (7.16) で定義される評価関数 $J(T)$ を与えたときに，対応する Hamilton-Jacobi 方程式の解が $V(t) = \dfrac{1}{2}x(t)^2$ となるための $r(\hat{\theta}), h(\hat{\theta})$ の条件を，逆に求めたものになっている。つまり，一般的な制御対象

$$\dot{x}(t) = f(x(t), \hat{\theta}) + g_1 u(t) \; (+ g_2 d(t)) \tag{7.25}$$

が与えられたときに，正定関数 $V(t) = \dfrac{1}{2}x(t)^2$ がつぎの Hamilton-Jacobi 方程式の解となるように，逆に $r(\hat{\theta}), h(\hat{\theta})$ を定めている。

$$V_x f(x, \hat{\theta}) - \frac{1}{4r(\hat{\theta})}(V_x g_1)^2 + h(\hat{\theta})x^2 = 0 \tag{7.26}$$

192　　7. 逆最適適応制御

$$V_x f(x, \hat{\theta}) - \frac{1}{4} \left\{ \frac{(V_x g_1)^2}{r(\hat{\theta})} - \frac{(V_x g_2)^2}{\gamma^2} \right\} + h(\hat{\theta}) x^2 = 0 \qquad (7.27)$$

$$V_x \equiv \frac{\partial V}{\partial x}$$

7.5　一般の場合の最適な適応制御系

以上の議論を，より一般的な制御対象に拡張する[46]。本書では，簡単のために相対次数が 1 次の場合を考える。

7.5.1　問題設定と対象の入出力表現

つぎの 1 入力 1 出力非線形系を考える。

$$\frac{d}{dt} e(t) = \theta e(t) + b_0 u(t) + \Phi^T \omega(t) + d(t) \qquad (7.28)$$

ただし，$e(t)$ は制御誤差，$d(t)$ は外乱と初期条件に依存した項の総称（未知で $\mathcal{L}^2$ に属する），$\omega(t)$ は測定可能な信号よりなるベクトル，θ, b_0, Φ は未知パラメータ（スカラおよびベクトル）とする。つぎの仮定を設ける。

《仮定 7.1》

1.　システムの相対次数 $n^* = 1$ は既知で，高調波ゲイン b_0 の符号も既知とし，以後，一般性を失うことなく $b_0 > 0$ とする

2.　$\omega(t)$ は

$$\|\omega(t)\| \leqq M_1 \sup_{t \geqq \tau} |e(\tau)| + M_2 \qquad (M_1, M_2 > 0)$$

のように評価される

以上の設定で，システムを安定化し，制御誤差 $e(t)$ が漸近的に零に収束するように入力 $u(t)$ を適応的に決定する。

7.5.2 入力項を評価に加えない場合

最初に通常の適応制御系を構成する。

$$
\begin{aligned}
u(t) &= -\hat{p}(t)\left[\{\hat{\theta}(t) + k_1\}e(t) + \hat{\Phi}(t)^T \omega(t)\right] \\
&\equiv -\hat{p}(t)v_0(t) \qquad (k_1 > 0)
\end{aligned}
\tag{7.29}
$$

$$
\dot{\hat{\theta}}(t) = g_1 e(t)^2 \qquad (g_1 > 0)
\tag{7.30}
$$

$$
\dot{\hat{\Phi}}(t) = G_2 \omega(t)e(t) \qquad (G_2 = G_2^T > 0)
\tag{7.31}
$$

$$
\dot{\hat{p}}(t) = g_3 v_0(t)e(t) \qquad (g_3 > 0)
\tag{7.32}
$$

適応系の有効性は，以下のように示される。まず，リアプノフ関数（正定関数）$V(t)$ を

$$
\begin{aligned}
V(t) &= \frac{1}{2}e(t)^2 + \frac{1}{2g_1}\{\hat{\theta}(t) - \theta\}^2 \\
&\quad + \frac{1}{2}\{\hat{\Phi}(t) - \Phi\}^T G_2^{-1}\{\hat{\Phi}(t) - \Phi\} + \frac{b_0}{2g_3}\{\hat{p}(t) - p\}^2
\end{aligned}
\tag{7.33}
$$

と定める。ただし $p \equiv \dfrac{1}{b_0}$ である。$V(t)$ を時間微分する。

$$
\dot{V}(t) = e(t)\{\theta_1 e(t) + d(t)\} - (\theta_1 + k_1)e(t)^2
\tag{7.34}
$$

式 (7.34) を時間積分する。

$$
V(t) - V(0) \leqq -k_1 \int_0^t e(\tau)^2 d\tau + \int_0^t e(\tau)d(\tau)d\tau
\tag{7.35}
$$

ここで，設計変数 k_1 を正の γ に対して

$$
k_1 \geqq \left(\frac{1}{4\gamma^2} + 1\right)
\tag{7.36}
$$

を満足するように選ぶと，$V(t)$ の評価が

$$
\begin{aligned}
V(t) - V(0) &\leqq -\left(\frac{1}{4\gamma^2} + 1\right)\int_0^t e(\tau)^2 d\tau + \int_0^t e(\tau)d(\tau)d\tau \\
&= -\gamma^2 \int_0^t \left\{d(\tau) - \frac{e(\tau)}{2\gamma^2}\right\}^2 d\tau + \gamma^2 \int_0^t d(\tau)^2 d\tau
\end{aligned}
$$

$$-\int_0^t e(\tau)^2 d\tau \tag{7.37}$$

となって，最終的につぎのような不等式が得られる。

$$\int_0^t e(\tau)^2 d\tau + V(t) \leqq \gamma^2 \int_0^t d(\tau)^2 d\tau + V(0) \tag{7.38}$$

任意の t について式 (7.38) が成立するから，制御系の有界性と，$t \to \infty$ のとき $e(t) \to 0$ となることが示される。さらに，適応パラメータの初期誤差を含めて，$e(\cdot)$ と $d(\cdot)$ の間の $\mathcal{L}^2$ ゲインが γ で規定されていることがわかる。

7.5.3　2次形式評価関数に対する最適制御の場合

本項では，2次形式の評価関数に対する最適制御問題を考えるため，$d(t) \equiv 0$ とする。前項の結果を考慮して，入力 $u(t)$ を

$$u(t) = -\hat{\Psi}(t)^T \omega(t) + v(t) \tag{7.39}$$

とおき，$v(t)$ を新たな入力と見なして，仮想的なシステムと正定関数

$$\frac{d}{dt} e(t) = \hat{\theta} e(t) + \hat{b}_0 v(t) \equiv \hat{F} + \hat{b}_0 v(t) \tag{7.40}$$

$$\tilde{V}(t) = \frac{1}{2} e(t)^2 \tag{7.41}$$

に対して，以下の Hamilton-Jacobi 方程式を満足する正値の $h(\hat{\theta}, \hat{b}_0)$, $r(\hat{\theta}, \hat{b}_0)$ を考える。

$$\frac{\partial \tilde{V}}{\partial e} \hat{F} - \frac{1}{4r} \left(\frac{\partial \tilde{V}}{\partial e} \hat{b}_0 \right)^2 + h e^2 = 0$$

$$\Leftrightarrow \quad h(\hat{\theta}, \hat{b}_0) - \frac{\hat{b}_0^2}{4r(\hat{\theta}, \hat{b}_0)} + \hat{\theta} = 0 \tag{7.42}$$

これより，つぎの適応制御系を構成すると，定理 7.1 が得られる。

$$u(t) = -\hat{\Psi}(t)^T \omega(t) + v(t) \tag{7.43}$$

$$v(t) = -\frac{1}{2r} \frac{\partial \tilde{V}}{\partial e} \hat{b}_0(t) = -\frac{\hat{b}_0(t)}{2r(\hat{\theta}, \hat{b}_0)} e(t) \tag{7.44}$$

$$\dot{\hat{\theta}}(t) = g_1 e(t)^2 \qquad (g_1 > 0) \tag{7.45}$$

$$\dot{\hat{\Psi}}(t) = G_2 \omega(t) e(t) \qquad (G_2 = G_2^T > 0) \tag{7.46}$$

$$\dot{\hat{b}}_0(t) = g_3 v(t) e(t) \qquad (g_3 > 0) \tag{7.47}$$

【定理 7.1】 式 (7.43)〜(7.47) の適応制御系は，式 (7.28) の対象と任意の $t \ (\leqq \infty)$ に関して

$$J(t) \equiv \int_0^t \{h(\hat{\theta}, \hat{b}_0)e(\tau)^2 + r(\hat{\theta}, \hat{b}_0)v(\tau)^2\}d\tau + V(t) \tag{7.48}$$

$$\begin{aligned} V(t) = \ &\frac{1}{2}e(t)^2 + \frac{1}{2g_1}\{\hat{\theta}(t) - \theta\}^2 \\ &+ \frac{b_0}{2}\{\hat{\Psi}(t) - \Psi\}^T G_2^{-1}\{\hat{\Psi}(t) - \Psi\} \\ &+ \frac{1}{2g_3}\{\hat{b}_0(t) - b_0\}^2 \end{aligned} \tag{7.49}$$

$$v(t) \equiv u(t) + \hat{\Psi}(t)^T \omega(t) \tag{7.50}$$

$$\Psi \equiv \frac{\Phi}{b_0}$$

を v について最小化する最適制御である。

証明 式 (7.28) の対象について $V(t)$ の時間微分を計算すると

$$\begin{aligned} \dot{V}(t) = \ &\theta e(t)^2 + \hat{b}_0(t)v(t)e(t) \\ &+ \{\hat{\theta}_1(t) - \theta_1\}e(t)^2 \end{aligned} \tag{7.51}$$

が得られる。式 (7.42) に着目して $\dot{V}(t)$ を時間積分すると

$$\begin{aligned} V(t) - V(0) \leqq \ &\int_0^t \hat{\theta}(\tau)e(\tau)^2 d\tau \\ &+ \int_0^t \hat{b}_0(\tau)v(\tau)e(\tau)d\tau \\ = \ &\int_0^t \left\{ \frac{\hat{b}_0(\tau)^2}{4r(\hat{\theta}, \hat{b}_0)} - h(\hat{\theta}, \hat{b}_0) \right\} e(\tau)^2 d\tau \end{aligned}$$

196   7. 逆最適適応制御

$$+ \int_0^t \hat{b}_0(\tau)v(\tau)e(\tau)d\tau$$

$$= \int_0^t r(\hat{\theta}, \hat{b}_0) \left\{ \frac{\hat{b}_0(\tau)e(\tau)}{2r(\hat{\theta}, \hat{b}_0)} + v(\tau) \right\}^2 d\tau$$

$$- \int_0^t \{ h(\hat{\theta}, \hat{b}_0)e(\tau)^2 + r(\hat{\theta}, \hat{b}_0)v(\tau)^2 \}d\tau \qquad (7.52)$$

となることから，定理を示すことができる。   △

この適応制御系において，適応系の有界性と $e(t)$ の零収束性は明らかである。
また，$h(\hat{\theta}, \hat{b}_0)$, $r(\hat{\theta}, \hat{b}_0)$ の例として，両者を等しく選ぶと

$$h(\hat{\theta}, \hat{b}_0) = r(\hat{\theta}, \hat{b}_0) = \frac{\hat{b}_0(t)^2}{2 \left\{ \sqrt{\hat{\theta}(t)^2 + \hat{b}_0(t)^2} + \hat{\theta}(t) \right\}} \qquad (7.53)$$

表 **7.3** 2 次形式評価関数に対して最適な適応制御（一般形）

制御問題：以下の対象の安定化（$e(t) \to 0$）
$\dfrac{d}{dt}e(t) = \theta e(t) + b_0 u(t) + \Phi^T \omega(t)$
適応則
$\dot{\hat{\theta}}(t) = g_1 e(t)^2 \quad (g_1 > 0)$ $\dot{\hat{\Psi}}(t) = G_2 \omega(t)e(t) \quad (G_2 = G_2^T > 0)$ $\dot{\hat{b}}_0(t) = g_3 v(t)e(t) \quad (g_3 > 0)$
評価関数
$J = \dfrac{1}{2g_1}\{\hat{\theta}(\infty) - \theta\}^2 + \dfrac{1}{2}\{\hat{\Psi}(\infty) - \Psi\}^T G_2^{-1}\{\hat{\Psi}(\infty) - \Psi\}$ $\qquad + \dfrac{1}{2g_3}\{\hat{b}_0(\infty) - b_0\}^2 + \displaystyle\int_0^\infty \dfrac{\hat{b}_0(t)^2\{x(t)^2 + u(t)^2\}}{2\left\{\sqrt{\hat{\theta}(t)^2 + \hat{b}_0(t)^2} + \hat{\theta}(t)\right\}}dt$
制御入力 u
$u(t) = -\hat{\Psi}(t)^T \omega(t) + v(t)$
最適制御入力 v^*（J を最小化）
$v^*(t) = -\dfrac{\sqrt{\hat{\theta}(t)^2 + \hat{b}_0(t)^2} + \hat{\theta}(t)}{\hat{b}_0(t)}e(t)$

が得られる。このとき，最適制御入力は

$$u(t) = -\hat{\Psi}(t)^T \omega(t) - \frac{\sqrt{\hat{\theta}(t)^2 + \hat{b}_0(t)^2} + \hat{\theta}(t)}{\hat{b}_0(t)} e(t) \tag{7.54}$$

となる。特に $\hat{b}_0(t) \neq 0$ として零による除算の問題を回避するためには，$\hat{b}_0(t)$ の調整に射影則を用いればよい。

以上の制御系の構成を表 **7.3** にまとめる。

7.5.4 適応 H_∞ 制御の場合

本項では，式 (7.28) の $d(t)$ から $e(t)$ への $\mathcal{L}^2$ ゲインを考慮した，適応 H_∞ 制御を考える。同様に，式 (7.39) において $v(t)$ を新たな入力と見なして，式 (7.41) の正定関数 $\tilde{V}(t)$ と $d(t)$ を含めた仮想的なシステム

$$\begin{aligned} \frac{d}{dt} e(t) &= \hat{\theta} e(t) + \hat{b}_0 v(t) + d(t) \\ &\equiv \hat{F} + \hat{b}_0 v(t) + d(t) \end{aligned} \tag{7.55}$$

に対して，つぎの Hamilton-Jacobi 方程式を満足する正値の $h(\hat{\theta}, \hat{b}_0)$, $r(\hat{\theta}, \hat{b}_0)$ を考える。

$$\begin{aligned} &\frac{\partial \tilde{V}}{\partial e} \hat{F} - \frac{1}{4r} \left(\frac{\partial \tilde{V}}{\partial e} \hat{b}_0 \right)^2 + \frac{1}{4\gamma^2} \left(\frac{\partial \tilde{V}}{\partial e} \right)^2 + he^2 \leqq 0 \\ &\Leftrightarrow \quad h(\hat{\theta}, \hat{b}_0) - \frac{\hat{b}_0^2}{4r(\hat{\theta}, \hat{b}_0)} + \frac{1}{4\gamma^2} + \hat{\theta} \leqq 0 \end{aligned} \tag{7.56}$$

これより，以下の適応制御系を構成すると，定理 7.2 が得られる。

$$u(t) = -\hat{\Psi}(t)^T \omega(t) + v(t) \tag{7.57}$$

$$v(t) = -\frac{1}{2r} \frac{\partial \tilde{V}}{\partial e} \hat{b}_0(t) = -\frac{\hat{b}_0(t)}{2r(\hat{\theta}, \hat{b}_0)} e(t) \tag{7.58}$$

$$\dot{\hat{\theta}}(t) = g_1 e(t)^2 \qquad (g_1 > 0) \tag{7.59}$$

$$\dot{\hat{\Psi}}(t) = G_2 \omega(t) e(t) \qquad (G_2 = G_2^T > 0) \tag{7.60}$$

$$\dot{\hat{b}}_0(t) = g_3 v(t) e(t) \qquad (g_3 > 0) \tag{7.61}$$

198   7. 逆最適適応制御

【定理 7.2】 式 (7.57)～(7.61) の適応制御系は，式 (7.28) の対象と任意
の t $(\leqq \infty)$，および $d(\cdot) \in \mathcal{L}^2$ に関して

$$J(t) \equiv \int_0^t \{h(\hat{\theta}, \hat{b}_0)e(\tau)^2 + r(\hat{\theta}, \hat{b}_0)v(\tau)^2\}d\tau + V(t)$$

$$- \gamma^2 \int_0^t d(\tau)^2 d\tau \tag{7.62}$$

$$v(t) = u(t) + \hat{\Psi}(t)^T \omega(t) \tag{7.63}$$

における $\displaystyle\sup_{d \in \mathcal{L}^2} J(t)$ を v について最小化する最適制御である．ただし，$V(t)$
は式 (7.49) で定義される．

証明   式 (7.28) の対象について，$V(t)$ の時間微分を計算し，関係式 (7.56) を
考慮して再度時間積分すると

$$V(t) - V(0) \leqq \int_0^t \hat{\theta}(\tau)e(\tau)^2 d\tau + \int_0^t \hat{b}_0(\tau)v(\tau)e(\tau)d\tau + \int_0^t d(\tau)e(\tau)d\tau$$

$$\leqq \int_0^t \left\{ \frac{\hat{b}_0(\tau)^2}{4r(\hat{\theta}, \hat{b}_0)} - \frac{1}{4\gamma^2} - h(\hat{\theta}, \hat{b}_0) \right\} e(\tau)^2 d\tau$$

$$+ \int_0^t \hat{b}_0(\tau)v(\tau)e(\tau)d\tau + \int_0^t d(\tau)e(\tau)d\tau$$

$$= \int_0^t r(\hat{\theta}, \hat{b}_0) \left\{ \frac{\hat{b}_0(\tau)e(\tau)}{2r(\hat{\theta}, \hat{b}_0)} + v(\tau) \right\}^2 d\tau$$

$$- \int_0^t \{h(\hat{\theta}, \hat{b}_0)e(\tau)^2 + r(\hat{\theta}, \hat{b}_0)v(\tau)^2\}d\tau$$

$$- \int_0^t \gamma^2 \left\{ d(\tau) - \frac{1}{2\gamma^2}e(\tau) \right\}^2 d\tau + \gamma^2 \int_0^t d(\tau)^2 d\tau \tag{7.64}$$

となることから，定理が示される．   △

7.5 一般の場合の最適な適応制御系 *199*

式 (7.64) の両辺を整理すると，つぎのようになる。

$$\int_0^t \{h(\hat{\theta},\hat{b}_0)e(\tau)^2 + r(\hat{\theta},\hat{b}_0)v(\tau)^2\}d\tau + V(t)$$

$$\leqq \gamma^2 \int_0^t d(\tau)^2 d\tau + V(0) \tag{7.65}$$

よって，調整パラメータの初期誤差を含めて，$d(\cdot)$ から $\sqrt{h(\cdot)e(\cdot)^2 + r(\cdot)v(\cdot)^2}$ への $\mathcal{L}^2$ ゲインを γ 以下にする H_∞ 制御になっていることがわかる。適応系の有界性と $e(t)$ の零収束性は明らかである。また，$h(\hat{\theta},\hat{b}_0)$, $r(\hat{\theta},\hat{b}_0)$ の例として，両者を等しく選び，式 (7.56) の等号条件で解くと，以下の関数が得られる。

$$h(\hat{\theta},\hat{b}_0) = r(\hat{\theta},\hat{b}_0) = \frac{\hat{b}_0(t)^2}{2\left\{\sqrt{G(\hat{\theta}(t))^2 + \hat{b}_0(t)^2} + G(\hat{\theta}(t))\right\}} \tag{7.66}$$

$$G(\hat{\theta}(t)) = \hat{\theta}(t) + \frac{1}{4\gamma^2} \tag{7.67}$$

このとき，最適制御入力はつぎのようになる。

$$u(t) = -\hat{\Psi}(t)^T \omega(t) - \frac{\sqrt{G(\hat{\theta}(t))^2 + \hat{b}_0(t)^2} + G(\hat{\theta}(t))}{\hat{b}_0(t)} e(t) \tag{7.68}$$

以上の制御系の構成を**表 7.4** にまとめる。

表 7.4 外乱を含む 2 次形式評価関数に対して最適な適応制御（一般形）

制御問題：以下の対象の安定化（$e(t) \to 0$）
$\dfrac{d}{dt}e(t) = \theta e(t) + b_0 u(t) + \Phi^T \omega(t) + d(t) \quad (d(\cdot) \in \mathcal{L}^2)$
適応則
$\dot{\hat{\theta}}(t) = g_1 e(t)^2 \quad (g_1 > 0)$ $\dot{\hat{\Psi}}(t) = G_2 \omega(t)e(t) \quad (G_2 = G_2^T > 0)$ $\dot{\hat{b}}_0(t) = g_3 v(t)e(t) \quad (g_3 > 0)$

（つづく）

200　　7. 逆 最 適 適 応 制 御

表 **7.4** （つづき）

評価関数

$$J = \frac{1}{2g_1}\{\hat{\theta}(\infty) - \theta\}^2 + \frac{1}{2}\{\hat{\Psi}(\infty) - \Psi\}^T G_2^{-1}\{\hat{\Psi}(\infty) - \Psi\}$$

$$+ \frac{1}{2g_3}\{\hat{b}_0(\infty) - b_0\}^2 + \int_0^\infty \frac{\hat{b}_0(t)^2\{x(t)^2 + u(t)^2\}}{2\left\{\sqrt{G(\hat{\theta}(t))^2 + \hat{b}_0(t)^2} + G(\hat{\theta}(t))\right\}}\,dt$$

$$- \int_0^\infty d(t)^2 dt$$

$$G(\hat{\theta}) = \hat{\theta} + \frac{1}{4\gamma^2}$$

制御入力 u

$$u(t) = -\hat{\Psi}(t)^T \omega(t) + v(t)$$

最適制御入力 v^* （$\sup_{d \in \mathcal{L}^2} J$ を最小化）

$$v^*(t) = -\frac{\sqrt{G(\hat{\theta}(t))^2 + \hat{b}_0(t)^2} + G(\hat{\theta}(t))}{\hat{b}_0(t)}e(t)$$

　　　　　┌─────────┐
　　　　　│ コーヒーブレイク │
─────────┘　　　　　　　　└─────────

　適応制御系の逆最適化に基づく解析と設計は，非線形 $\mathcal{H}_\infty$ などとも関連する研究結果であり，一方で passivity に基づく非線形制御系の設計理論とも関係が深い。評価関数の中に制御入力の項が含まれるかどうかによって，得られる最適制御入力の形式にいくつかのバリエーションが存在するが，特に入力項も評価に加えるときは，本章でも示したように，未知パラメータを推定パラメータで置き換えた従来の適応制御入力（Certainty Equivalence の原理）とは大きく隔たった形式をとるのが特徴である。$\mathcal{H}_\infty$ 制御の問題設定にすることで，外乱抑制効果だけでなく，ロバスト安定性の観点から許容される寄生要素の大きさも明確に規定できるようになり，ロバスト適応制御系の新たな解析と設計の手法として捉えることもできる。

演 習 問 題   *201*

********** 演 習 問 題 **********

【1】 つぎの制御対象（アフィン非線形系）を考える。

$$\dot{x}(t) = f(x) + g(x)u(t)$$

ただし，$x \in \mathbf{R}^n$ は状態，$u \in \mathbf{R}^m$ は入力で，$f(x) \in \mathbf{R}^n$（$f(0) = 0$）と，$g(x) \in \mathbf{R}^{n \times m}$ には適当な滑らかさを仮定する。このとき，x の正定関数 $q(x)$ と正定対称行列 $R(x) \in \mathbf{R}^{m \times m}$ に対して，Hamilton-Jacobi 方程式

$$\mathcal{L}_f V - \frac{1}{4} \left(\mathcal{L}_g V \right) R^{-1} \left(\mathcal{L}_g V \right)^T + q(x) = 0$$

$$\mathcal{L}_f V \equiv \frac{\partial V}{\partial x} f, \qquad \mathcal{L}_g V \equiv \frac{\partial V}{\partial x} g$$

を満足する正定関数 $V(x)$（ただし，$\|x\| \to \infty$ のときに $V(x) \to \infty$ となる）が存在すれば，制御則

$$u^* = -\frac{1}{2} R^{-1} \left(\mathcal{L}_g V \right)^T$$

は，評価関数

$$J = \int_0^\infty \left\{ q(x) + u(t)^T R(x) u(t) \right\} dt$$

を最小化する最適制御入力になっていることを示せ。

【2】 外乱が加わったつぎの制御対象（アフィン非線形系）を考える。

$$\dot{x}(t) = f(x) + g_1(x)d(t) + g_2(x)u(t)$$

ただし，$x \in \mathbf{R}^n$ は状態，$u \in \mathbf{R}^m$ は入力，$d \in \mathbf{R}^r$ は外乱で，$f(x) \in \mathbf{R}^n$（$f(0) = 0$），$g_1(x) \in \mathbf{R}^{n \times r}$，$g_2(x) \in \mathbf{R}^{n \times m}$ には適当な滑らかさを仮定する。特に，$d(\cdot) \in \mathcal{L}^2$ とする。このとき，x の正定関数 $q(x)$ と正定対称行列 $R(x) \in \mathbf{R}^{m \times m}$ および正の定数 γ に対して，Hamilton-Jacobi 方程式

$$\mathcal{L}_f V + \frac{1}{4} \left\{ \frac{\|\mathcal{L}_{g_1} V\|^2}{\gamma^2} - \left(\mathcal{L}_{g_2} V \right) R^{-1} \left(\mathcal{L}_{g_2} V \right)^T \right\} + q(x) = 0$$

$$\mathcal{L}_f V \equiv \frac{\partial V}{\partial x} f, \quad \mathcal{L}_{g_1} V \equiv \frac{\partial V}{\partial x} g_1, \quad \mathcal{L}_{g_2} V \equiv \frac{\partial V}{\partial x} g_2$$

を満足する正定関数 $V(x)$（ただし，$\|x\| \to \infty$ のときに $V(x) \to \infty$ となる）が存在すれば，制御則

202　7. 逆最適適応制御

$$u^* = -\frac{1}{2} R^{-1} \left(\mathcal{L}_{g_2} V \right)^T$$

は，評価関数

$$J = \sup_{d \in \mathcal{L}^2} \int_0^\infty \left\{ q(x) + u(t)^T R(x) u(t) - \gamma^2 \|d(t)\|^2 \right\} dt$$

を最小化する最適制御入力になっていることを示せ。また，このとき，つぎの不等式が成立することも示せ。

$$\int_0^\infty \left\{ q(x(t)) + u(t)^T R(x) u(t) \right\} dt \leq \gamma^2 \int_0^\infty \|d(t)\|^2 dt + V(x(0))$$

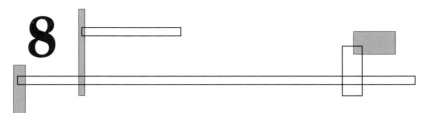

数学的補遺

本章では，本書を通じて活用した数学的事項の補足説明を行う[7]。まず，適応制御の安定解析の基礎となる Barbalat の補題とその証明について述べ，つぎに，入出力安定性，Bellman-Gronwall の補題，swapping の補題の準備を経て適応制御の有界性の証明（厳密な解析）（定理 3.4 の証明）を行う。

8.1 安定解析の基礎

本節では，適応制御系の安定解析のための基礎となる Barbalat の補題（定理 2.1 のもとの定理）とその証明を述べる。

【定理 8.1】 Barbalat の補題

関数 $f : \mathbf{R}^+ \to \mathbf{R}$ は $t \geqq 0$ で一様連続であるとする。このとき

$$\lim_{t \to \infty} \int_0^t |f(\tau)| d\tau$$

が存在して有界ならば，次式が成立する。

$$\lim_{t \to \infty} f(t) = 0$$

204　　8. 数 学 的 補 遺

補足（連続性の定義）：　　関数 $f: \mathbf{R}^+ \to \mathbf{R}$ を考える。

1) $\forall \epsilon_0 > 0, \forall t_0 \in [0, \infty)$ に対して $\exists \delta(\epsilon_0, t_0) > 0$ が定められて，$t \in [0, \infty)$, $|t - t_0| < \delta(\epsilon_0, t_0)$ について $|f(t) - f(t_0)| < \epsilon_0$ が成立するとき，f は $[0, \infty)$ 上で連続であるという

2) 特に δ が t_0 に依存しない場合，つまり $\forall \epsilon_0 > 0$, $\forall t_0 \in [0, \infty)$ に対して $\exists \delta(\epsilon_0) > 0$ が定められて，$t \in [0, \infty)$, $|t - t_0| < \delta(\epsilon_0)$ について $|f(t) - f(t_0)| < \epsilon_0$ が成立するとき，f は $[0, \infty)$ 上で一様連続であるという

3) f が任意の有限区間 $[t_0, t_1] \subset [0, \infty)$ 上で有限個の点を除いて連続のとき，f は $[0, \infty)$ 上で区分連続であるという

4) 区間 $[a, b]$ の中の任意の有限個の部分区間 (α_i, β_i) $(1 \leqq i \leqq n)$ について，$\forall \epsilon_0 > 0, \exists \delta > 0$ に対して $\sum_{i=1}^{n} |\alpha_i - \beta_i| < \delta$ のときに $\sum_{i=1}^{n} |f(\alpha_i) - f(\beta_i)| < \epsilon_0$ となるならば，f は $[a, b]$ 上で絶対連続であるという

証明　背理法で証明する。$\lim_{t \to \infty} f(t) \neq 0$ と仮定すると，$|f(t_i)| \geqq \epsilon_0$ となるような無限級数（非有界）$\{t_n\}$ と $\epsilon_0 > 0$ が存在する。一方，f は一様連続であるから，$\exists \delta(\epsilon_0)$ から決まるすべての $t \in [t_i, t_i + \delta(\epsilon_0)]$ に対して

$$|f(t) - f(t_i)| < \frac{\epsilon_0}{2}$$

が成り立つ。これより，$t \in [t_i, t_i + \delta(\epsilon_0)]$ について

$$
\begin{aligned}
|f(t)| &= |f(t) - f(t_i) + f(t_i)| \\
&\geqq |f(t_i)| - |f(t) - f(t_i)| \geqq \epsilon_0 - \frac{\epsilon_0}{2} = \frac{\epsilon_0}{2} > 0
\end{aligned}
$$

が成立し，つぎの関係が導かれる。

$$\int_{t_i}^{t_i + \delta(\epsilon_0)} |f(\tau)| d\tau \geqq \frac{\epsilon_0 \delta(\epsilon_0)}{2} > 0$$

これに対して $g(t) \equiv \int_0^t |f(\tau)| d\tau$ とおいたときに $\lim_{t \to \infty} g(t)$ が存在して有界となることから，$\exists T(\epsilon_0) > 0$ と $\forall t_2 > t_1 > T(\epsilon_0)$ について

$$0 \leqq g(t_2) - g(t_1) < \frac{\epsilon_0 \delta(\epsilon_0)}{2}$$

$$\Leftrightarrow \int_{t_1}^{t_2} |f(\tau)|d\tau < \frac{\epsilon_0 \delta(\epsilon_0)}{2}$$

とすることができる。特に $t_1 = t_i$, $t_2 = t_i + \delta(\epsilon_0)$ とおくと，これは明らかに先の式に矛盾する。　　　　　　　　　　　　　　　　　　　　　　　　$\triangle$

　適応制御の安定解析においては，2 章で定理 2.1 として示したつぎの定理 8.2 を実質的な Barbalat の補題とする場合が多い。

【定理 8.2】　Barbalat の補題

関数 $g : \mathbf{R}^+ \to \mathbf{R}$ について，もし $g \in \mathcal{L}^2 \cap \mathcal{L}^\infty$, $\dot{g} \in \mathcal{L}^\infty$ が成立するならば，$\lim_{t \to \infty} g(t) = 0$ となる。

| 証明 | $f(t) = g(t)$ とおくと，Barbalat の補題（定理 8.1）の条件を満足する。　$\triangle$

　Barbalat の補題に関連して，一様連続でないために $\mathcal{L}^1$ に属するが 0 には収束しない関数の例を挙げる。

$$f(t) = \begin{cases} 1, & t = n \\ 2n^2 x + 1 - 2n^3, & n - \dfrac{1}{2n^2} \leqq t \leqq n \\ -2n^2 x + 2n^3 + 1, & n \leqq t \leqq n + \dfrac{1}{2n^2} \\ 0, & \text{その他} \end{cases}$$
$$(n = 1, 2, 3, \cdots)$$

このとき

$$\lim_{t \to \infty} \int_0^t f(\tau)d\tau = \frac{1}{2}\sum_{n=1}^{\infty} \frac{1}{n^2} = \frac{\pi^2}{2} < \infty$$

となるが，$\lim_{t \to 0} f(t) \neq 0$ である（極限は存在しない）。**図 8.1** に，横軸を t，縦軸を $f(t)$ として，この関数を図示する。

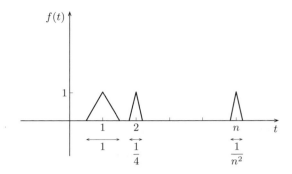

図 **8.1** Barbalat の補題の条件を満たさない関数

8.2 定理 3.4 の厳密な有界性の証明

入出力信号の関係（入出力安定性），Bellman-Gronwall の補題，swapping の補題の準備を経て，3.6 節の定理 3.4 で示した適応制御系の有界性の証明（厳密な解析）を行う。

8.2.1 入出力安定性

〔1〕 $\mathcal{L}_p$ ノルムと入出力安定

適応制御の安定解析で用いる入出力安定性に関する性質について述べる。u と h（ともに $\mathcal{R}^+$ 上で定義される関数）の畳み込み積分（convolution）で表される線形時不変の 1 入力 1 出力システムを考える。

$$y(t) = \int_0^t h(t-\tau)u(\tau)d\tau \tag{8.1}$$

$$Y(s) = H(s)U(s) \tag{8.2}$$

ただし，$Y(s), H(s), U(s)$ はそれぞれ元の時間関数のラプラス変換とする。このシステムに対して $\mathcal{L}_p$ 安定性を定義する。

8.2 定理 3.4 の厳密な有界性の証明　　207

【定義 8.1】　$\mathcal{L}_p$ 安定

$\forall u \in \mathcal{L}^p$ に対して $y \in \mathcal{L}^p$ となり，ある定数 $c \geqq 0$ について

$$\|y\|_p \leqq c\|u\|_p$$

が成立するときに，システムは $\mathcal{L}_p$ 安定であるという。また，特に $p = \infty$ のとき，$\mathcal{L}_\infty$ 安定は入出力安定（有界入力に対して有界出力）と同じ意味となる。ただし

$$\|x\|_p \equiv \left(\int_0^t |x(t)|^p dt \right)^{\frac{1}{p}}$$
$$\|x\|_\infty \equiv \sup_{t \geqq 0} |x(t)|$$

である。

このとき，以下の定理 8.3〜8.6 が成立することがよく知られている。

【定理 8.3】　$\mathcal{L}^1$ ノルムの性質

$u \in \mathcal{L}^p$ で $h \in \mathcal{L}^1$ のときに，次式が成立する。

$$\|y\|_p \leqq \|h\|_1 \|u\|_p$$

ただし，$p = [1, \infty]$ である。

【定理 8.4】　$\mathcal{H}^\infty$ ノルムの性質

$u \in \mathcal{L}_2$ で $h \in \mathcal{L}_1$ のときに，次式が成立する。

$$\|y\|_2 \leqq \sup_\omega |H(j\omega)| \|u\|_2$$

208   8. 数 学 的 補 遺

【定理 8.5】 $\mathcal{L}^1$ の必要十分条件

$H(s)$ を厳密にプロパーな s の有理関数とする。このとき，つぎの関係がある。

$$H(s) \text{ が } \Re[s] \geqq 0 \text{ で解析的} \;\Leftrightarrow\; h \in \mathcal{L}_1$$

【定理 8.6】 $\mathcal{L}^1$ システムの性質

$h \in \mathcal{L}_1$ のときに，つぎの事項が成立する。

1. $h(t)$ は指数減衰する。つまり，$|h(t)| \leqq \alpha_1 \exp(-\alpha_0 t)$ $(\alpha_0, \alpha_1 > 0)$
2. $u \in \mathcal{L}_1$ ならば，$y \in \mathcal{L}_1 \cap \mathcal{L}_\infty$, $\dot{y} \in \mathcal{L}_1$, y は連続で $\lim_{t \to \infty} |y(t)| = 0$
3. $u \in \mathcal{L}_2$ ならば，$y \in \mathcal{L}_2 \cap \mathcal{L}_\infty$, $\dot{y} \in \mathcal{L}_2$, y は連続で $\lim_{t \to \infty} |y(t)| = 0$
4. $p \in [1, \infty]$ に対して $u \in \mathcal{L}_p$ ならば，$y, \dot{y} \in \mathcal{L}_p$, および y は連続

つぎに，$\mathcal{L}_p$ に含まれない，あるいは零に収束しない信号に対して重要な概念を説明する。まず，$\mathcal{L}_p$ を拡張した関数空間 $\mathcal{L}_{pe}$ を，つぎのように定義する。

【定義 8.2】 関数空間 $\mathcal{L}_{pe}$

ある $p \in [1, \infty)$ について，関数 $f : \mathbf{R}^+ \to \mathbf{R}$ が任意の $t \in [0, \infty)$ に対して積分可能で，つぎの不等式を満たすとき，f は $\mathcal{L}_{pe}$ に属する，あるいは $f \in \mathcal{L}_{pe}$ と定義する。

$$\|f_t\|_p \equiv \left(\int_0^t |f(\tau)|^p d\tau \right)^{\frac{1}{p}} < \infty$$

8.2 定理 3.4 の厳密な有界性の証明　　209

【定義 8.3】　関数空間 $\mathcal{L}_{\infty e}$

関数 $f : \mathbf{R}^+ \to \mathbf{R}$ が任意の $t \in [0, \infty)$ に対してつぎの不等式を満たすとき，f は $\mathcal{L}_{\infty e}$ に属する，あるいは $f \in \mathcal{L}_{\infty e}$ と定義する。

$$\|f_t\|_\infty \equiv \sup_{0 \leqq \tau \leqq t} |f(\tau)| < \infty$$

---

〔2〕　$\mathcal{L}_{2\delta}$ ノルムと入出力安定

つぎに，$\mathcal{L}^2$ に含まれない信号の解析に有効となる，指数重み付き $\mathcal{L}^2$ ノルムを定義する。

【定義 8.4】　指数重み付き $\mathcal{L}^2$ ノルム

指数重み付き $\mathcal{L}^2$ ノルムをつぎのように定義する。

$$\|x_t\|_{2\delta} \equiv \left(\int_0^t \exp\{-\delta(t - \tau)\} x(\tau)^T x(\tau) d\tau \right)^{\frac{1}{2}}$$

ただし，$\delta\,(> 0)$ は定数とする。これより $\|x_t\|_{2\delta}$ が存在するときに $x \in \mathcal{L}_{2\delta}$ と記す。特に $\delta = 0$ の場合は，$x \in \mathcal{L}_{2e}$ と一致する。

任意の有界な t に対して，$\mathcal{L}_{2\delta}$ ノルムはつぎに挙げるようなノルムとしての特徴を有する。

1. $\|x_t\|_{2\delta} \geqq 0$
2. 任意の定数のスカラ α に対して $\|\alpha x_t\|_{2\delta} = |\alpha| \|x_t\|_{2\delta}$
3. $\|x_t + y_t\|_{2\delta} \leqq \|x_t\|_{2\delta} + \|y_t\|_{2\delta}$
4. 任意の $\alpha \in \mathcal{L}^\infty$ に対して $\|\alpha x_t\|_{2\delta} \leqq \|x_t\|_{2\delta} \sup_t |\alpha(t)|$

こうして定義されたノルムに関して，つぎの線形時不変系の入出力安定性を論じる。

$$y = H(s)u \tag{8.3}$$

210   8. 数 学 的 補 遺

ただし，$H(s)$ は s の有理関数とする。つぎの定理が成立する。

【定理 8.7】 指数重み付き $\mathcal{L}^2$ ノルムを用いた入出力安定性

1. $H(s)$ はプロパーで，$\delta > 0$ に対して $\Re[s] \geqq -\dfrac{\delta}{2}$ で解析的とする。
   このとき，$u \in \mathcal{L}_{2\delta}$ に対して

$$\|y_t\|_{2\delta} \leqq \|H(s)\|_{\infty\delta} \|u_t\|_{2\delta}$$

$$\|H(s)\|_{\infty\delta} \equiv \sup_\omega \left| H\left(j\omega - \frac{\delta}{2} \right) \right|$$

   が成立する。

2. 先の条件に加えて $H(s)$ が厳密にプロパーであるとき，次式も成立
   する。

$$|y(t)| \leqq \|H(s)\|_{2\delta} \|u_t\|_{2\delta}$$

$$\|H(s)\|_{2\delta} \equiv \frac{1}{\sqrt{2\pi}} \left\{ \int_{-\infty}^{\infty} \left| H\left(j\omega - \frac{\delta}{2} \right) \right|^2 d\omega \right\}^{\frac{1}{2}}$$

   また，この二つのノルム $\|H(s)\|_{2\delta}$ と $\|H(s)\|_{\infty\delta}$ は，任意の $p > \dfrac{\delta}{2} \geqq 0$
   に対してつぎのような関係にある。

$$\|H(s)\|_{2\delta} \leqq \frac{1}{\sqrt{2p - \delta}} \|(s + p)H(s)\|_{\infty\delta}$$

8.2.2 Bellman-Gronwall の補題と swapping の補題

適応制御系の信号の有界性を示す際に有用となる Bellman-Gronwall の補
題と，swapping の補題について述べる。

〔1〕 Bellman-Gronwall の不等式

Bellman-Gronwall の不等式は，積分を含む不等式である。

8.2 定理 3.4 の厳密な有界性の証明　　*211*

【定理 8.8】　**Bellman-Gronwall の補題**

$\lambda(t)$, $g(t)$, $k(t)$ を非負で区分連続な t の関数とする。このとき，もし $y(t)$ がつぎの関係

$$y(t) \leqq \lambda(t) + g(t) \int_{t_0}^{t} k(s)y(s)ds \qquad (\forall t \geqq t_0 \geqq 0) \qquad (8.4)$$

を満足すれば，以下の関係式も成立する。

$$y(t) \leqq \lambda(t) + g(t) \int_{t_0}^{t} \lambda(s)k(s) \left[\exp\left(\int_{s}^{t} k(\tau)g(\tau)d\tau \right) \right] ds$$
$$(\forall t \geqq t_0 \geqq 0) \qquad (8.5)$$

特に，$\lambda(t) \equiv \lambda$（定数）で $g(t) \equiv 1$ ならば

$$y(t) \leqq \lambda \exp\left(\int_{t_0}^{t} k(s)ds \right) \qquad (\forall t \geqq t_0 \geqq 0) \qquad (8.6)$$

が成り立つ。

証明　$q(t)$ をつぎのように定義する。

$$q(t) \equiv k(t) \exp\left(-\int_{t_0}^{t} g(\tau)k(\tau)d\tau \right) \qquad (8.7)$$

$q(t)$ $(t \geqq t_0 \geqq 0)$ に注意して，式 (8.4) の両辺に $q(t)$ を乗じると，つぎの不等式を得る。

$$q(t)y(t) - q(t)g(t) \int_{t_0}^{t} k(s)y(s)ds \leqq \lambda(t)q(t) \qquad (8.8)$$

このとき，式 (8.8) の左辺は，つぎのように変形される。

$$\text{左辺} = k(t)y(t) \exp\left(-\int_{t_0}^{t} g(\tau)k(\tau)d\tau \right)$$
$$- k(t)g(t) \exp\left(-\int_{t_0}^{t} g(\tau)k(\tau)d\tau \right) \int_{t_0}^{t} k(s)y(s)ds$$
$$= \frac{d}{dt} \left\{ \exp\left(-\int_{t_0}^{t} g(\tau)k(\tau)d\tau \right) \int_{t_0}^{t} k(s)y(s)ds \right\} \qquad (8.9)$$

212   8. 数 学 的 補 遺

式 (8.9) を式 (8.8) に代入して，両辺を積分する。

$$\exp\left(-\int_{t_0}^{t} g(\tau)k(\tau)d\tau\right)\int_{t_0}^{t} k(s)y(s)ds \leqq \int_{t_0}^{t} \lambda(s)q(s)ds \qquad (8.10)$$

式 (8.10) を整理すると

$$\int_{t_0}^{t} k(s)y(s)ds \leqq \exp\left(\int_{t_0}^{t} g(\tau)k(\tau)d\tau\right)\int_{t_0}^{t} \lambda(s)q(s)ds$$

$$= \exp\left(\int_{t_0}^{t} g(\tau)k(\tau)d\tau\right)$$

$$\cdot \int_{t_0}^{t} \lambda(s)k(s)\exp\left(-\int_{t_0}^{s} g(\tau)k(\tau)d\tau\right)ds$$

$$= \int_{t_0}^{t} \lambda(s)k(s)\left[\exp\left(\int_{s}^{t} k(\tau)g(\tau)d\tau\right)\right]ds \qquad (8.11)$$

が得られる。最後の関係式 (8.11) を式 (8.4) に代入すると，求める不等式 (8.5) を得る。

つぎに，$\lambda(t) \equiv \lambda$（定数）で $g(t) \equiv 1$ の場合に式 (8.6) を示す。今度は $q(t)$ を つぎのように定める。

$$q_1(t) \equiv \lambda + \int_{t_0}^{t} k(s)y(s)ds \qquad (8.12)$$

ここで，二つの関係式

$$y(t) \leqq q(t) \qquad (8.13)$$

$$\dot{q}(t) = k(t)y(t) \qquad (8.14)$$

と $k(t) \geqq 0$ より，次式が成立することがわかる。

$$\dot{q}(t) \leqq k(t)q(t) \qquad (8.15)$$

$w(t) \equiv \dot{q}(t) - k(t)q(t)$ （$w(t) \leqq 0$）とおいて

$$\dot{q}(t) = k(t)q(t) + w(t) \qquad (8.16)$$

を $q(t)$ について解くと

$$q(t) = \exp\left(\int_{t_0}^{t} k(\tau)d\tau\right)q(t_0) + \int_{t_0}^{t} \exp\left(\int_{\tau}^{t} k(s)ds\right)w(\tau)d\tau$$

$$(8.17)$$

が得られる。ここで，$w(t) \leqq 0 \ (\forall t \geqq t_0)$ と $q(t_0) = \lambda$ に着目すると

$$
y(t) \leqq q(t) \leqq \lambda \exp \left(\int_{t_0}^t k(\tau) d\tau \right) \tag{8.18}
$$

より，求める不等式 (8.6) を得る。　　　　　　　　　　　　　　　　△

〔2〕　swapping の補題

swapping の補題では，時間変化する変数の分解表現を与える。

【定理 8.9】　swapping の補題

$W(s)$ をプロパーで安定な有理伝達関数とし，$\tilde{\theta}, \omega : \mathbf{R}^+ \to \mathbf{R}^n$ で $\tilde{\theta}$ は微分可能とする。$W(s)$ の最小実現を (A, B, C, d)，$W(s) = C^T (sI - A)^{-1} B + d$ とすると，つぎの式が成立する。

$$
W(s)\tilde{\theta}^T \omega = \tilde{\theta}^T W(s)\omega + W_c(s)[\{W_b(s)\omega^T\}\dot{\tilde{\theta}}]
$$

$$
W_b(s) = (SI - A)^{-1} B, \quad W_c(s) = -C^T (sI - A)^{-1}
$$

証明　部分積分を行って，$W(s)\tilde{\theta}^T \omega$ を計算する。

$$
\begin{aligned}
W(s)\tilde{\theta}^T \omega &= d\tilde{\theta}^T \omega + C^T \int_0^t e^{A(t-\tau)} B\omega(\tau)^T \tilde{\theta}(\tau) d\tau \\
&= d\tilde{\theta}^T \omega + C^T e^{At} \left\{ \int_0^t e^{-A\tau} B\omega(\tau)^T \tilde{\theta}(\tau) d\tau \right\} \\
&= d\tilde{\theta}^T \omega + C^T e^{At} \left\{ \left[\int_0^\tau e^{-A\sigma} B\omega(\sigma)^T d\sigma \tilde{\theta}(\tau) \right]_{\tau=0}^{\tau=t} \right. \\
&\qquad\qquad\qquad \left. - \int_0^t \int_0^\tau e^{-A\sigma} B\omega(\sigma)^T d\sigma \dot{\tilde{\theta}}(\tau) d\tau \right\} \\
&= \tilde{\theta}^T \left[d\omega + C^T \int_0^t e^{A(t-\sigma)} B\omega(\sigma) d\sigma \right] \\
&\qquad - C^T \int_0^t e^{A(t-\tau)} \int_0^\tau e^{A(\tau-\sigma)} B\omega(\sigma)^T d\sigma \dot{\tilde{\theta}}(\tau) d\tau \\
&= \tilde{\theta}^T W(s)\omega \\
&\qquad - C^T (sI - A)^{-1} \left\{ \left((sI - A)^{-1} B\omega^T \right) \dot{\tilde{\theta}} \right\} \tag{8.19}
\end{aligned}
$$

最後の式より求める関係式が得られる。　　　　　　　　　　　　　　　　△

214   8. 数 学 的 補 遺

【定理 8.10】 swapping の補題（特殊な場合）

先と同様に $\tilde{\theta}, \omega : \mathbf{R}^+ \to \mathbf{R}^n$ で $\tilde{\theta}$ は微分可能とする。このとき，次式が成立する。

$$\tilde{\theta}^T \omega = F_1(s, \alpha) \left[\dot{\tilde{\theta}}^T \omega + \tilde{\theta}^T \dot{\omega} \right] + F(s, \alpha) \left[\tilde{\theta}^T \omega \right] \tag{8.20}$$

$$F(s, \alpha) = \frac{\alpha^k}{(s + \alpha)^k}, \quad F_1(s, \alpha) = \frac{1 - F(s, \alpha)}{s} \qquad (k \geqq 1, \ \alpha > 0)$$

さらに $\alpha > \delta > 0$ となる δ に対して

$$\|F_1(s, \alpha)\|_{\infty\delta} \leqq \frac{c}{\alpha} \tag{8.21}$$

も成り立つ。ただし，c は α に依存しない正の定数である。

証明   まず，つぎの式が成立する。

$$\tilde{\theta}^T \omega = (1 - F(s, \alpha))\tilde{\theta}^T \omega + F(s, \alpha)\tilde{\theta}^T \omega \tag{8.22}$$

ここで，つぎの関係

$$(s + \alpha)^k = \sum_{i=0}^{k} C_i^k s^i \alpha^{k-i} = \alpha^k + s \sum_{i=1}^{k} C_i^k s^{i-1} \alpha^{k-i}$$

$$C_i^k = \frac{k!}{(k-i)!i!}$$

に着目すると，$1 - F(s, \alpha)$ がつぎのように表される。

$$1 - F(s, \alpha) = \frac{(s + \alpha)^k - \alpha^k}{(s + \alpha)^k} = s \frac{\displaystyle\sum_{i=1}^{k} C_i^k s^{i-1} \alpha^{k-i}}{(s + \alpha)^k}$$

さらに，これから $F_1(s, \alpha)$ が以下のようになる。

$$\frac{1 - F(s, \alpha)}{s} = \frac{\displaystyle\sum_{i=1}^{k} C_i^k s^{i-1} \alpha^{k-i}}{(s + \alpha)^k} = F_1(s, \alpha)$$

これを元の式 (8.22) に代入すると

$$\tilde{\theta}^T \omega = F_1(s, \alpha) s \tilde{\theta}^T \omega + F(s, \alpha) \tilde{\theta}^T \omega$$
$$= F_1(s, \alpha) \left[\dot{\tilde{\theta}}^T \omega + \tilde{\theta}^T \dot{\omega} \right] + F(s, \alpha) \left[\tilde{\theta}^T \omega \right]$$

となって，求める関係式が得られる．つぎに，式 (8.21) を求める．まず，つぎの不等式が得られる．

$$\| F_1(s, \alpha) \|_{\infty \delta} \leqq \left\| \frac{1}{s + \alpha} \right\|_{\infty \delta} \sum_{i=1}^{k} C_i^k \left\| \frac{s^{i-1}}{(s + \alpha)^{i-1}} \right\|_{\infty \delta} \left\| \frac{\alpha^{k-i}}{(s + \alpha)^{k-i}} \right\|_{\infty \delta}$$

ここで

$$\left\| \frac{1}{s + \alpha} \right\|_{\infty \delta} = \sup_{\omega} \left| H \left(j\omega - \frac{\delta}{2} \right) \right|$$
$$= \sup_{\omega} \left| \frac{2}{2j\omega + (2\alpha - \delta)} \right| = \frac{2}{2\alpha - \delta} \leq \frac{2}{\alpha}$$
$$\left\| \frac{\alpha^{k-i}}{(s + \alpha)^{k-i}} \right\|_{\infty \delta} = \left(\left\| \frac{\alpha}{s + \alpha} \right\|_{\infty \delta} \right)^{k-i}$$
$$= \left(\frac{2\alpha}{2\alpha - \delta} \right)^{k-i} \leqq 2^{k-i}$$
$$\left\| \frac{s^{i-1}}{(s + \alpha)^{i-1}} \right\|_{\infty \delta} = 1$$

に着目すると

$$\| F_1(s, \alpha) \|_{\infty \delta} \leq \frac{2}{\alpha} \sum_{i=1}^{k} C_i^k 2^{k-i} = \frac{c}{\alpha}$$

となって，c は α に依存しないことがわかる． $\triangle$

8.2.3 有界性の証明（厳密な解析）（定理 3.4 の証明）

3.6 節の定理 3.4 で示した適応制御系の，より厳密な有界性の解析（証明）を行う．この過程で重要な事項は，$\dot{\hat{\Theta}}(\cdot) \in \mathcal{L}^2$ の性質，swapping の補題，Bellman-Gronwall の補題[7] である．

まず，信号と伝達関数のノルムを以下のように定義する．

$$\| x_t \|_{2\delta} \equiv \left(\int_0^t \exp(-\delta(t - \tau)) \cdot x(\tau)^T x(\tau) d\tau \right)^{\frac{1}{2}} \tag{8.23}$$

216   8. 数 学 的 補 遺

$$\|H(s)\|_{\infty\delta} \equiv \sup_{\omega} \left| H\left(j\omega - \frac{\delta}{2}\right)\right| \tag{8.24}$$

ただし，$\delta > 0$ で，$H(s)$ は $\Re(s) \geqq -\dfrac{\delta}{2}$ において解析的であるとする。一般的に $y(t) = H(s)u(t)$（$H(s)$ は安定）において適切に $\delta\ (> 0)$ を選べば，初期値の影響を除いて $\|y_t\|_{2\delta} \leqq \|H(s)\|_{\infty\delta}\|u_t\|_{2\delta}$ を示すことができる。以後，添字の $2\delta, \infty\delta$ は省略して記する。

このノルムを使って $y(t)$ と $u(t)$ を評価する。これまでから

$$y(t) = \frac{1}{W(s)}\left\{W(s)y_M(t) + b_0\tilde{\Theta}(t)^T\omega(t)\right\} \tag{8.25}$$

$$u(t) = \frac{1}{c^T(sI - A)^{-1}b}y(t)$$

$$= \frac{1}{c^T(sI - A)^{-1}b \cdot W(s)}\left\{W(s)y_M(t) + b_0\tilde{\Theta}(t)^T\omega(t)\right\} \tag{8.26}$$

$$\tilde{\Theta}(t) \equiv \hat{\Theta}(t) - \Theta \tag{8.27}$$

が得られることと，$c^T(sI - A)^{-1}b$ の零点の安定性より，$y(t)$ と $u(t)$ を含めた正値の m_f に対して以下の評価式が得られる。

$$m_f^2 \equiv 1 + \|u\|^2 + \|y\|^2 \tag{8.28}$$

$$m_f^2 \leqq c + c\|\tilde{\Theta}^T\omega\|^2 \tag{8.29}$$

以後，c で正の定数を総称する。この関係式より，以下で $\tilde{\Theta}^T\omega$ のノルムを評価する。

つぎに，swapping の補題を用いて，$\tilde{\Theta}^T\omega$ に関してつぎのような関係式が得られることに着目する。

$$\tilde{\Theta}^T\omega = F_1(s,\alpha_0)(\dot{\tilde{\Theta}}^T\omega + \tilde{\Theta}^T\dot{\omega}) + F(s,\alpha_0)(\tilde{\Theta}^T\omega) \tag{8.30}$$

$$\tilde{\Theta}^T\omega = \Lambda(s)\{\tilde{\Theta}^T\zeta + W_c(s)((W_b(s)\omega^T)\dot{\tilde{\Theta}})\} \tag{8.31}$$

ただし，$W_b(s), W_c(s)$ は式 (3.78) と同じに定義され，$F_1(s,\alpha_0), F(s,\alpha_0)$ は任意の $\alpha_0 > 0$ に対してつぎのように定義される。

$$F(s, \alpha_0) \equiv \frac{\alpha_0^{n^*}}{(s + \alpha_0)^{n^*}} \tag{8.32}$$

$$F_1(s, \alpha_0) \equiv \frac{1 - F(s, \alpha_0)}{s} \tag{8.33}$$

以上の関係式と，先の $z(t)$ の評価式 (3.78) を順次まとめることで

$$\tilde{\Theta}^T \omega = F_1(s, \alpha_0)(\dot{\tilde{\Theta}}^T \omega + \tilde{\Theta}^T \dot{\omega}) - \frac{1}{b_0} F(s, \alpha_0) W(s) e_a(t)$$
$$+ F(s, \alpha_0) \Lambda(s) \left\{ \frac{\hat{b}_0}{b_0} W_c(s)((W_b(s) w^T) \dot{\hat{\Theta}}) - \frac{g_3}{b_0} \zeta^T G_2 \zeta e_a \right\} \tag{8.34}$$

が求められる。ここで $F(s, \alpha_0) W(s)$ はプロパーであることに注意する。ノルムの定義から

$$\begin{cases} \|\dot{\tilde{\Theta}}^T \omega\| \leqq c \|\dot{\hat{\Theta}} m_f\| \\ \|\tilde{\Theta}^T \dot{\omega}\| \leqq c \|\dot{\omega}\| \leqq c m_f \\ \|F(s, \alpha_0) W(s) e_a\| \leqq c \|e_a\| \\ \|\zeta^T G_2 \zeta e_a\| \leqq c \|\dot{\hat{\Theta}} m_f\| \end{cases} \tag{8.35}$$

が成立することと，簡単な計算により

$$\|F_1(s, \alpha_0)\|_{\infty\delta} \leqq \frac{c}{\alpha_0} \tag{8.36}$$

$$\|F(s, \alpha_0)\|_{\infty\delta} \leqq c \alpha_0^{n^*} \tag{8.37}$$

のように評価できることに注意すると

$$\|\tilde{\Theta}^T \omega\| \leqq \frac{c}{\alpha_0} \left(\|\dot{\hat{\Theta}}^T m_f\| m_f \right) + c \alpha_0^{n^*} \left(\|e_a\| + \|\dot{\hat{\Theta}} m_f\| \right)$$
$$\leqq \frac{c}{\alpha_0} m_f + c \alpha_0^{n^*} \|\tilde{g} m_f\| \tag{8.38}$$

$$\tilde{g} \equiv e_a^2 + \dot{\hat{\Theta}}^T \dot{\hat{\Theta}} \tag{8.39}$$

のような関係式が得られる。

218　　8. 数 学 的 補 遺

ここで，元の式 (8.29) に戻ってあらためて評価すると

$$m_f^2 \leqq c + c\alpha_0^{2n^*}\|\tilde{g}m_f\|^2 + \frac{c}{\alpha_0^2}m_f^2 \tag{8.40}$$

となって，α_0 を十分大きく選ぶことにより m_f^2 の項をまとめて

$$m_f^2 \leqq c + c\alpha_0^{2n^*}\|\tilde{g}m_f\|^2 \tag{8.41}$$

が得られる。これから，つぎの不等式も得られる。

$$m_f^2 \leqq c + c\alpha_0^{2n^*}\int_0^t \tilde{g}(\tau)^2 m_f(\tau)^2 d\tau \tag{8.42}$$

ここで Bellman-Gronwall の補題を用いると

$$m_f(t)^2 \leqq c \cdot \exp\left(\int_0^t \alpha_0^{2n^*}\tilde{g}(\tau)^2 d\tau\right) \tag{8.43}$$

が成立し，$\tilde{g}(\cdot) \in \mathcal{L}^2$ を考慮して $m_f(t)$ の有界性が示される。また，$m_f(t)$ の有界性から $\omega(t)$ の有界性はただちに導かれる。

◻◻◻◻◻◻◻◻ 引用・参考文献 ◻◻◻◻◻◻◻◻

1) I. D. Landau: Adaptive Control, Marcel Dekker (1979)
2) I. D. Landau, 富塚誠義：適応制御システムの理論と実際, オーム社 (1981)
3) G. C. Goodwin and K. S. Sin: Adaptive Filtering, Prediction, and Control, Prentice-Hall (1984)
4) 市川邦彦, 金井喜美雄, 鈴木隆, 田村捷利：適応制御, 昭晃堂 (1984)
5) K. J. Åström and B. Wittenmark: Adaptive Control, Addison Wesley (1989)
6) K. S. Narendra and A. M. Annaswamy: Stable Adaptive Systems, Prentice-Hall (1989)
7) P. Ioannou and J. Sun: Robust Adaptive Control, Prentice Hall (1995)
8) 鈴木隆：アダプティブコントロール, 現代制御シリーズ 7, コロナ社 (2001)
9) P. Ioannou and B. Fidan: Adaptive Control Tutorial, SIAM (2006)
10) 岩井善太, 水本郁朗, 大塚弘文：単純適応制御 SAC, 森北出版 (2008)
11) H. P. Whitaker, J. Yarmon, and A. Kerzer: Design of Model Reference Adaptive Control Systems for Aircraft, MIT, R-164 (1958)
12) K. J. Åström and B. Wittenmark: On Self-Tuning Regulators, *Automatica*, Vol. 13, pp. 457–476 (1973)
13) P. C. Parks: Lyapunov Redesign of Model Reference Adaptive Control Systems, *IEEE Trans. Automatic Control*, Vol. 43, No. 3, pp. 362–367 (1966)
14) A. S. Morse: Global Stability of Parameter Adaptive Control Systems, *IEEE Trans. Automatic Control*, Vol. 25, No. 3, pp. 433–439 (1980)
15) K. S. Narendra, Y. H. Lin, and L. S. Valavani: Stable Adaptive Controller Design — Part II, Proof of Stability, *IEEE Trans. Automatic Control*, Vol. 25, No. 3, pp. 440–448 (1980)
16) R. V. Monopoli: Model Reference Adaptive Control with an Augmented Error Signal, *IEEE Trans. Automatic Control*, Vol. 19, No. 5, pp. 474–484 (1974)
17) A. Feuer, B. R. Barmish, and A. S. Morse: An Unstable Dynamical System

Associated with Model Reference Adaptive Control, *IEEE Trans. Automatic Control*, Vol. 23, pp. 499–500 (1978)

18) R. Ortega, N. Barabanov, and A. Astplfi: Monopoli's Model Reference Adaptive Controller Is Incorrect, *Proc. IFAC Workshop on ALCOSP and PSYCO 2004*, 1-12 (2004)

19) C. Rohrs, L. Valavani, M. Athans, and G. Stein: Robustness of Continuous-Time Adaptive Control Algorithms in the Presence of Unmodelled Dynamics, *IEEE Trans. Automatic Control*, Vol. 30, No. 9, pp. 881–889 (1985)

20) S. M. Naik, P. R. Kumar, and B. E. Ydstie: Robust Continuous-Time Adaptive Control by Parameter Projection, *IEEE Trans. Automatic Control*, Vol. 37, pp. 182–197 (1992)

21) Y. Zhang and P. Ioannou: Stability and Performance of Nonlinear Robust Adaptive Control, *Proceedings of the 34th IEEE CDC*, 3941–3946 (1995)

22) P. Ioannou: Robust Adaptive Controller with Zero Residual Tracking Errors, *IEEE Trans. Automatic Control*, Vol. 31, No. 8, pp. 773–776 (1986)

23) 宮里義彦：次数に依存しない非線形適応制御系の構成法（相対次数が 2 次以下で未知の場合），計測自動制御学会論文集, 30-2, pp. 158–164 (1994)

24) 宮里義彦：次数に依存しない非線形モデル規範形適応制御系の構成法（任意の相対次数に対する構成），計測自動制御学会論文集, Vol. 31, No. 3, pp. 324–333 (1995)

25) A. Feuer and A. S. Morse: Adaptive Control of Single-Input Single-Output Linear Systems, *IEEE Trans. Automatic Control*, Vol. 23, No. 4, pp. 557–569 (1978)

26) G. C. Goodwin, P. J. Ramadge, and P. E. Caines: Discrete Time Multivariable Adaptive Control, *IEEE Trans. Automatic Control*, Vol. 25, No. 3, pp. 449–456 (1980)

27) 新中新二：適応アルゴリズム，産業図書 (1990)

28) I. Kanellakopoulos: A Discrete-Time Adaptive nonlinear System, *IEEE Trans. Automatic Control*, Vol. 39, No. 11, pp. 2362–2365 (1994)

29) L. Ljung: On Positive Real Transfer Functions and the Convergence of Some Recursive Schemes, *IEEE Trans. Automatic Control*, Vol. 22, No. 4, pp. 539–551 (1977)

30) P. R. Kumar: Convergence of Adaptive Control Schemes Using Least-Squares Estimates, *IEEE Trans. Automatic Control*, Vol. 35, pp. 416–423

(1990)

31) L. Guo and H. F. Chen: The Åström — Wittenmark Self-Tuning Regulator Revisited and ELS-based Adaptive Trackers, *IEEE Trans. Automatic Control*, Vol. 36, No. 7, pp. 802–812 (1991)

32) M. Krstić, I. Kanellakopoulos, and P. V. Kokotović: Nonlinear and Adaptive Control Design, John Wiley & Sons (1995)

33) 宮里義彦：適応制御理論の新しい展開 — Backstepping, システム/制御/情報, 38-9, pp. 477–484 (1994)

34) M. Kristić, I. Kanellakopoulos, and P. V. Kokotović: Passivity and Parametric Robustness of a New Class of Adaptive Systems, *Preprints of 12th World Congress, International Federation of Automatic Control*, Vol. 3, pp. 1–8 (1993)

35) R. V. Monopoli: The Kalman-Yakubovich Lemma in Adaptive Control System Design, *IEEE Trans. Automatic Control*, Vol. 18, pp. 527–529 (1973)

36) I. Kanellakopoulos, P. V. Kokotović, and A. S. Morse: Systematic Design of Adaptive Controllers for Feedback Linearizable Systems, *IEEE Trans. Automatic Control*, Vol. 36, pp. 1241–1253 (1991)

37) 石島辰太郎, 児島晃：非線形制御系の分割制御, 第 36 回自動制御学会連合講演会前刷, 特別セッション 17-20 (1993)

38) A. S. Morse: A Three-Dimensional Universal Controller for the Adaptive Stabilization of Any Strictly Proper Minimum-Phase System with Relative Degree Not Exceeding Two, *IEEE Trans. Automatic Control*, Vol. 30, No. 12, 1188–1191 (1985)

39) A. S. Morse: A $4(n+1)-$Dimensional Model Reference Adaptive Stabilizer for Any Relative Degree One or Two, Minimum Phase System of Dimension n or Less, *Automatica*, Vol. 23, No. 1, pp. 123–125 (1987)

40) 大屋勝敬, 小林敏弘, 吉田和信：3 を越えない未知相対次数を有する系に対するモデル規範形適応制御, 計測自動制御学会論文集, Vol. 31, No. 9, pp. 1432–1441 (1995)

41) 宮里義彦: 不確定な相対次数に対するモデル規範形適応制御系の構成法（任意の 3 次の幅の不確定性に対する構成), 計測自動制御学会論文集, Vol. 34, No. 2, pp. 87–95 (1998)

42) Y. Miyasato: A Model Reference Adaptive Controller for Systems with Uncertain Relative Degrees r, $r+1$ or $r+2$ and Unknown Signs of High-

Frequency Gains, *Automatica*, Vol. 36, No. 6, pp. 889–896 (2000)

43) Y. Miyasato: A Design Method of Universal Adaptive Stabilizer, *IEEE Trans. Automatic Control*, Vol. 45, No. 12, 1453–1458 (2000)

44) M. Kristić, I. Kanellakopoulos, and P. V. Kokotović: A New Generation of Adaptive Controllers for Linear Systems, *Proceedings of the 31st IEEE Conference on Decision and Control*, pp. 3644–3650 (1992)
Nonlinear Design of Adaptive Controller for Linear Systems, *IEEE Trans. Automatic Control*, Vol. 34, No. 4, pp. 738–752 (1994)

45) M. Krstić and H. Deng: Stabilization of Nonlinear Uncertain Systems, Springer (1998)

46) 宮里義彦：最適性に基づく適応制御系の再設計, 計測自動制御学会論文集, 38-9, pp. 765–774 (2002)

 演習問題の解答

1 章

【1】 例 1.1 は，1 次系の制御対象と規範モデルについて，MIT 方式に基づいてモデル規範形適応制御系を構成した数値例である．例 2.1 で，同一の問題に対してリアプノフ法に基づく数値例を示しており，同じ適応ゲイン ($\alpha_1 = \alpha_2 = 5$) にもかかわらず応答特性に明らかな違いが見られる．より多くの例については読者で確認していただきたい．

2 章

【1】 1 章【1】の解答を参照．

【2】 正実関数の定義（定義 2.3），必要十分条件（定理 2.2），強正実関数の定義（定義 2.4），必要十分条件（定理 2.3）より容易に確認できる．なお，3 章以降で強正実関数を用いて適応制御系を構成する際，多くの場合に $G(s) = \dfrac{1}{s+\lambda}$（あるいは特殊な場合として $G(s) = \lambda$）の形式の伝達関数を採用していることに注意する．

3 章

【1】 この問題は，次数が 1 次で相対次数が 1 次の場合のモデル規範形適応制御系の設計となる．したがって，直接法に基づいて構成すると，以下のようになる．

$$u(t) = \hat{\theta}_1(t)y(t) + \hat{\theta}_2(t)r(t)$$
$$e(t) = y_M(t) - y(t)$$
$$r(t) = W(s)y_M(t),\ W(s) = s + \lambda \quad (\lambda > 0)$$
$$\frac{d}{dt}\hat{\theta}_1(t) = \mathrm{sgn}(b)g_1 y(t)e(t)$$
$$\frac{d}{dt}\hat{\theta}_2(t) = \mathrm{sgn}(b)g_2 r(t)e(t) \quad (g_1, g_2 > 0)$$

【2】 この問題は，次数が 2 次で相対次数が 1 次の場合のモデル規範形適応制御系の設計となる．したがって，直接法に基づき状態変数フィルタを 2 次元とすると，以下のように構成される．

224   演 習 問 題 の 解 答

$$u(t) = \hat{\theta}_{11}(t)v_{11}(t) + \hat{\theta}_{12}(t)v_{12}(t) + \hat{\theta}_{21}(t)v_{21}(t)$$
$$+ \hat{\theta}_{22}(t)v_{22}(t) + \hat{\theta}_3(t)r(t)$$

$$\frac{d}{dt}v_1(t) = Fv_1(t) + gu(t), \ v_1(t) = [v_{11}(t), \ v_{12}(t)]^T$$

$$\frac{d}{dt}v_2(t) = Fv_2(t) + gy(t), \ v_2(t) = [v_{21}(t), \ v_{22}(t)]^T$$

$$e(t) = y_M(t) - y(t)$$

$$r(t) = W(s)y_M(t), \ W(s) = s + \lambda \qquad (\lambda > 0)$$

$$\frac{d}{dt}\hat{\theta}_{11}(t) = \mathrm{sgn}(b_1)g_{11}v_{11}(t)e(t), \ \frac{d}{dt}\hat{\theta}_{12}(t) = \mathrm{sgn}(b_1)g_{12}v_{12}(t)e(t)$$

$$\frac{d}{dt}\hat{\theta}_{21}(t) = \mathrm{sgn}(b_1)g_{21}v_{21}(t)e(t), \ \frac{d}{dt}\hat{\theta}_{22}(t) = \mathrm{sgn}(b_1)g_{22}v_{22}(t)e(t)$$

$$\frac{d}{dt}\hat{\theta}_3(t) = \mathrm{sgn}(b_1)g_3 r(t)e(t) \qquad (g_{11}, \ g_{12}, \ g_{21}, \ g_{22}, \ g_3 > 0)$$

(F, g) は 2 次元の可制御対で，例えば以下のように選べばよい。

$$F = \begin{bmatrix} f_1 & 0 \\ 0 & f_2 \end{bmatrix}, \ g = \begin{bmatrix} 1 \\ 1 \end{bmatrix} \qquad (f_1 \neq f_2)$$

例 3.1 は $a_1 = a_2 = 0$，$b_1 = b_2 = 1$ の制御対象について，設計変数を $f_1 = -1$，$f_2 = -2$，$\lambda = 1$，$G = \mathrm{diag}[g_{11}, g_{12}, g_{21}, g_{22}, g_3] = 100I$ としたときの応答結果である[†]。

[3] この問題は，次数が 2 次で相対次数が 2 次の場合のモデル規範形適応制御系の設計となる。したがって，直接法（方法 II）に基づき状態変数フィルタを2 次元とすると，$u(t)$ と状態変数フィルタの構成は相対次数が 1 次の場合と共通であり，パラメータの調整機構は以下のように構成される。

$$\zeta_{11}(t)\frac{1}{W(s)}v_{11}(t), \quad \zeta_{12}(t)\frac{1}{W(s)}v_{12}(t)$$

$$\zeta_{21}(t)\frac{1}{W(s)}v_{21}(t), \quad \zeta_{22}(t)\frac{1}{W(s)}v_{22}(t)$$

$$\zeta_3(t)\frac{1}{W(s)}r(t) = y_M(t)$$

$$z(t) = \hat{\theta}_{11}(t)\zeta_{11}(t) + \hat{\theta}_{12}(t)\zeta_{12}(t) + \hat{\theta}_{21}(t)\zeta_{21}(t)$$
$$+ \hat{\theta}_{22}(t)\zeta_{22}(t) + \hat{\theta}_3(t)y_M(t)$$
$$= \frac{1}{W(s)}\{\hat{\theta}_{11}(t)v_{11}(t) + \hat{\theta}_{12}(t)v_{12}(t) + \hat{\theta}_{21}(t)v_{21}(t)$$

[†]　対角行列を diag[ ] で表す。

$$+\hat{\theta}_{22}(t)v_{22}(t) + \hat{\theta}_3(t)r(t)\}$$

$$\hat{e}(t) = \hat{\theta}_0(t)z(t)$$

$$e_a(t) = e(t) - \hat{e}(t)$$

$$m(t)^2 = 1 + \zeta_{11}(t)^2 + \zeta_{12}(t)^2 + \zeta_{21}(t)^2 + \zeta_{22}(t)^2 + \zeta_3(t)^2$$

$$\frac{d}{dt}\hat{\theta}_0(t) = \mathrm{sgn}(b)g_0\frac{z(t)}{m(t)^2}e_a(t)$$

$$\frac{d}{dt}\hat{\theta}_{11}(t) = \mathrm{sgn}(b)g_{11}\frac{\zeta_{11}(t)}{m(t)^2}e_a(t), \quad \frac{d}{dt}\hat{\theta}_{12}(t) = \mathrm{sgn}(b)g_{12}\frac{\zeta_{12}(t)}{m(t)^2}e_a(t)$$

$$\frac{d}{dt}\hat{\theta}_{21}(t) = \mathrm{sgn}(b)g_{21}\frac{\zeta_{21}(t)}{m(t)^2}e_a(t), \quad \frac{d}{dt}\hat{\theta}_{22}(t) = \mathrm{sgn}(b)g_{22}\frac{\zeta_{22}(t)}{m(t)^2}e_a(t)$$

$$\frac{d}{dt}\hat{\theta}_3(t) = \mathrm{sgn}(b)g_3\frac{y_M(t)}{m(t)^2}e_a(t) \quad\quad (g_0,\ g_{11},\ g_{12},\ g_{21},\ g_{22},\ g_3 > 0)$$

例 3.2 は $a_1 = 1.4$, $a_2 = 1$, $b = 1$ の制御対象について，状態変数フィルタを先と同じに選び，設計変数を $W(s) = (s + \lambda)^2$, $\lambda = 1$, $G = \mathrm{diag}[g_0, g_{11}, g_{12}, g_{21}, g_{22}, g_3] = I$ としたときの応答結果である。

4 章

【1】 数値実験は読者で確認していただきたい。

【2】 数値実験は読者で確認していただきたい。十分大きい μ に対する解法であるが，全体として相対次数が 1 次であり，あるいは相対次数が特定でき，零点が安定で次数が不確定なシステムと見なせるならば，近似的にモデル規範形適応制御系を実現する手法が提案されている。

5 章

【1】 表 5.1 の制御則と表 5.2 の適応則 I に基づいて適応制御系を構成する。

$$A(z^{-1}) = 1 - az^{-1}, \quad B(z^{-1}) = b, \ n = 1, \ m = 0, \ d = 1$$

$$\phi(t) = [y(t),\, u(t)]^T$$

$$\theta = [\theta_1,\, \theta_2]^T, \quad \hat{\theta}(t) = [\hat{\theta}_1(t),\, \hat{\theta}_2(t)]^T$$

$$u(t) = \frac{-\hat{\theta}_1(t)y(t) + y_M(t+1)}{\hat{\theta}_2(t)}$$

$$\left[\begin{array}{c} \hat{\theta}_1(t) \\ \hat{\theta}_2(t) \end{array}\right] = \left[\begin{array}{c} \hat{\theta}_1(t-1) \\ \hat{\theta}_2(t-1) \end{array}\right]$$

$$+ a(t)\frac{1}{c + y(t-1)^2 + u(t-1)^2}\left[\begin{array}{c} y(t-1) \\ u(t-1) \end{array}\right]\epsilon(t)$$

$$\epsilon(t) = y(t) - \hat{\theta}_1(t-1)y(t-1) - \hat{\theta}_2(t)u(t-1)$$

$$= y(t) - y_M(t) = e(t)$$

なお，この場合に限り $\epsilon(t) = e(t)$ となることに注意する。

【2】 表 **5.1** の制御則と表 **5.2** の適応則 II に基づいて適応制御系を構成する。

$$A(z^{-1}) = 1 + a_1 z^{-1} + a_2 z^{-1}, \quad B(z^{-1}) = b$$

$$n = 2, \; m = 0, \; d = 2$$

$$\phi(t) = [y(t), \, y(t-1), \, u(t), \, u(t-1)]^T$$

$$\theta = [\theta_1, \, \theta_2, \, \theta_3, \, \theta_4]^T, \quad \hat{\theta}(t) = [\hat{\theta}_1(t), \, \hat{\theta}_2(t), \, \hat{\theta}_3(t), \, \hat{\theta}_4(t)]^T$$

$$u(t) = \{-\hat{\theta}_1(t)y(t) - \hat{\theta}_2(t)y(t-1)$$
$$\qquad - \hat{\theta}_4(t)u(t-1) + y_M(t+2)\}/\hat{\theta}_3(t)$$

$$\begin{bmatrix} \hat{\theta}_1(t) \\ \hat{\theta}_2(t) \\ \hat{\theta}_3(t) \\ \hat{\theta}_4(t) \end{bmatrix} = \begin{bmatrix} \hat{\theta}_1(t-2) \\ \hat{\theta}_2(t-2) \\ \hat{\theta}_3(t-2) \\ \hat{\theta}_4(t-2) \end{bmatrix}$$

$$+ a(t) \frac{1}{c + \displaystyle\sum_{i=1}^{2}\{y(t-1-i)^2 + u(t-1-i)^2\}} \begin{bmatrix} y(t-2) \\ y(t-3) \\ u(t-2) \\ u(t-3) \end{bmatrix} e(t)$$

$$e(t) = y(t) - y_M(t)$$

6 章

【1】 ここでは，相対次数が 2 次の場合の簡単な構造のバックステッピング法に基づくモデル規範形適応制御系を構成する。まず，対象の次数が 2 次であることから，状態変数フィルタの次元も 2 次元とすることで，つぎの入出力表現が得られる。

$$(s+\lambda)^2 y(t) = b_0 \{\theta^T v(t) + u(t)\} \quad (\lambda > 0)$$

$$v(t) = [v_1(t)^T, \, v_2(t)^T]^T, \quad \theta = [\theta_1^T, \theta_2^T]^T$$

$$\frac{d}{dt} v_i(t) = F v_i(t) + g w_i(t), \quad w_1(t) = y(t), \quad w_2(t) = u(t)$$

ただし，$v_i(t)$ と θ_i $(i = 1, 2)$ はそれぞれ 2 次元のベクトルである（状態変数フィルタとパラメータベクトル）。また，簡単のために指数減衰項は記載しない。これより，つぎの入出力表現が導出される。

$$(s + \lambda)y(t) = b_0\{\theta^T v_f(t) + u_f(t)\}$$

$$\frac{d}{dt}v_f(t) = -\lambda I v_f(t) + v(t), \quad \frac{d}{dt}u_f(t) = -\lambda u_f(t) + u(t)$$

Step 1)

状態変数 $z_1(t)$, $z_2(t)$ を以下のように定める。ただし，$\alpha(t)$ は $z_1(t)$ を安定化する仮想入力とする。

$$z_1(t) = e(t) = y(t) - y_M(t)$$

$$z_2(t) = u_f(t) - \alpha(t)$$

このとき，$z_1(t)$ について

$$\dot{z}_1(t) = -\lambda z_1(t) + b_0\{\theta^T v_f(t) + z_2(t) + \alpha(t)\} - Y_M(t)$$

$$= -\lambda z_1(t) + b_0\{\theta^T v_f(t) + z_2(t) + \alpha(t) - p Y_M(t)\}$$

$$Y_M(t) = \frac{d}{dt}y_M(t) + \lambda y_M(t)$$

$$p = \frac{1}{b_0}$$

が導かれることから，仮想入力 $\alpha(t)$ と推定パラメータ $\hat{p}(t)$, $\hat{\theta}(t)$ の適応則を以下のように定める。

$$\alpha(t) = \hat{p}(t)Y_M(T) - \hat{\theta}(t)^T v_f(t)$$

$$\dot{\hat{p}}(t) = -g_1 Y_M(t)z_1(t) \qquad (g_1 > 0)$$

$$\dot{\hat{\theta}}(t) = G_2 v_f z_1(t) \qquad (G_2 = G_2^T > 0)$$

Step 2)

$z_2(t)$ の時間微分を計算する。

$$\dot{z}_2(t) = -\lambda u_f(t) + u(t) - \dot{\alpha}(t)$$

ここで，$\dot{\alpha}(t)$ は

$$\dot{\alpha}(t) = \dot{\hat{p}}(t)Y_M(t) + \hat{p}(t)\dot{Y}_M(t) - \dot{\hat{\theta}}(t)^T v_f(t) - \hat{\theta}(t)^T \dot{v}_f(t)$$

となるので，入出力信号 $u(t)$, $y(t)$ の時間微分を行うことなく計算できることに注意する。したがって，実入力 $u(t)$ と推定パラメータ $\hat{b}_0(t)$ の適応則をつぎのように決定する。

$$u(t) = -\lambda z_2(t) + \lambda u_f(t) + \dot{\alpha}(t) - \hat{b}_0(t)z_1(t)$$

228   演 習 問 題 の 解 答

$$\dot{\hat{b}}_0(t) = g_3 z_1(t) z_2(t) \qquad (g_3 > 0)$$

以上の適応制御系の安定解析を行うために，つぎの正定関数を導入する。

$$V(t) = \frac{1}{2} \sum_{i=1}^{2} z_i(t)^2 + \frac{b_0}{2g_1} \tilde{p}(t)^2 + \frac{b_0}{2} \tilde{\theta}(t)^T G_2^{-1} \tilde{\theta}(t) + \frac{1}{2} \tilde{b}_0(t)^2$$

$$\tilde{p}(t) = p - \hat{p}(t), \ \ \tilde{\theta}(t) = \theta - \hat{\theta}(t), \ \ \tilde{b}_0(t) = b_0 - \hat{b}_0(t)$$

この $V(t)$ を軌道に沿って時間微分すると

$$\dot{V}(t) = -\lambda \sum_{i=1}^{2} z_i(t)^2 \leqq 0$$

のようになることから，適応制御系の安定性と $z_1(t)$, $z_2(t)$ の零収束性が導ける。

$$\lim_{t \to \infty} z_1(t) = \lim_{t \to \infty} z_2(t) = 0$$

なお，この方法では $W(s)$ のパラメータ λ を使って状態変数 $z_1(t)$, $z_2(t)$ の減衰特性も規定していることになり，構成の簡略化と引き換えに設計の自由度が減少している点に注意する。例 6.1 ではこの簡略構成法を適用した。

【2】 簡単のために，κ-補償項を加えない解法を示す。状態変数 $z_1(t)$, $z_2(t)$ を

$$z_1(t) = x_1(t)$$
$$z_2(t) = x_2(t) - \alpha(t)$$

のように定めると，つぎの状態方程式が得られる。

$$\dot{z}_1(t) = z_2(t) + \alpha(t) + \theta^T \phi_1(x_1(t))$$
$$\theta = [\theta_0, \theta_1, \theta_2]^T, \quad \phi_1(x_1) = [1, x_1^2, 0]^T$$

これより，仮想入力 $\alpha(t)$ と $\tau_1(t)$ を以下のように定める。

$$\alpha(t) = -c_1 z_1(t) - \hat{\theta}(t) \phi_1(x_1(t))$$
$$= -c_1 z_1(t) - \hat{\theta}_0(t) - \hat{\theta}_1(t) x_1(t)^2$$
$$\tau_1(t) = G \phi_1(x_1(t)) z_1(t) = G \begin{bmatrix} 1 \\ x_1(t)^2 \\ 0 \end{bmatrix} z_1(t)$$

つぎに，状態変数 $z_2(t)$ に関して次式が導出される。

$$
\begin{aligned}
\dot{z}_2(t) &= \sigma(x(t))u(t) + \theta^T \phi_2(x(t)) - \dot{\alpha}(t) \\
&= \sigma(x(t))u(t) + \theta^T \phi_2(x(t)) \\
&\quad - \frac{\partial \alpha}{\partial x_1}\{x_2(t) + \theta^T \phi_1(x_1(t))\} + \frac{\partial \alpha}{\partial \hat{\theta}} \dot{\hat{\theta}}(t) \\
\sigma(x) &= 1 + x_1^2 + x_2^2 \\
\phi_2(x) &= [0,\, x_1,\, x_2^2]^T \\
\frac{\partial \alpha}{\partial x_1} &= -c_1 - 2\hat{\theta}_1 x_1 \\
\frac{\partial \alpha}{\partial \hat{\theta}} &= \left[\frac{\partial \alpha}{\partial \hat{\theta}_0},\, \frac{\partial \alpha}{\partial \hat{\theta}_1},\, \frac{\partial \alpha}{\partial \hat{\theta}_2}\right] = [-1,\, -x_1^2,\, 0]
\end{aligned}
$$

これより，実入力と適応則は以下のようになる。

$$
\begin{aligned}
\sigma(x)u(t) &= -c_2 z_2(t) + \frac{\partial \alpha}{\partial x_1} - z_1 \\
&\quad - \theta(t)^T \left\{ \phi_2(x(t)) - \frac{\partial \alpha}{\partial x_1}\phi_1(x_1(t)) \right\} z_2(t) \\
&\quad + \frac{\partial \alpha}{\partial \hat{\theta}} \tau_2(t) \\
\tau_2(t) &= \tau_1(t) + G \left\{ \phi_2(x(t)) - \frac{\partial \alpha}{\partial x_1}\phi_1(x_1(t)) \right\} z_2(t)
\end{aligned}
$$

7章

【1】 $V(x(t))$ の時間微分を計算する。

$$
\begin{aligned}
\frac{d}{dt}V(x(t)) &= \mathcal{L}_f V(x(t)) + \mathcal{L}_g V(x(t))u \\
&= \frac{1}{4}\left(\mathcal{L}_g V\right) R^{-1} \left(\mathcal{L}_g V\right)^T - q(x) + \mathcal{L}_g V(x(t))u \\
&= -\left\{ q(x) + u^T R u \right\} \\
&\quad + \left\{ u + \frac{1}{2}R^{-1}\left(\mathcal{L}_g V\right)^T \right\}^T R \left\{ u + \frac{1}{2}R^{-1}\left(\mathcal{L}_g V\right)^T \right\}
\end{aligned}
$$

これより，J が

$$
\begin{aligned}
J &= \int_0^\infty \left\{ q(x(t)) + u(t)^T R u(t) \right\} dt \\
&= V(x(0)) - V(x(\infty)) \\
&\quad + \int_0^\infty \left\{ u + \frac{1}{2}R^{-1}\left(\mathcal{L}_g V\right)^T \right\}^T R \left\{ u + \frac{1}{2}R^{-1}\left(\mathcal{L}_g V\right)^T \right\} dt
\end{aligned}
$$

230   演 習 問 題 の 解 答

のように評価されることから，$u = u^*$ のときに

$$u^* = -\frac{1}{2} R^{-1} \left(\mathcal{L}_g V \right)^T \quad \Rightarrow \quad \min J = V(x(0))$$

となって，評価関数 J を最小化する最適制御になっていることがわかる。
$V(x(\infty))$ について

$$V(x(\infty)) = V(0) = 0$$

が成立することは（制御系の安定性），$u = u^*$ としたときに

$$\begin{aligned}
\frac{d}{dt} V(x(t)) &= \mathcal{L}_f V + \mathcal{L}_g V u^* \\
&= -q + \frac{1}{4} \left(\mathcal{L}_g V \right) R^{-1} \left(\mathcal{L}_g V \right)^T - \frac{1}{2} \left(\mathcal{L}_g V \right) R^{-1} \left(\mathcal{L}_g V \right)^T \\
&= -q - \frac{1}{4} \left(\mathcal{L}_g V \right) R^{-1} \left(\mathcal{L}_g V \right)^T \leqq 0
\end{aligned}$$

となる（$V(x(t))$ がリアプノフ関数になる）ことから

$$\lim_{t \to \infty} x(t) = 0$$

より示すことができる。

なお，7 章の内容は，Hamilton-Jacobi 方程式の解を先に与え，Hamilton-Jacobi 方程式を満足するように重み関数と重み行列 q と R を逆に求めるという方針で，（適応）制御系を構成していることに注意する。

[2] $V(x(t))$ の時間微分を計算する。

$$\begin{aligned}
\frac{d}{dt} V(x(t)) &= \mathcal{L}_f V(x(t)) + \mathcal{L}_{g_1} V(x(t)) d + \mathcal{L}_{g_2} V(x(t)) u \\
&= \frac{1}{4} \left(\mathcal{L}_{g_2} V \right) R^{-1} \left(\mathcal{L}_{g_2} V \right)^T - \frac{1}{4} \frac{\| \mathcal{L}_{g_1} V \|^2}{\gamma^2} - q(x) \\
&\quad + \mathcal{L}_{g_1} V(x(t)) d + \mathcal{L}_{g_2} V(x(t)) u \\
&= -\left\{ q(x) + u^T R u \right\} \\
&\quad + \left\{ u + \frac{1}{2} R^{-1} \left(\mathcal{L}_{g_2} V \right)^T \right\}^T R \left\{ u + \frac{1}{2} R^{-1} \left(\mathcal{L}_{g_2} V \right)^T \right\} \\
&\quad - \gamma^2 \left\| d - \frac{\left(\mathcal{L}_{g_1} V \right)^T}{2 \gamma^2} \right\|^2 + \gamma^2 \| d \|^2
\end{aligned}$$

このとき，以下の関係式

$$\int_0^\infty \left\{ q(x(t)) + u(t)^T R u(t) - \gamma^2 \| d(t) \|^2 \right\} dt$$

$$= V(x(0)) - V(x(\infty))$$
$$+ \int_0^\infty \left\{ u + \frac{1}{2} R^{-1} \left(\mathcal{L}_{g_2} V \right)^T \right\}^T R \left\{ u + \frac{1}{2} R^{-1} \left(\mathcal{L}_{g_2} V \right)^T \right\} dt$$
$$- \gamma^2 \int_0^\infty \left\| d(t) - \frac{(\mathcal{L}_{g_1} V)^T}{2\gamma^2} \right\|^2 dt$$

が導かれ，J を達成する最悪外乱 d^* として

$$d^* = \frac{(\mathcal{L}_{g_1} V)^T}{2\gamma^2}$$

が求められ，これに対して

$$J = \sup_{d \in \mathcal{L}^2} \int_0^\infty \left\{ q(x(t)) + u(t)^T R u(t) - \gamma^2 \| d(t) \|^2 \right\} dt$$
$$= V(x(0)) - V(x(\infty))$$
$$+ \int_0^\infty \left\{ u + \frac{1}{2} R^{-1} \left(\mathcal{L}_{g_2} V \right)^T \right\}^T R \left\{ u + \frac{1}{2} R^{-1} \left(\mathcal{L}_{g_2} V \right)^T \right\} dt$$

のように J が評価されることから，$u = u^*$ のときに

$$u^* = -\frac{1}{2} R^{-1} \left(\mathcal{L}_{g_2} V \right)^T \quad \Rightarrow \quad \min J = V(x(0))$$

となって，評価関数 J を最小化する最適制御になっていることがわかる。
$V(x(\infty))$ について

$$V(x(\infty)) = V(0) = 0$$

が成立することは（制御系の安定性），$u = u^*$ としたときに

$$\int_0^\infty \left\{ q(x(t)) + u(t)^T R(x) u(t) \right\} dt$$
$$\leqq \gamma^2 \int_0^\infty \| d(t) \|^2 dt + V(x(0)) - V(x(\infty)) < \infty$$

より

$$\lim_{t \to \infty} x(t) = 0$$

となって示すことができる。以上より，$\mathcal{L}^2$ ゲイン特性として，つぎの不等式が成立する。

$$\int_0^\infty \left\{ q(x(t)) + u(t)^T R(x) u(t) \right\} dt \leqq \gamma^2 \int_0^\infty \| d(t) \|^2 dt + V(x(0))$$

232   演 習 問 題 の 解 答

また，$d \to 0$ に対して $x(t) \to 0$ となるだけでなく，有界な d に対して x も有界であることが，つぎの関係式より導かれる。

$$
\begin{aligned}
\frac{d}{dt} V(x(t)) &= \mathcal{L}_f V + \mathcal{L}_{g_1} V d + \mathcal{L}_{g_2} V u^* \\
&= -q + \frac{1}{4} \left(\mathcal{L}_{g_2} V \right) R^{-1} \left(\mathcal{L}_{g_2} V \right)^T - \frac{1}{2} \left(\mathcal{L}_{g_2} V \right) R^{-1} \left(\mathcal{L}_{g_2} V \right)^T \\
&\quad - \frac{\| \mathcal{L}_{g_1} V \|^2}{4 \gamma^2} + \mathcal{L}_{g_1} V d \\
&= -q - \frac{1}{4} \left(\mathcal{L}_{g_2} V \right) R^{-1} \left(\mathcal{L}_{g_2} V \right)^T \\
&\quad - \gamma^2 \left\| d - \frac{\left(\mathcal{L}_{g_1} V \right)^T}{2 \gamma^2} \right\|^2 + \gamma^2 \| d \|^2 \\
&\leqq -q + \gamma^2 \| d \|^2
\end{aligned}
$$

なお，7 章の内容は，Hamilton-Jacobi 方程式の解を先に与え，Hamilton-Jacobi 方程式を満足するように重み関数と重み行列 q と R を逆に求めるという方針で，（適応）制御系を構成していることに注意する。

索　引

【い】

インターレース型　　124

【お】

重み付き最小2乗推定　129

【か】

拡張誤差　　57
確率系の最適予測器　133
確率場における離散時間
　モデル規範形適応制御系
　　　140
関数空間 $\mathcal{L}^p$　　15
関数空間 $\mathcal{L}^\infty$　　16
間接法　　63
感度関数　　7

【き】

逆最適性　　183
強正実関数　　17
切換型 σ-修正法　82, 94

【け】

厳密にプロパー　　17

【さ】

最小分散制御　110, 136
最大傾斜法　　7

【し】

射影法　　85, 96
準大域的　　106
状態変数フィルタ　　39

【せ】

正実関数　　17
正実システム　　167
セルフチューニング
　コントロール　5, 110, 131

【ち】

逐次型最小2乗法　110, 125
直接法　　63

【て】

定数型 σ-修正法　79, 92
適応システム　　3
適応制御　　2
　——のロバスト化　76

【は】

バックステッピング法　141

【ふ】

不感帯法　　87, 100
プロパー　　17

【も】

モデル規範形適応制御　4, 35
モデル規範形適応制御系　4
モデル追従制御　　36

【ゆ】

有理関数　　16

【り】

リアプノフ法　　22, 35
離散時間形式の適応制御系
　　　110

【ろ】

ロバスト制御　　1

【A】

augmented error　　57

【B】

backstepping　　141

Barbalat の補題　16, 203
Bellman-Gronwallの補題　210

【C】

Certainty Equivalence の
原理　　53

【D】

d ステップ予測器　112
Diophantine 方程式　113

【H】

Hamilton-Jacobi 方程式 183

【I】

interlace type 124

【K】

Kalman-Yakubovichの補題 18

Key Technical Lemma 123

【M】

MIT 方式	5
MRAC	4, 35
MRACS	4

【S】

STC 110, 131

strictly passive	169
strict-feedback form	174
swapping の補題	210

【ギリシャ文字】

κ-補償 172

―― 著者略歴 ――

1979年	東京大学工学部計数工学科卒業
1981年	東京大学大学院工学系研究科修士課程修了（計数工学専攻）
1984年	東京大学大学院工学系研究科博士課程修了（計数工学専攻）
	工学博士
1984年	東京大学助手
1985年	千葉工業大学助手
1987年	統計数理研究所助教授
2008年	統計数理研究所教授
2015年	総合研究大学院大学複合科学研究科統計科学専攻長（併任）
2019年	統計数理研究所副所長
2020年	総合研究大学院大学複合科学研究科長（併任）
2022年	統計数理研究所特任教授
	現在に至る

適 応 制 御
Adaptive Control

Ⓒ Yoshihiko Miyasato 2018

2018 年 3 月 26 日 初版第 1 刷発行
2023 年 4 月 15 日 初版第 2 刷発行

検印省略

著 者　宮　里　義　彦
発行者　株式会社　コロナ社
　　　　代表者　牛来真也
印刷所　三美印刷株式会社
製本所　有限会社　愛千製本所

112−0011　東京都文京区千石 4−46−10
発行所　株式会社　コロナ社
CORONA PUBLISHING CO., LTD.
Tokyo Japan

振替 00140−8−14844・電話(03)3941−3131(代)
ホームページ　https://www.coronasha.co.jp

ISBN 978−4−339−03310−6　C3355　Printed in Japan　（新宅）

〈出版者著作権管理機構 委託出版物〉
本書の無断複製は著作権法上での例外を除き禁じられています。複製される場合は、そのつど事前に、出版者著作権管理機構（電話 03-5244-5088，FAX 03-5244-5089，e-mail: info@jcopy.or.jp）の許諾を得てください。

本書のコピー，スキャン，デジタル化等の無断複製・転載は著作権法上での例外を除き禁じられています。購入者以外の第三者による本書の電子データ化及び電子書籍化は，いかなる場合も認めていません。
落丁・乱丁はお取替えいたします。

システム制御工学シリーズ

（各巻A5判，欠番は品切です）

■編集委員長 池田雅夫
■編集委員 足立修一・梶原宏之・杉江俊治・藤田政之

配本順				頁	本体
2.（1回）	信号とダイナミカルシステム	足立修一著		216	2800円
3.（3回）	フィードバック制御入門	杉江俊治 藤田政之共著		236	3000円
4.（6回）	線形システム制御入門	梶原宏之著		200	2500円
6.（17回）	システム制御工学演習	杉江俊治 梶原宏之共著		272	3400円
8.（23回）	システム制御のための数学（2） ―関数解析編―	太田快人著		288	3900円
9.（12回）	多変数システム制御	池田雅夫 藤崎泰正共著		188	2400円
10.（22回）	適応制御	宮里義彦著		248	3400円
11.（21回）	実践ロバスト制御	平田光男著		228	3100円
12.（8回）	システム制御のための安定論	井村順一著		250	3200円
13.（5回）	スペースクラフトの制御	木田隆著		192	2400円
14.（9回）	プロセス制御システム	大嶋正裕著		206	2600円
15.（10回）	状態推定の理論	内田健康 山中一雄共著		176	2200円
16.（11回）	むだ時間・分布定数系の制御	阿部直人 児島晃共著		204	2600円
17.（13回）	システム動力学と振動制御	野波健蔵著		208	2800円
18.（14回）	非線形最適制御入門	大塚敏之著		232	3000円
19.（15回）	線形システム解析	汐月哲夫著		240	3000円
20.（16回）	ハイブリッドシステムの制御	井村順一 東俊一共著 増淵泉		238	3000円
21.（18回）	システム制御のための最適化理論	延瀬英沢 山部昇共著		272	3400円
22.（19回）	マルチエージェントシステムの制御	東俊一 永原正章編著		232	3000円
23.（20回）	行列不等式アプローチによる制御系設計	小原敦美著		264	3500円

定価は本体価格＋税です。
定価は変更されることがありますのでご了承下さい。

図書目録進呈◆